U0344154

国家出版基金项目
NATIONAL PUBLICATION FOUNDATION

有色金属理论与技术前沿丛书

AP65 镁合金的电化学行为

ELECTROCHEMICAL BEHAVIOR OF AP65 MAGNESIUM ALLOY

王乃光　王日初　著
Wang Naiguang　Wang Richu

中南大学出版社
www.csupress.com.cn
中国有色集团
CNMC

内容简介

Introduction

该书以介绍国内外用于化学电源阳极材料的镁合金为基础，着重阐述 AP65 镁合金的电化学行为。作者深入分析 AP65 镁合金的活化机理，探讨均匀化退火、微量元素合金化和塑性变形对 AP65 镁合金显微组织及电化学行为的影响，通过优化合金成分和制备工艺对其进行改性；同时研究 AP65 镁合金在不同盐度和温度电解液中的电化学行为。书中涵盖的内容对高性能镁合金阳极材料的制备具有重要的参考价值和借鉴意义。

该书内容丰富、数据翔实、结构严谨、可读性强，可以作为材料科学和电化学相关专业教学或参考用书，也可以供从事镁合金阳极材料研究、开发和生产的科技人员参考。

作者简介

About the Authors

王乃光，男，1984 年出生，博士，中南大学冶金工程在站博士后。2013 年博士毕业于中南大学材料科学与工程学院材料学专业。主要从事镁合金的腐蚀电化学行为研究，发表 SCI 论文 10 篇，EI 论文 4 篇，主持 2 项国家级科研项目。

王日初，男，1965 年出生，博士，教授，博士研究生导师。中南大学金属材料研究所负责人，兼湖南省铸造学会副秘书长。目前主要从事快速凝固及喷射沉积技术、水激活电池阳极材料设计及制备、氧化物陶瓷基片材料、金属粉末及表面改性技术四个领域的研究工作，先后得到十余项国家项目的支持。在相关的研究工作中，发表研究论文八十余篇。

学术委员会

Academic Committee

国家出版基金项目
有色金属理论与技术前沿丛书

编辑出版委员会

Editorial and Publishing Committee

国家出版基金项目
有色金属理论与技术前沿丛书

总序 / Preface

当今有色金属已成为决定一个国家经济、科学技术、国防建设等发展的重要物质基础，是提升国家综合实力和保障国家安全的关键性战略资源。作为有色金属生产第一大国，我国在有色金属研究领域，特别是在复杂低品位有色金属资源的开发与利用上取得了长足进展。

我国有色金属工业近30年来发展迅速，产量连年来居世界首位，有色金属科技在国民经济建设和现代化国防建设中发挥着越来越重要的作用。与此同时，有色金属资源短缺与国民经济发展需求之间的矛盾也日益突出，对国外资源的依赖程度逐年增加，严重影响我国国民经济的健康发展。

随着经济的发展，已探明的优质矿产资源接近枯竭，不仅使我国面临有色金属材料总量供应严重短缺的危机，而且因为“难探、难采、难选、难冶”的复杂低品位矿石资源或二次资源逐步成为主体原料后，对传统的地质、采矿、选矿、冶金、材料、加工、环境等科学技术提出了巨大挑战。资源的低质化将会使我国有色金属工业及相关产业面临生存竞争的危机。我国有色金属工业的发展迫切需要适应我国资源特点的新理论、新技术。系统完整、水平领先和相互融合的有色金属科技图书的出版，对于提高我国有色金属工业的自主创新能力，促进高效、低耗、无污染、综合利用有色金属资源的新理论与新技术的应用，确保我国有色金属产业的可持续发展，具有重大的推动作用。

作为国家出版基金资助的国家重大出版项目，《有色金属理论与技术前沿丛书》计划出版100种图书，涵盖材料、冶金、矿业、地学和机电等学科。丛书的作者荟萃了有色金属研究领域的院士、国家重大科研计划项目的首席科学家、长江学者特聘教授、国家杰出青年科学基金获得者、全国优秀博士论文奖获得者、国家重大人才计划入选者、有色金属大型研究院所及骨干企业的顶尖专家。

国家出版基金由国家设立，用于鼓励和支持优秀公益性出版项目，代表我国学术出版的最高水平。《有色金属理论与技术前沿丛书》瞄准有色金属研究发展前沿，把握国内外有色金属学科的最新动态，全面、及时、准确地反映有色金属科学与工程技术方面的新理论、新技术和新应用，发掘与采集极富价值的研究成果，具有很高的学术价值。

中南大学出版社长期倾力服务有色金属的图书出版，在《有色金属理论与技术前沿丛书》的策划与出版过程中做了大量极富成效的工作，大力推动了我国有色金属行业优秀科技著作的出版，对高等院校、研究院所及大中型企业的有色金属学科人才培养具有直接而重大的促进作用。

王淀佐

2010 年 12 月

前言

Foreword

AP65镁合金的名义成分为Mg-6%Al-5%Pb(无特殊说明，本书均指质量分数)。该镁合金具有放电活性强、在大电流密度下溶解均匀且析氢自腐蚀小等优点，适合作为阳极材料用在大功率海水激活电池、镁/空气电池和镁/过氧化氢半燃料电池中，作为电动鱼雷、小型游艇和水下推进器等设备的动力电源。尽管如此，AP65镁合金仍存在一系列的缺点与不足，主要存在激活时间相对较长、塑性成型困难、长时间放电过程中电位极化严重等问题，此外合金的阳极利用率也有待进一步提高。

目前，主要采用微量元素合金化、热处理和塑性变形等方式对镁合金阳极材料进行改性，一方面在加速放电产物剥落的同时抑制析氢自腐蚀，提高其综合电化学性能；另一方面改善镁合金的塑性成型能力，有利于加工成不同形状的电极。此外，活化机理的研究对于镁合金阳极材料的设计与制备至关重要，深入分析镁合金在放电过程中的活化机理是开发高性能阳极材料的关键。

本书以化学电源用镁合金阳极材料为背景，采用电化学方法结合显微组织的表征，从活化机理、均匀化退火、合金化、塑性变形和电解质溶液等五个方面研究了AP65镁合金的电化学行为，目的是提高其综合放电性能。全书共分为6章，内容分别如下:第1章，介绍国内外镁合金阳极材料在化学电源中的应用及其研究现状；第2章，论述AP65镁合金中主要合金元素铝和铅对基体镁的活化机理；第3章，研究均匀化退火对铸态AP65镁合金显微组织及电化学行为的影响；第4章，针对AP65镁合金存在的问题，通过添加微量合金元素锌、锡、铟和锰对其进行改性；第5章，在优化合金成分的基础上，研究热轧和热挤压等塑性变形过程中AP65镁合金显微组织的演变规律，探讨显微组织的演变与电化学行为之间的内在联系；第6章，研究电解质溶液的盐度和温度对AP65镁合金腐蚀电化学行为的影响。

本书在撰写过程中得到了彭超群教授的关心和指导，其出版得到了国家自然科学基金青年项目（编号：51401243），中国博士后科学基金特别资助（编号：2015T80883），中国博士后科学基金面上资助（编号：2014M552151）的支持，在此一并表示感谢。

由于作者的学术水平有限，书中难免存在一些不足或错误之处，敬请广大同行专家批评指正。

目录

Contents

第1章 绪论

1.1 引 言

镁是一种具有银白色光泽的碱土金属元素，在地球上含量较为丰富。地壳中镁主要以菱镁矿、白云石和光卤石等形式存在，其含量约占地壳中各元素总含量的2.5%；海洋中镁主要以盐的形式存在，如 $MgCl_2$ 或 $MgSO_4$，其含量约为0.14%[1]。镁的原子序数为12，原子量为24.312，化合价为 +2 价，密度为1.74 g/cm^3，熔点为651℃，沸点为1107℃，其晶格结构为密排六方结构(a = 3.2030 Å，c = 5.2002 Å)。镁是最轻的结构材料，密度相当于铁的四分之一，相当于铝的三分之一[2]。镁最早于1808年被英国科学家Davy发现，直到1852年Bunsen才证实金属镁能通过电解熔融的无水 $MgCl_2$ 制取，电解过程中在电解池的阴极析出金属镁，在阳极产生氯气[3]。电解法生产镁直到1909年才被一家德国电子公司首次实现商业化。20世纪20年代，电解法生产镁已进入工业化大生产阶段，金属镁作为一种商业化的结构材料被广泛应用于各行各业。

目前，金属镁具有十分广泛的市场和应用，主要是由于镁及其合金具有较为独特的物理、化学和机械性能[2,4,5]。世界上镁的产量大约在400000 t/a，而且呈现逐年增长的趋势[3]。这主要是因为镁及其合金作为一种最轻的结构材料越来越多地用在汽车等领域，从而减轻汽车的重量，提高燃料的效率并减少温室气体的排放[2]。除作为结构材料外，镁及其合金还有一个重要的用途，就是作为功能材料用作化学电源的负极(或阳极)[6,7]。这主要是由于金属镁具有以下三个独特的优异性能：

第一，较负的标准电极电位。镁的标准电极电位为 -2.37 V (vs SHE)[6,8,9]，比铝[-2.31 V (vs SHE)]和锌[-1.25 V (vs SHE)]的标准电极电位负。因此，当金属镁作为化学电源的阳极时，理论上将表现出较强的放电活性和对外输送电子产生电流的能力。

第二，较大的理论比容量。镁的理论比容量为2.205 A·h/g[6,8,9]，比锂(3.862 A·h/g)和铝(2.980 A·h/g)的小，远远大于锌的理论比容量(0.820 A·h/g)[10]。这意味着当镁用作化学电源的阳极时，单位质量的镁从理论上能提供较多的电子用于形成电流对外做功。

第三，较小的密度。前面已提到镁的密度为1.74 g/cm^3，比铝(2.70 g/cm^3)和锌(7.14 g/cm^3)的密度小。较小的密度有利于减轻化学电源的重量，因此当镁作为化学电源的阳极时，从理论上讲该化学电源将表现出较高的质量能量密度。因此，基于以上三方面的优势，镁作为一种较为理想的阳极材料已被广泛应用于各种化学电源中。

1.2 镁阳极在化学电源中的应用

镁作为一种极具潜力的化学电源阳极材料，具有放电活性强、电压范围广、重量轻、能量密度大、储量丰富、放电产物污染小以及价格相对较低等优势[11-13]。目前镁阳极已经成功应用于海水激活电池、海水溶解氧电池、空气电池、过氧化氢半燃料电池、一次及二次电池等领域[6, 12, 14, 15]。和铝阳极的碱性工作环境(电解液)不同，镁阳极的工作环境通常为中性，且含有侵蚀性离子(如Cl^-或ClO^{4-}离子)，这些离子的作用在于破坏覆盖在镁电极表面的氢氧化镁($Mg(OH)_2$)膜，从而激活镁阳极并减弱镁电池的电压“滞后”效应。由于镁具有较强的放电活性，在酸性电解液中电极表面的析氢副反应(或自放电)较为严重，导致电极的阳极利用率降低，因此镁阳极不适合在酸性环境下工作。碱性电解液由于能促进镁电极表面氢氧化镁膜的形成，导致电极的电位在放电过程中极化严重、放电活性减弱并增强电压“滞后”效应，同样不适合作为镁电池的电解液。以下分类介绍镁及镁合金阳极在各种化学电源中的应用。

1.2.1 在海水激活电池中的应用

海水激活电池最早开发于20世纪40年代，该电池具有较高的能量密度、较长的储存时间以及较好的低温工作性能，当时主要用来满足军事方面的需求[16]。海水激活电池包括两个必不可少的部分：金属阳极和金属卤化物阴极。作为阳极的金属主要是镁及其合金，作为阴极的卤化物包括AgCl、CuCl、CuI和$PbCl_2$等[17]。该电池在不使用时储存于干燥的环境中，因此具备较长的储存时间。图1-1所示为海水激活电池单体的基本结构[16]。在使用过程中，海水作为电解质溶液灌入到电池体系中导致镁阳极被激活，使镁阳极以电化学溶解的方式对外输送电子形成电流，该电流通过外接电路为水下设备提供能量。在阴极上金属卤化物以还原反应的形式接纳镁阳极输送的电子，从而构成整个电池反应。由于镁阳极具有较负的标准电极电位和较强的放电活性，而金属卤化物具有较正的电极电位且容易接纳电子发生还原反应，因此镁/金属卤化物海水激活电池能对外输出较高的电压和能量密度，可作为电源应用在大功率水下设备中，如电动鱼雷、水下救生设备、声纳、探空气球、海洋浮标和应急灯等[6, 16-18]。

目前应用比较成功的镁/金属卤化物海水激活电池主要有 Mg/AgCl 电池、Mg/CuCl 电池、Mg/Cu_2I_2电池和 $Mg/PbCl_2$电池等。其中，Mg/AgCl 电池由美国贝尔实验室设计[6,16]，主要用作电动鱼雷的电源，且这一电池的设计有效推动了一系列海水激活电池的研究和开发。Mg/AgCl 电池从 20 世纪 80 年代初开始应用在英国的“鲬鱼”鱼雷和意大利的 A244/s 鱼雷中[6,19,20]，该电池总的电化学反应如下：

阳极：$Mg \longrightarrow Mg^{2+} + 2e$

阴极：$2AgCl + 2e \longrightarrow 2Ag + 2Cl^-$

总反应：$Mg + 2AgCl \longrightarrow MgCl_2 + 2Ag$

Mg/AgCl 电池的优点是能在大电流密度下工作、放电平稳且去极化效果较好、适用的温度范围较广、质量比能量可达到 88 W·h/kg，且不使用时能在干燥的环境中储存长达 5 年[6,20]；缺点是需要消耗贵金属银，因而造价较高。

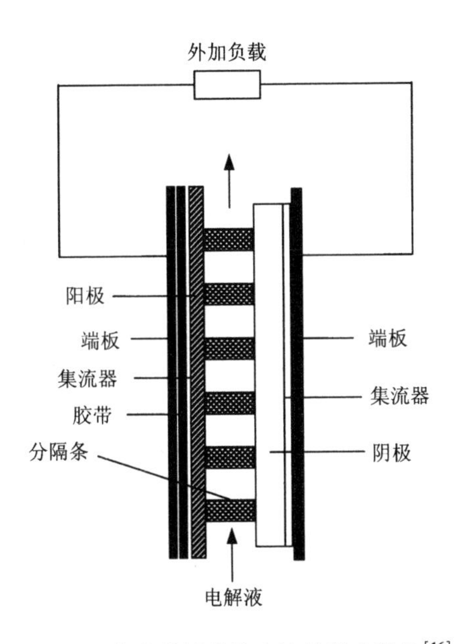

图 1－1 海水激活单体电池的基本结构[16]

Fig. 1－1 Structure of the basic seawater activated battery[16]

Mg/CuCl 电池由苏联开发[6,20]，并在 1949 年开始实现商业化[16]。该电池以造价相对低廉的 CuCl 取代 AgCl 作为阴极，通过加入 $SnCl_2$并通氯气防止阴极在放电过程中发生氧化。与 Mg/AgCl 电池相比，Mg/CuCl 电池能量密度较低，放电性能相对较差，且不适宜储存在高湿度的环境中。尽管 Mg/CuCl 电池的应用领域与 Mg/AgCl 电池类似，但 CuCl 特殊的物理和化学性质导致 Mg/CuCl 电池达不到电动鱼雷的使用要求，目前该电池主要应用在空运的气象设备中，如航空和航海用的救生衣灯等[16]。对于这些设备而言，AgCl 的可靠性不是很好。Mg/CuCl 电池总的电化学反应如下：

阳极：$Mg \longrightarrow Mg^{2+} + 2e$

阴极：$2CuCl + 2e \longrightarrow 2Cu + 2Cl^-$

总反应：$Mg + 2CuCl \longrightarrow MgCl_2 + 2Cu$

海水激活电池的整个反应过程中除以上反应外，在镁电极表面和电解质溶液之间通常还会发生析氢副反应(或自放电)，导致氢气从镁电极表面析出，同时产生热量。这一过程可表示为：

$$Mg + 2H_2O \longrightarrow Mg(OH)_2 + H_2$$

析氢副反应一方面导致镁阳极的利用率(或电流效率)降低和实际比容量减小，即镁阳极的电子不能 100% 用于形成电流，还有相当一部分电子被电解质溶液中的水合质子夺走而产生氢气。但另一方面，镁阳极在放电过程中析出的氢气对覆盖在电极表面的难溶放电产物(主要是氢氧化镁)及其附近的电解质溶液可起到一种"搅动"作用，有利于部分氢氧化镁从电极表面脱落，从而维持电极具有较大的活性反应面积，使放电能够相对平稳进行。此外，放电过程中产生的热量能活化电池系统，保证海水激活电池具有较好的低温工作性能[20]。

1.2.2 在海水溶解氧电池中的应用

与海水激活电池类似，海水溶解氧电池同样利用海水作为电解液，采用活泼金属(如镁及镁合金)作为阳极，依靠金属阳极的电化学溶解对外提供电子形成电流。不同之处在于阴极和阴极上发生的还原反应不同。海水溶解氧电池的阴极通常为惰性电极，如碳化纤维或石墨电极[21, 22]；阴极上发生的反应为溶解在海水中的氧气的还原反应[23]。惰性阴极在电池反应过程中本身不消耗，该阴极主要发挥两方面的作用：(1) 为氧气的还原反应提供场所；(2) 充当氧气还原反应的催化剂，加速氧气的还原。镁/海水溶解氧电池总的电化学反应如下：

阳极：$Mg \longrightarrow Mg^{2+} + 2e$

阴极：$O_2 + 2H_2O + 4e \longrightarrow 4OH^-$

总反应：$2Mg + O_2 + 2H_2O \longrightarrow 2Mg(OH)_2$

与海水激活电池一样，在放电过程中海水溶解氧电池的镁阳极也会发生自放电，导致氢气从电极表面析出。该自放电可通过减小镁阳极的电极表面区域而得到抑制，但该镁阳极由于自腐蚀较快而不适合在较热的海水中使用[21-23]。

镁/海水溶解氧电池在使用过程中通常可产生大约 1 V 的电压[21-23]，但由于氧气在海水中的溶解度很小，导致该电池的阴极过程受氧气的扩散控制[24]。因此，电池的阴极电流密度较小，不能提供较大的功率和能量密度，难以满足大功率水下设备的需求。尽管这一缺陷可利用水下交通工具的运行速度或采用水压补偿设备增大海水在电池体系中的流速而得到改善[22]，但目前镁/海水溶解氧电池仍用在一些长时间、小功率的水下设备中[21-22]。

Hasvold 等[22]研究出一种能长距离行驶的自动水下交通工具，该交通工具利用镁/海水溶解氧电池作为动力电源。该电池单体具有 133 W 的功率，如使用时间达到 504 h 时电池因水力作用损失的功率为 24 W，当使用时间达到 430 h 时电池损失的功率为 17 W。该水下交通工具一次行驶距离可达 2 963.2 km，行驶速度为 2 m/s，行驶深度为海面下 600 m。图 1-2 所示为该水下交通工具采用的镁/海水溶解氧电池的内部结构俯视图[22]。在该电池体系中，平行连接的杆状镁阳极和平行连接的碳纤维阴极交错排列，作为电解液的海水从一侧流入电池然后从另一侧流出。在放电过程中电池内部不同区域海水的化学性质不同，沿海水流动方向氧气的浓度逐渐减小，而放电产物的浓度逐渐增大。这种海水化学性质的差异随电池长度的增加而增大，随海水流动速度的增加而减小，导致电池的输出电压随海水流速的增加而增大。但海水流速的增加同样会增加电池结构的外部压力和交通工具运行的阻力(即水力作用)，导致电池能量损耗。因此通常存在一个最佳流速，在该流速下海水电池具有最大的输出功率。同时，Hasvold 等[22]也观察到存在一个最小的海水流速，当流速低于此值时，放电产物将在电池内部堆积而难以排除。

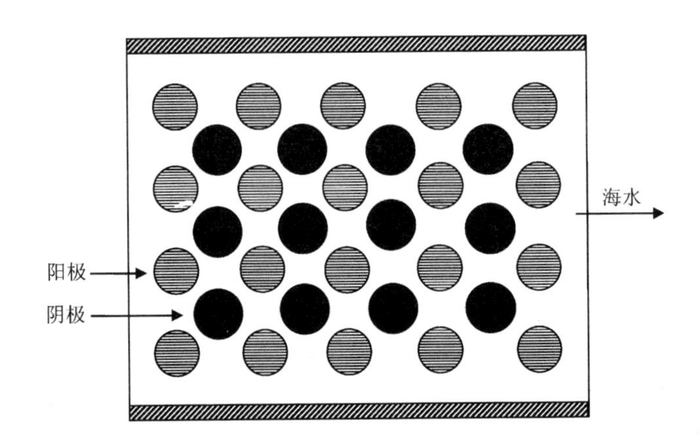

图 1-2　海水溶解氧电池的内部结构俯视图[22]

Fig. 1-2　Top view of the structure of dissolved oxygen battery[22]

挪威与意大利于 1996 年开发出一种用于 180 m 深海下自动控制系统的镁/海水溶解氧电池[25]。该电池由六个两米高的海水电池组成开放式结构，投入使用时能量可达 650 kW·h，系统寿命长达 15 年。在我国，镁/海水溶解氧电池主要作为电源用在海下监控设备、浮标和航标灯中。

1.2.3 在空气电池中的应用

空气电池是一种特殊的燃料电池，该电池用镁及其合金作阳极时，空气扩散电极充当阴极，电解液为含盐的中性溶液（如氯化钠溶液）[11]。图 1-3 所示为镁/空气电池的内部结构示意图[11]。镁/空气电池具有成本低、无污染、比功率和比能量高、放电电压平稳等特点。在放电过程中，镁阳极通过电化学溶解对外提供电子形成电流，同时电池从空气中引入氧气作为阴极反应的活性物质，该氧气在三相界面上被阴极催化还原为 OH^-[26]。因此，只要阴极正常工作，空气电池的阴极反应物将用之不尽。由于镁阳极是空气电池内部唯一的活性物质，所以阳极的性能决定了电池的能量密度和实际比容量[27]。但镁/空气电池也存在一些缺点，如使用过程中电池的性能受外部环境影响较大，输出功率较小，镁阳极存在自放电析氢，电池的使用温度范围较窄等现象[13, 14]。

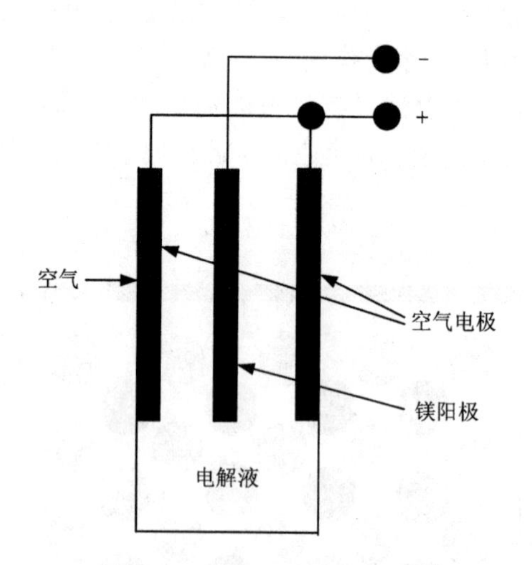

图 1-3 镁/空气电池的结构示意图[11]

Fig. 1-3 Structure of the magnesium/air battery[11]

镁/空气电池的放电反应机理如下：

阳极：$Mg \longrightarrow Mg^{2+} + 2e$

阴极：$O_2 + 2H_2O + 4e \longrightarrow 4OH^-$

总反应：$2Mg + O_2 + 2H_2O \longrightarrow 2Mg(OH)_2$

尽管镁/空气电池反应的理论电压可达 3.1 V，但实际使用过程中该电池的开路电压只有 1.6 V[14]。这主要是由于镁电极表面通常会覆盖一层氢氧化镁膜，使活性反应面积减小、阳极的工作电位正移并造成电压“滞后”效应。目前，解决此类问题的方法是采用性能较好的镁合金取代纯镁作阳极用于空气电池，同时采用更为合适的电解液以实现电池放电性能的提高。

Khoo 等[28]研究出一种用于镁/空气电池的含氯化磷离子和水的混合电解液，该电解液能在镁电极表面形成一层无定形的凝胶状界面，导致镁电极表面在开路电位下拥有一层钝化膜，从而抑制镁电极的自放电。但在电池的使用过程中，该凝胶状界面具有足够的传导性，能维持镁电极在恒定电流下较长时间放电。此外，当电池停止放电恢复到开路电位状态时，该凝胶状界面能恢复其较高的阻抗值。这意味着镁/空气电池的寿命能得到延续，因为镁阳极的高活性在电池处于储存状态时已得到抑制。Khoo 等[28]还发现水对于镁电极表面形成的保护性膜起到了重要作用，同时有利于电池在大电流密度下工作，当水在电解液中的含量达到 8% 时，该电池在 1 mA/cm^2 的电流密度下具有 -1.6 V（vs Ag|AgCl）的电压。

加拿大的镁动力电池公司开发出一种无污染的镁/空气电池[29]，该电池采用氢抑制剂控制放电过程中镁电极表面的析氢副反应，从而实现安全高效地放电。目前该公司将包含 12 个电池的电池组放在一个 0.51 m 的方盒内，并安装交流转换装置，其电压可达 12 V，功率可达 300 W。目前该镁/空气电池已成功应用在船舶、电动汽车、边远地无人装置等，有望成为不污染环境的无害替代能源。

1.2.4 在过氧化氢半燃料电池中的应用

镁/过氧化氢半燃料电池类似于镁/空气电池，不同之处在于前者采用过氧化氢（H_2O_2）作为阴极反应的活性物质，采用负载贵金属催化剂的电极作阴极（如附着钯和铱的碳纸电极），采用海水作阳极电解液，海水、硫酸和过氧化氢的混合液作阴极电解液，阴极和阳极之间用质子交换膜隔开[30, 31]。图 1-4 所示为镁/过氧化氢半燃料电池的内部结构示意图[32]。在放电过程中，镁及其合金作阳极活性物质以电化学溶解方式对外输送电子形成电流，该电流通过外接电路对外做功，在阴极上 H_2O_2 以还原反应的形式接纳镁阳极输送的电子，从而构成整个电池反应。与前面提到的海水溶解氧电池和空气电池类似，镁/过氧化氢半燃料电池的阴极本身也不消耗，仅仅充当过氧化氢发生还原反应的场所并作为催化剂加速过氧化氢的还原反应。

镁/过氧化氢半燃料电池在中性电解液中的理论电压可达 3.25 V[32]，高于镁/海水溶解氧电池和镁/空气电池，这主要是因为阴极活性物质 H_2O_2 与氧气相比具有较强的氧化性，导致阴极电位较正。在中性电解液中，镁/过氧化氢半燃料电池总的电化学反应如下：

阳极：$Mg \longrightarrow Mg^{2+} + 2e$

阴极：$HO_2^- + H_2O + 2e \longrightarrow 3OH^-$

总反应：$Mg + HO_2^- + H_2O \longrightarrow Mg(OH)_2 + OH^-$

此外，在中性电解液中镁/过氧化氢半燃料电池同样会发生一系列副反应[33]：

过氧化氢的分解反应：$2H_2O_2 \longrightarrow 2H_2O + O_2$

镁电极的析氢副反应：$Mg + 2H_2O \longrightarrow Mg(OH)_2 + H_2$

电池内部的沉淀反应：$Mg^{2+} + 2OH^- \longrightarrow Mg(OH)_2$

$$Mg^{2+} + CO_3^{2-} \longrightarrow MgCO_3$$

这些副反应导致氢气从镁电极表面析出，同时在电极表面上产生 $Mg(OH)_2$ 和 $MgCO_3$沉淀，使镁阳极的利用率降低、电池的实际输出电压减小。为改善镁/过氧化氢半燃料电池的放电性能，可往阴极电解液中加入适量的酸（如硫酸），用于溶解 $Mg(OH)_2$和 $MgCO_3$沉淀，从而增大电极的活性反应面积，提高电池的输出电压。在酸性电解液中，镁/过氧化氢半燃料电池的理论电压可达 4.14 V[32]。以下是镁/过氧化氢半燃料电池在酸性电解液中发生的电化学反应：

阳极：$Mg \longrightarrow Mg^{2+} + 2e$

阴极：$H_2O_2 + 2H^+ + 2e \longrightarrow 2H_2O$

总反应：$Mg + H_2O_2 + 2H^+ \longrightarrow Mg^{2+} + 2H_2O$

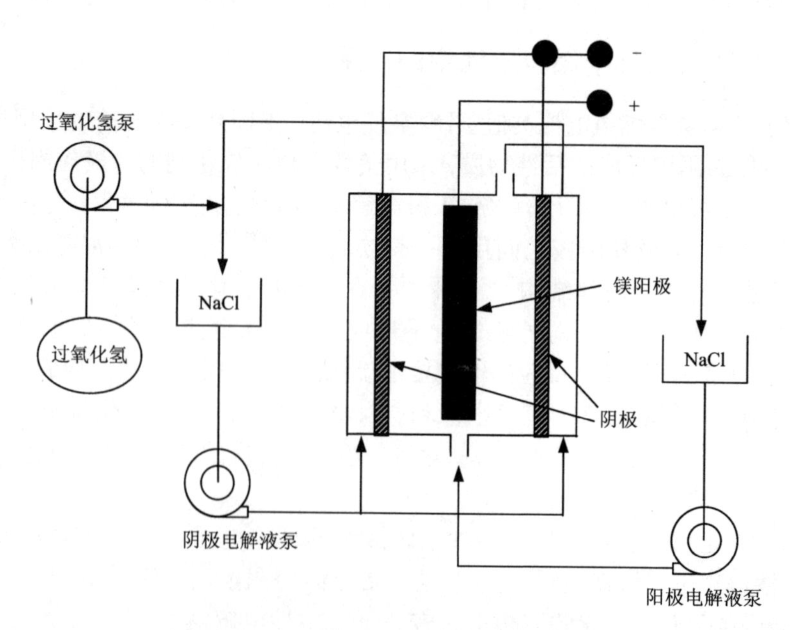

图 1-4　镁/过氧化氢半燃料电池的结构示意图[32]

Fig. 1-4　Structure of the magnesium/hydrogen peroxide semi-fuel battery[32]

目前，镁/过氧化氢半燃料电池主要用在一些低速度、长时间行驶的水下交通工具中[34-36]。Medeiros 等[34]研究影响镁/过氧化氢半燃料电池性能的主要参数，发现电池在实际使用过程中的性能主要取决于阳极和阴极电解液流速、过氧化氢浓度、工作电流密度和工作温度。电池的最佳工作条件如下：

阳极电解液流速：200 cm^3/min；

阴极电解液流速：100 cm^3/min；

过氧化氢浓度：0.20 mol/L；

工作电流密度：25 mA/cm^2；

工作温度：25℃。

在该条件下，镁/过氧化氢半燃料电池能提供1.7～1.8 V 的电压，且随放电时间的延长电压衰减到1.5 V。此外，Medeiros 等[35]还研究不同阴极对镁/过氧化氢半燃料电池放电性能的影响，发现当采用附着钯和铱的镍箔作为阴极时，电池在25 mA/cm^2的放电电流密度下具有1.3 V 的电压；当采用附着钯和铱的二维碳电极作为阴极时，该电压可达到1.5 V。

1.2.5 在一次和二次电池中的应用

一次电池又称干电池，该电池通常只能使用一次，放电后不能再充电使电池恢复到放电前的状态。镁一次电池采用镁及其合金作为阳极，二氧化锰(MnO_2)作为阴极，高氯酸镁($Mg(ClO_4)_2$)作电解液[37]。为增强二氧化锰的导电性，通常将乙炔黑和二氧化锰混合[14]。图1-5所示为镁/二氧化锰一次电池的结构示意图[14]。该电池具有圆柱形的杯状结构，中间是一根实心碳棒，与杯壁结合形成一个整体，有利于缩短电池路径。此外，镁阳极被阴极混合物包围，该阴极混合物与镁阳极、中心碳棒和碳杯内壁都有较好的接触，可提高电池的活性反应面积。在放电过程中，镁阳极被高氯酸镁激活，通过电化学溶解提供电子形成电流用于对外供能，在阴极上二氧化锰以还原反应的形式接纳镁阳极输送的电子，从而构成整个电池反应。镁/二氧化锰一次电池总的电化学反应如下：

阳极：$Mg + 2OH^- \longrightarrow Mg(OH)_2 + 2e$

阴极：$2MnO_2 + H_2O + 2e \longrightarrow Mn_2O_3 + 2OH^-$

总反应：$Mg + 2MnO_2 + H_2O \longrightarrow Mn_2O_3 + Mg(OH)_2$

镁/二氧化锰一次电池的理论开路电压可达2.8 V[14]，但由于镁电极表面通常被氢氧化镁($Mg(OH)_2$)和氧化镁(MgO)膜覆盖，电池的实际开路电压为1.9～2.0 V，小于理论值。此外，氢氧化镁和氧化镁表面膜会造成电压“滞后”效应，即在电池加上负载后，需要经过一段时间才能正常输出电压。但该表面膜也对镁电极起到一定的保护作用，能抑制镁电极在储存过程中发生自放电，因此镁/二氧化锰一次电池具有较好的初始储存性能[11]。但在电池放电过程中，覆盖在镁电极表面的这一层膜会发生破裂和溶解，且破裂的膜难以恢复。这一结果会加速镁

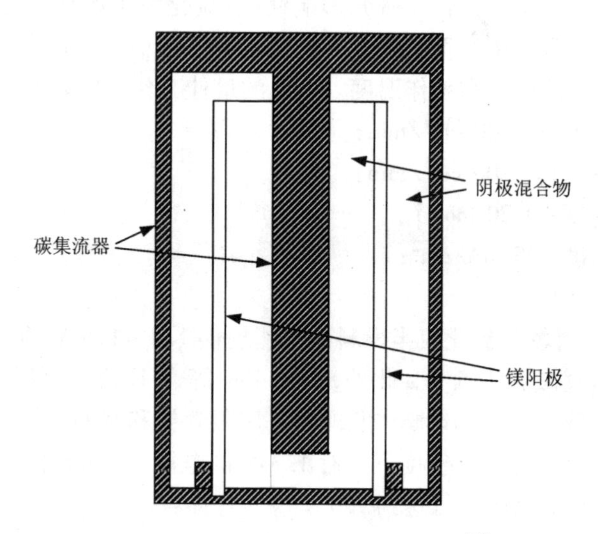

图 1-5 镁一次电池的结构示意图[14]

Fig. 1-5 Structure of the magnesium primary battery[14]

电极在放电过程中和间歇使用过程中的自放电，使氢气在电池内部积累，导致镁阳极的利用率降低。为改善镁/二氧化锰一次电池的性能，可往高氯酸镁电解液中加入缓蚀剂，如铬酸钡($BaCrO_4$)和铬酸锂(Li_2CrO_4)等[14]，从而抑制镁电极的自放电并提高电池的间歇使用能力。镁/二氧化锰一次电池在连续放电过程中镁阳极的利用率通常可达60%～70%，间歇放电和小电流放电过程中镁阳极的利用率为40%～50%。此外，镁/二氧化锰一次电池的平均放电电压为1.6～1.8 V，高于锌/二氧化锰一次电池，且镁/二氧化锰一次电池具有较好的低温工作性能，能在-20℃的环境下工作[38]。

二次电池又称充电电池或蓄电池，放电后可对其进行充电而使电池体系恢复到放电前的状态。镁二次电池采用镁及其合金作为阳极，过渡金属硫化物、氧化物或有机物作为阴极，以有机非质子极性溶剂作电解液[39-41]。发展镁二次电池的关键在于建立镁的溶解和镁离子的电沉积这一对可逆的氧化还原反应[42]。由于镁在水中和其他含质子的溶剂中易氧化，使其表面形成一层钝化膜，导致这一可逆过程难以建立。为实现这一过程的可逆性，一个行之有效的方法是采用格氏试剂(含镁的络合物的醚溶液)作电解液[42]。在格氏试剂中镁电极表面不会形成致密的钝化膜，有利于镁在较低过电位下发生可逆的溶解/沉积过程。此外，离子液体(又称室温下的熔融盐)也是一种较好的镁二次电池电解液[42]。该液体室温下呈液态且只含离子而不含溶剂，因此具有较为广泛的应用性。

Kakibe 等[42]开发出一种用于镁二次电池的离子液体，该液体为 N，N-乙基

-N-甲基-N-(2-甲氧乙基)铵阳离子($DEME^+$)、三氟甲磺酰基酰亚胺阴离子($TFSI^-$)和氟磺酰亚胺阴离子(FSI^-)的混合液，可表示为$[DEME^+][TFSI^-]_n[FSI^-]_{1-n}$。他们研究了这三种离子的混合比对离子液体性能的影响。同时，在该离子液体中加入有机镁络合物以及含有甲基镁溴的四氢呋喃(MeMgBr/THF)作为电解液，研究镁电极在该电解液中的溶解和电沉积过程。发现混合离子液体电解液的黏性和离子传导性随混合比的变化而单调改变，同时电解液的热性能随成分变化不连续变化。在该电解液中镁离子的阴极沉积过程的效率可达90%或者更高，基本实现了镁的溶解和镁离子的电沉积这一可逆的氧化还原过程。此外，阳极溶解和阴极沉积的电流密度取决于电解液的成分，当混合比达到0.5时，可获得最大的电流密度值。

对于镁二次电池而言，其充放电性能同样取决于阴极材料性能。这是由于Mg^{2+}离子在阴极嵌入材料中的移动比较困难，因此寻找理想的阴极嵌入材料具有重要的研究意义[39]。Zheng等[43]采用传统的高温固相反应、熔融盐的方法和混合溶剂热的途径制备用于镁二次电池的$MgCoSiO_4$阴极材料。其中介孔的$MgCoSiO_4$材料首先通过非表面活性剂的混合溶剂热方法获得，电化学实验结果证实该介孔结构的$MgCoSiO_4$与块状的相比具有较高的峰值电流、较大的放电容量和较好的循环性能，这主要是由于介孔结构的$MgCoSiO_4$具有较大的比表面积，能和电解液有效接触，从而为电化学反应提供更多的活性点。此外，较薄的孔壁可缩短电子和离子的传递与扩散路径。因此，采用介孔结构的材料作为阴极是提高镁二次电池反应活性的一种新途径。

1.3　镁阳极在实际应用过程中存在的问题

前面提到，镁具有较负的标准电极电位[-2.37 V (vs SHE)]，因此当镁作为阳极用于化学电源时，从理论上讲其开路电位很负，当接通负载后能在较负的放电电位下工作。但在实际使用过程中，当镁电极和电解液接触后，电极表面通常会被氢氧化镁和氧化镁膜覆盖[44,45]，导致其开路电位变正、放电过程中电压出现“滞后”效应。例如，纯镁在3.5%氯化钠溶液中的开路电位为-1.55 V (vs SHE)，远远正于其标准电极电位。此外，在放电过程中镁电极的表面通常会沉积一层放电产物氢氧化镁[8,9]，该放电产物阻碍电解液和镁电极表面的有效接触，从而减小电极的活性反应面积，导致电位随放电时间的延长而逐渐正移，放电活性减弱。因此镁电极在实际使用过程中达不到理论上较负的电位和较强的放电活性。

前面也提到，镁具有较大的理论比容量(2.205 A·h/g)，因此当镁作为阳极用于化学电源时，从理论上讲单位质量的镁能提供较多的电子用于形成电流。但镁电极在放电过程中通常会发生严重的析氢副反应或自放电[8,9]，尤其是当一些电极电位比镁基体更正的微量杂质元素(如 Fe、Ni、Cu、Co 等)存在于镁电极中时[46-48]，这些杂质元素能作为局部阴极与镁基体形成腐蚀微电偶而加速放电过程中氢气从电极表面的析出，导致电极的阳极利用率降低和实际比容量减小。因此，镁电极的电子不能100%用于形成电流对外做功，还有相当一部分电子被电解液中的水合质子夺走而产生氢气。但该氢气可对镁电极表面附近的电解液起到一种“搅动”作用，有利于放电产物离开电极表面，部分恢复镁电极的活性。此外，在放电过程中有许多金属颗粒从镁电极表面脱落，这些脱落的金属颗粒不能以电化学溶解的方式形成电流，同样会造成阳极利用率和实际比容量的损失。

放电过程中形成于镁电极表面的放电产物氢氧化镁主要源于镁的溶解和沉积反应[49]。镁电极在放电过程中以 Mg^{2+} 离子的形式不断溶解，当 Mg^{2+} 离子的浓度在电极表面附近的电解液中达到饱和时，将以氢氧化镁的形式沉积在电极表面[49]，从而减小电极的活性反应面积。这一过程可表示如下：

镁电极的溶解：$Mg \longrightarrow Mg^{2+} + 2e$

氢氧化镁的沉积：$Mg^{2+} + 2H_2O \longrightarrow Mg(OH)_2 + 2H^+$

镁电极的阳极利用率达不到100%和金属镁特有的负差数效应有关[46,50,51]。所谓差数效应是指金属在阳极极化前后自腐蚀速度之间存在差值的现象[52]。在阳极极化过程中金属的自腐蚀速度等于去极化剂的阴极还原反应速度[52]，在这里相当于析氢速度。假设金属未经阳极极化时的腐蚀电流密度为 J_{corr}，且水合质子的阴极还原反应服从 Tafel 式，则当金属的电位从腐蚀电位向阳极极化的方向移动 ΔE 后，金属电极上的析氢反应速度 $|J_H|$ 可表示为[52]：

$$|J_H| = J_{corr}\exp(-\Delta E/\beta_c) \tag{1-1}$$

式中，β_c 为阴极反应的 Tafel 斜率。故金属在极化前后腐蚀电流密度的差值 ΔJ_{corr} 可表示为：

$$\Delta J_{corr} = J_{corr} - |J_H| = J_{corr}[1 - \exp(-\Delta E/\beta_c)] \tag{1-2}$$

由式(1-2)可知，阳极极化时 $\Delta E > 0$，因此 $\Delta J_{corr} > 0$，这一现象称为正差数效应，即金属经阳极极化后析氢反应速度减小，大多数金属满足这一规律。但对于镁及其合金而言，$\Delta J_{corr} < 0$，称为负差数效应，属于反常情况，不能用动力学式来解释。负差数效应表明阳极极化能增大镁的析氢反应速度，这势必导致镁电极的阳极利用率降低。

图1-6所示的极化曲线能很好地揭示镁的负差数效应[50]。在图1-6中，J_a 和 J_c 线分别代表阳极反应和阴极反应的电位-电流关系，遵从 Tafel 机制。在腐蚀电位 E_{corr} 处两个反应的速度相等，都等于 J_{corr}。当电位正移至 E_{appl} 时，按照 Tafel 方程阳极反应的速度应该沿 J_a 线增大到 $J_{mg,e}$，阴极反应的速度应该沿 J_c 线降低到 $J_{H,e}$。但大量实验证实当电位正移至 E_{appl} 后，阳极反应的速度是沿 J_{Mg} 虚

线增大到 $J_{mg,m}$，阴极反应的速度则沿 J_H 虚线增大到 $J_{H,m}$，即析氢速度反而增大，出现负差数效应。

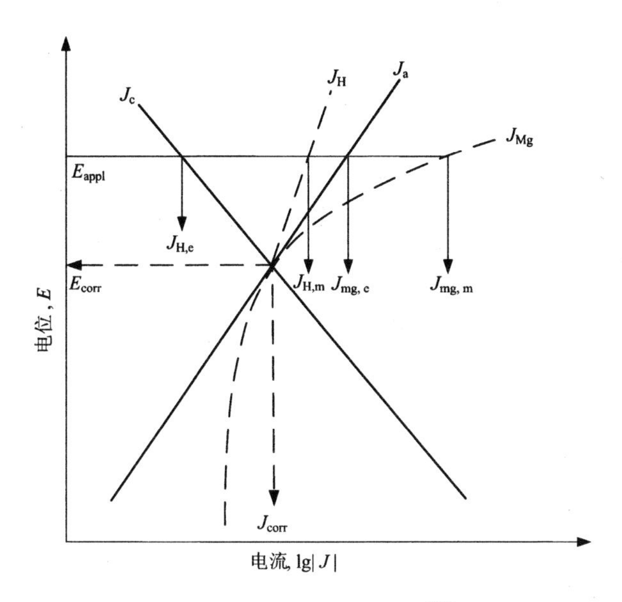

图1-6 镁的负差数效应[50]

Fig. 1-6 Negative difference effect (NDE) of magnesium[50]

Song 等[50]系统研究了纯镁在1 mol/L 氯化钠溶液中的电化学腐蚀行为，总结出一个比较合理的镁腐蚀模型，该模型能较好地解释镁的负差数效应。

(1)在1 mol/L 氯化钠溶液中镁电极表面通常覆盖一层局部保护性膜，该膜对镁的电化学腐蚀起重要作用。在阳极极化过程中该局部膜不能保护镁基体，在膜破裂的地方将发生严重的析氢自腐蚀现象。

(2)阳极极化过程中镁电极的溶解分两个单电子步骤进行，第一步是金属镁溶解生成 Mg^+ 离子，为快反应步骤；第二步是 Mg^+ 离子溶解生成 Mg^{2+} 离子，为慢反应步骤。这一过程可表示如下：

$$Mg \longrightarrow Mg^+ + e \tag{1-3}$$

$$2Mg^+ + 2H^+ \longrightarrow 2Mg^{2+} + H_2 \tag{1-4}$$

在这两个步骤中，只有第一个步骤属于电化学溶解，能对外提供电子用于形成电流；第二个步骤属于化学溶解，Mg^+ 离子的电子被氢离子夺走而产生氢气。

(3)在镁电极溶解过程中，部分镁甚至发生还原反应生成氢化镁(MgH_2)，不能提供电子形成电流，这一反应可表示如下：

$$Mg + 2H^+ + 2e \longrightarrow MgH_2 \tag{1-5}$$

该氢化镁不稳定，遇水容易分解产生氢气：

$$MgH_2 + 2H_2O \longrightarrow Mg^{2+} + 2OH^- + 2H_2 \quad (1-6)$$

(4)如前所述，镁电极在溶解过程中金属颗粒不均匀脱落，脱落的金属颗粒以化学溶解的方式产生氢气，不能提供电子形成电流。

1.4　提高镁阳极放电性能的途径和镁阳极的研究现状

放电性能好的镁阳极必须具备以下几个条件：

(1)拥有较负的开路电位，从而具备较强的对外输送电子的驱动力；

(2)能在较负的放电电位下工作，即放电过程中沉积在电极表面的放电产物氢氧化镁容易从电极表面剥落，从而维持镁阳极较强的放电活性和对外输送电子的能力；

(3)拥有较短的激活时间，即放电电位在短时间内就能达到稳态，电压“滞后”效应小；

(4)拥有较高的阳极利用率，即放电过程中镁阳极能有效抑制析氢副反应和金属颗粒的脱落，使单位质量的镁阳极能提供更多的电子用于形成电流。

为实现镁阳极放电性能的提高，目前采用的途径主要有以下几个：

(1)通过合金化的方式将一些合金元素加入到镁基体中，这些合金元素包括锂、铝、锗、锌、锰、铅、铊、汞和镓等[8, 9, 53-56]。依靠合金元素的加入实现放电过程中产物的迅速剥落并抑制电极表面的析氢副反应；

(2)通过热处理的方式(如均匀化退火、固溶和时效等)改变第二相和合金元素在镁基体中的分布[57-59]，从而改善镁阳极的腐蚀电化学性能；

(3)通过塑性变形(如轧制、挤压等)改变镁阳极的显微组织[53, 54, 60]，从而提高镁阳极的放电性能。

此外，镁阳极的放电性能也受电解液盐度和温度的影响[55, 60-62]，且同一镁阳极在不同溶质的电解液中将表现出不同的电化学行为[10, 62, 63]。因此当电池处于封闭体系时，可往电解液中加入适量的添加剂[9, 64]，从而加速放电过程中镁电极表面放电产物的剥落并抑制氢气从电极表面析出。

下面针对上述提及的几个方面分别论述镁阳极的研究现状。

1.4.1　合金化

以合金化的方式往镁基体中加入合金元素是提高镁阳极放电性能的一种有效途径，目前研究得较多。加入合金元素的目的一方面是加速放电产物从镁电极表面剥落，从而维持电极较强的放电活性；另一方面是抑制镁电极的析氢副反应，从而提高电极的阳极利用率。部分合金元素甚至可以同时发挥以上两方面的作用。根据添加的合金元素的不同，可将镁合金阳极分为不同的系列。

1. Mg - Al - Zn 系

该系镁合金阳极最常见的是 AZ31(Mg - 3% Al - 1% Zn)、AZ61(Mg - 6% Al - 1% Zn)、AZ63(Mg - 6% Al - 3% Zn)和 AZ91(Mg - 9% Al - 1% Zn)。这些镁合金阳极的特点是放电活性相对较弱，但耐蚀性和抑制自放电的能力较强，在电源中主要为一些小功率、长时间使用的水下设备供能。在 Mg - Al - Zn 系镁合金阳极中，铝的作用主要是抑制镁阳极的析氢自腐蚀，锌的作用则是减轻铝引起的电压“滞后”效应，并减少铝在晶界偏聚，从而促进镁阳极均匀溶解[65]。

关于铝对镁合金腐蚀行为的影响，研究得比较深入。在 Mg - Al - Zn 系镁合金中，铝主要以两种形式存在：(1) 以合金元素的形式固溶在 α - Mg 基体中；(2) 以第二相 β - $Mg_{17}Al_{12}$的形式存在于晶界或晶内。Zhao 等[49]认为镁合金在 3.5% NaCl 溶液中的腐蚀行为主要受 α - Mg 基体的成分、第二相的体积分数和第二相的性质控制。Song 等[66]研究铸态 AZ91D 镁合金在 1 mol/L NaCl 溶液中的腐蚀行为，发现在大电流密度下放电时，位于晶界的铝含量高的共晶 α - Mg 基体优先腐蚀；而在小电流密度下放电时，位于晶内的铝含量低的初晶 α - Mg 基体优先腐蚀。β - $Mg_{17}Al_{12}$相对 AZ91D 镁合金的腐蚀起到双重作用，当 β - $Mg_{17}Al_{12}$相数量较多且在晶界连续分布时，能作为屏障抑制镁合金的腐蚀；当 β - $Mg_{17}Al_{12}$相数量较少且不连续分布于晶界时，则主要作为阴极相加速 α - Mg 基体的腐蚀。Pardo 等[67]研究 AZ31、AZ80 和 AZ91D 镁合金在 3.5% NaCl 溶液中的腐蚀行为，认为镁合金的腐蚀程度主要取决于铝的含量和镁合金的显微组织，铝含量的增加有利于减小镁合金的腐蚀程度。对于 AZ31 镁合金而言，3% 的铝能轻微减小腐蚀程度；对于 AZ80 和 AZ91D 镁合金而言，8% ~ 9% 的铝则显著增强腐蚀抗力。AZ80 与其他两种镁合金相比具有较高的腐蚀抗力，这主要是由于 AZ80 镁合金中薄片状的 β - $Mg_{17}Al_{12}$相能作为一种屏障抑制腐蚀，而且在合金表面形成的氧化铝富集层具有比腐蚀产物氢氧化镁更致密的结构，能对镁合金起到很好的保护作用。AZ91D 相比 AZ80 而言耐蚀性较差，尽管 AZ91D 铝含量更高。这主要是由于 AZ91D 的初晶 α - Mg 中铝含量较低。扫描开尔文探针显微镜的分析表明，在 AZ80 和 AZ91D 镁合金中，β - $Mg_{17}Al_{12}$相和周围的 α - Mg 基体之间不能形成一种较强的电偶关系，尽管该第二相相对镁基体能充当阴极。

目前，关于 Mg - Al - Zn 系镁合金作阳极材料用于化学电源的报道较多。Balasubramanian 等[62]采用两块 AZ31 镁合金板作为阳极，一块烧结好的 AgCl 板作阴极组装成海水电池，各板的尺寸均为 2 cm × 2.5 cm。他们研究该海水电池在去离子水和 3.3% 氯化钠溶液中的电化学行为，并分析电解质溶液浓度、温度和电流大小对电池放电性能的影响。发现在去离子水中当负载为 2 Ω 时电池电压达到 2 V 所需的激活时间为 1500 ms；在 3.3% 的氯化钠溶液中该时间缩短至 400 ms。在同一电流下，随氯化钠浓度的升高 AZ31 镁合金阳极的放电电位负移，当外加电流达到 600 mA 时，在 0.5 mol/L 的氯化钠溶液中阳极的电位可达 -1.4 V（vs AgCl）；在同一浓度的氯化钠溶液中，随电流的增大 AZ31 镁合金阳极的放电电位正移，但在高浓度(0.5 mol/L)的氯化钠溶液中电位正移的现象得到抑制。这是因为随电解液浓度增大溶液的导电性增强，从而减弱了电极的极化。此外，电解液温度对电池的性能也有重要影响，在同一电流下随电解液温度的升高电池的输出电压增大，当温度达到 30℃时，在 400 mA 电流下电池的输出电压接近 1.5 V。而且，电解液温度的升高有利于减弱电极的极化，也可减小电池的内阻，当温度达到 30℃时电池的内阻为 0.2 Ω。

Hiroi[68]研究了以 AZ31 和 AZ61 镁合金作阳极的镁/氯化银海水激活电池在不同水压下的放电行为。在该电池中镁合金阳极板的尺寸为 10 mm × 15 mm，氯化银阴极板的尺寸和阳极板的尺寸一致，并采用手动油泵为电池体系提供不同的压力。结果表明两种海水电池在高压下的输出电压均比在低压下的高 20 ~ 30 mV，且电噪声随压力的增加而减小。以 AZ61 镁合金作阳极的电池其电压比 AZ31 镁合金作阳极的电池更高，且放电更平稳。以 AZ31 镁合金作阳极的电池其内阻在放电的后期逐渐增大，且具有明显的波动。两种电池不同的放电行为可归结为放电过程中形成的阳极表面放电产物的性质不同。放电结束后，AZ31 镁合金阳极表面被放电产物阻塞，该放电产物呈泥浆状致密吸附在镁电极表面。AZ61 镁合金阳极在放电结束后其表面同样存在灰白色的放电产物，但该放电产物类似于颗粒状的沉淀污泥，与电极表面的吸附作用较弱，因而放电产物较薄。因此，与 AZ31 镁合金相比，AZ61 镁合金更适合作阳极用在不同水压下工作的海水电池上。

2. Mg - Li 系

该系镁合金与 Mg - Al - Zn 系镁合金相比具有较强的放电活性，主要作阳极用在镁/过氧化氢半燃料电池中为一些水下交通工具提供动力[8, 9, 31, 33, 36]。由于锂的化学性质较为活泼且具有比镁更高的理论比容量，因此当锂作为合金元素加入到镁中时，可增强镁阳极的放电活性、减弱电压“滞后”效应，并提高合金的理论比容量。此外，当锂在镁中的含量超过 5.7% 时，可在Mg - Li系合金中形成体心立方结构的 β 相，从而提高镁合金的塑性变形能力，有利于加工成不同形状的镁合金电极[31]。

目前哈尔滨工程大学的曹殿学课题组对 Mg - Li 系合金作阳极在镁/过氧化氢半燃料电池中的应用研究得比较深入[8, 9, 31]。该课题组的吴林系统地研究了 Mg - Li系合金在氯化钠溶液中的电化学行为[31]，发现 Mg - 14% Li 合金由于具有 β - Li 单相组织，其放电活性强于具有 α - Mg 和 β - Li 两相组织的 Mg - 8.5% Li 合金，但 Mg - 14% Li 合金的阳极利用率较低、自放电严重。往 Mg - Li 系合金中加入铝和锗能提高该合金的放电性能，如 Mg - 8% Li - 3% Al 和 Mg - 8% Li - 3%

Al - 1% Ce 合金的阳极利用率均比 Mg - 8.5% Li 合金的高，表明铝和铈的加入有利于抑制 Mg - Li 系合金的自放电。而且，Mg - 8% Li - 3% Al - 1% Ce 合金在恒压放电过程中具有比 Mg - 8% Li - 3% Al 合金更大的放电电流和更短的激活时间，表明铈的加入能提高 Mg - Li 系合金的放电活性。此外，当锌和锰共同加入到 Mg - Li - Al - Ce 合金中时，能进一步提高其放电性能，且 Mg - 5.5% Li - 3% Al - 1% Ce - 1% Zn - 1% Mn 合金与 Mg - 5.5% Li - 3% Al - 1% Ce - 1% Zn 合金相比具有更强的放电活性和更高的阳极利用率，表明锰能起到"活化"和"缓蚀"双重作用。以 Mg - 5.5% Li - 3% Al - 1% Ce - 1% Zn - 1% Mn 合金作阳极的镁/过氧化氢半燃料电池在电解液温度为40℃、电解液流速为150 mL/min、过氧化氢浓度为0.6 mol/L时，具有110 mW/cm^2的峰值功率，且过氧化氢浓度的增加和电解液温度的升高均有利于提高电池的放电性能。

3. Mg - Hg 和 Mg - Hg - Ga 系

该系镁合金由苏联开发，目前俄罗斯军方仍在大量使用[6, 20]。在 Mg - Hg 系合金中，汞具有较高的析氢过电位，能提高镁电极的稳定性并抑制析氢副反应。由于汞对环境存在污染，目前采用同样具备较高析氢过电位的镓部分取代汞[69]，得到 Mg - Hg - Ga 系合金。该系镁合金阳极与其他系列的镁合金阳极相比具备较强的放电活性和较短的激活时间，能在很负的电位下工作，主要用在镁/氯化亚铜海水电池中作为俄罗斯 TCЭT - 80 鱼雷的动力电源[6, 20]。

中南大学的王日初课题组成功研发出了性能优异的 Mg - Hg - Ga 系合金阳极，已将其投入到大批量生产中。该课题组的冯艳对 Mg - Hg - Ga 系合金进行了成分设计和性能优化，并分析了第二相对该镁合金阳极电化学和腐蚀性能的影响[69]。结果表明在 Mg - Hg - Ga 系合金中存在三种第二相：Mg_3Hg、Mg_5Ga_2 和 $Mg_{21}Ga_5Hg_3$。其中，Mg_3Hg 相呈块状分布且体积较大，能显著增强镁合金阳极的放电活性，但同时降低其耐蚀性。含 Mg_3Hg 相的 Mg - Hg - Ga 系合金阳极在100 mA/cm^2电流密度下的电位可达 -1.989 V (vs SCE)；$Mg_{21}Ga_5Hg_3$ 相呈细小的颗粒状，有利于提高镁合金阳极的耐蚀性，含 $Mg_{21}Ga_5Hg_3$ 相的 Mg - Hg - Ga 系合金阳极的腐蚀电流密度可达 1.19 mA/cm^2。而且，当第二相 Mg_3Hg、Mg_5Ga_2 和 $Mg_{21}Ga_5Hg_3$ 与镁基体形成共晶分布于晶界时，将导致合金的耐蚀性显著降低；而当这些第二相以细小的颗粒状弥散分布在镁基体中时，则能提高合金的耐蚀性和综合放电性能。此外，冯艳分析了汞和镓对镁的活化机理，该机理为溶解 - 再沉积机制。在放电初期，第二相促进镁基体和合金元素的溶解，在电极表面附近的溶液中形成 Mg^{2+}、Hg^+ 和 Ga^{3+} 离子。其中 Hg^+ 和 Ga^{3+} 离子被镁还原为液态的金属汞和镓沉积在电极表面，能机械剥落腐蚀产物并破坏氧化膜，使放电电位负移，对镁电极起到活化作用。

4. Mg - Al - Tl 系

该系镁合金由英国镁电子公司开发，具有较强的放电活性，能产生较高的电压，主要作为阳极用在海水激活电池中为大功率军用水下设备(如电动鱼雷)提供动力电源[16]。该系镁合金中，铊具有较高的析氢过电位，因此能抑制镁电极的析氢副反应并提高其阳极利用率。此外，放电过程中溶解的 Tl^{3+} 离子能被金属镁还原为金属铊沉积在电极表面，从而机械隔离放电产物，对镁电极起到活化作用。目前，Mg - Al - Tl 系合金应用较为成功的是 AT61(Mg - 6% Al - 1% Tl)和 AT75(Mg - 7% Al - 5% Tl)。其中，AT61 与 AZ61 相比具有较短的激活时间，主要用来满足短时间、高放电海水电池的需求。AT75 的放电产物呈细小的黑色薄片状，能被流动的电解液冲洗到电池外。在静态电池中，AT75 电极表面通常堆积一层较厚而多孔的黑色放电产物膜，该放电产物膜不会影响电极的性能，但要求特殊的电池设计以满足电池性能的需求。以 AT75 镁合金作阳极，氯化银作阴极的海水激活电池在 12.5 mA/cm^2 电流密度下放电平稳，电池的平均电压超过 1.75 V；当电流密度为 310 mA/cm^2 时，该电池的电压随放电时间的延长逐渐减小，当放电时间达 4 min 时，电池的电压接近 1.3 V。因此，与 Mg - Al - Zn 系合金相比，Mg - Al - Tl 系合金具有较好的放电性能。但 Mg - Al - Tl 系合金也有不足之处，即合金元素铊对环境存在污染，同时危害人体健康，尽管铊在合金中的含量较低。因此需要采取相关措施减小铊的负面影响，如操作过程中采用非吸收性的手套避免和合金直接接触等。

5. Mg - Al - Pb 系

该系镁合金同样由英国镁电子公司开发，放电活性比 Mg - Al - Tl 系合金弱[16]，但仍具有较强的活性。该系镁合金应用得比较成功的是 AP65(Mg - 6% Al - 5% Pb)，这也是本书的研究对象。AP65 镁合金主要作阳极用在海水激活电池中为电动鱼雷提供电源。如英国的“鲔鱼”鱼雷和意大利的 A244/s 鱼雷就是采用 AP65 作为动力电源的阳极[20]。在 AP65 镁合金中，合金元素铅具有较高的析氢过电位，能抑制镁阳极的自放电并提高镁阳极的利用率，但铅对环境存在污染。目前国内外关于 AP65 镁合金的报道较少[70, 71]，Udhayan 等[55]采用极化曲线和电化学阻抗谱研究了纯镁、AZ31、AZ61 和 AP65 镁合金在高氯酸镁水溶液中的腐蚀电化学行为，发现这些镁及镁合金的电极过程都受活化控制。其中，AP65 镁合金在高氯酸镁溶液中表现出较大的交换电流密度，这是由于具有高析氢过电位的铅使合金的电位负移所致。这一现象表明铅在 AP65 镁合金中起到活化作用，能使 AP65 镁合金电极表面的氢氧化镁膜具有较小的吸附性、容易从电极表面脱离从而减弱电极的钝化。因此，与 AZ31 和 AZ61 镁合金相比，AP65 镁合金具有较大的溶解速度和较小的电荷转移电阻(R_t)，表现出较强的活性。

1.4.2 热处理

热处理的作用在于改变镁合金阳极中第二相的数量和分布，并促进镁基体中合金元素的均匀化，从而改善其腐蚀电化学性能。在镁合金阳极中，第二相通常具有比镁基体更正的电极电位，因此能与镁基体形成腐蚀微电偶，并作为阴极相加速镁基体的腐蚀。通过热处理可以使第二相溶入镁基体，或在镁基体中析出不同形貌的第二相，从而影响镁合金阳极的腐蚀电化学行为。热处理主要包括均匀化退火、固溶、时效及塑性变形后退火等。目前关于热处理对镁阳极腐蚀电化学性能的影响报道较多。

Andrei 等[72]研究了均匀化退火对 AZ63 镁合金阳极显微组织及腐蚀电化学性能的影响，发现在铸态 AZ63 镁合金中存在等轴排列的共晶沉淀 $\beta-Mg_{17}Al_{12}$ 相，该沉淀相均匀分布在晶界和晶内。扫描电镜观察结果表明在 $\beta-Mg_{17}Al_{12}$ 相核心的周围还存在共晶的片层状 $\beta-Mg_{17}Al_{12}$ 相。经 385℃ 均匀化退火 10 h 后，$\beta-Mg_{17}Al_{12}$ 相几乎全部溶解，仅在晶内存在细小尺寸的 $\beta-Mg_{17}Al_{12}$ 相，但共晶的片层状结构全部消失。因此，均匀化退火使 AZ63 镁合金组织均匀、微电偶数量减少。但该均匀化退火并没有提高 AZ63 镁合金阳极的放电性能，经均匀化退火后 AZ63 的实际比容量和阳极利用率均下降，放电过程中析氢副反应的速度增大。这一结果表明 $\beta-Mg_{17}Al_{12}$ 相对 AZ63 镁合金阳极的腐蚀起到保护作用，由于均匀化退火导致该第二相溶解，因此保护作用消失、阳极性能降低。

Feng 等[58]研究了时效对 Mg－4.8% Hg－8% Ga 合金显微组织和电化学性能的影响。发现经固溶处理的该合金在 423K 温度下时效，在镁基体中析出弥散分布的 $Mg_{21}Ga_5Hg_3$ 相；在 439K 温度下时效则析出板条状和块状的 Mg_5Ga_2 相，该相在 506K 时重新溶入镁基体。当 Mg－4.8% Hg－8% Ga 合金在 473K 时效 96 h 时，$Mg_{21}Ga_5Hg_3$ 和 Mg_5Ga_2 相的数量增多；但在 473K 时效 160 h 后，第二相的数量减少。第二相的大量析出有利于镁基体的活化溶解，经 473K 时效 96 h 的 Mg－4.8% Hg－8% Ga 合金拥有 －1.935 V（vs SCE）的放电电位，表现出较强的放电活性；473K 时效 160 h 的该合金由于第二相的聚集和长大导致微电偶效应增强，耐蚀性减弱。在 473K 时效 8 h 的 Mg－4.8% Hg－8% Ga 合金则具有较好的综合放电性能。

马正青等[73]研究了退火温度对变形 Mg－Hg－Ga 合金阳极板材组织和性能的影响，发现在 100℃ 退火 2 h 阳极板材保持变形态的纤维组织；当退火温度升高到 200℃ 或 250℃ 时，经 2 h 退火后 Mg－Hg－Ga 合金仍具有纤维状的变形组织，但已部分出现细小的再结晶晶粒；300℃ 退火 2 h 后变形态的纤维组织消失，全部为等轴晶组织，表明再结晶已完成；400℃ 退火 2 h 后等轴晶晶粒明显粗化，同时析出粗大的第二相。在 250℃ 以内，退火温度的升高对 Mg－Hg－Ga 合金析氢速度没有明显影响，但当退火温度达到300℃或400℃时，Mg－Hg－Ga合金析氢速度显著增大。此外，退火温度的升高并不能使放电电位发生明显负移。这一结果表明 Mg－Hg－Ga 合金阳极板材在回复退火阶段表现出较好的综合放电性能，在再结晶退火阶段综合放电性能下降。

1.4.3 塑性变形

塑性变形同样是改变镁合金阳极显微组织的一种有效途径，因此能影响其腐蚀电化学性能。由于镁合金具有密排六方晶体结构，导致其塑性变形能力较差，因此一般采用热加工的方法(如热轧、热挤压等)对其进行塑性变形。此外，在热轧过程中需要对板材进行中间退火从而恢复镁合金的塑性变形能力。

目前关于塑性变形对镁合金阳极组织及性能的影响报道较少。Zhao 等[60]将铸态 AZ31B 镁合金阳极采用热挤压的方式制备出1.5 mm厚的带材，再将该带材于400℃均匀化退火24 h，然后采用热轧将其轧到不同的厚度，用来研究塑性变形和后续退火对镁合金阳极显微组织及电化学性能的影响。结果表明热挤压能细化 AZ31B 镁合金阳极的晶粒，同时改变 $\beta-Mg_{17}Al_{12}$相的分布。经多道次热轧后，晶粒进一步细化，块状的 $\beta-Mg_{17}Al_{12}$相弥散分布于晶内。电化学测试结果表明，细小的晶粒和均匀的晶界有利于提高镁合金阳极的放电电流。热轧态的 AZ31B 镁合金阳极经后续退火1 h后放电电流增大，但放电寿命缩短，这主要是由于晶粒的大小和 $\beta-Mg_{17}Al_{12}$相的分布在退火过程中已发生改变。随后续退火时间的延长，$\beta-Mg_{17}Al_{12}$相溶入镁基体，导致镁合金阳极的放电活性减弱。

Zhao 等[74]研究了热轧和后续退火对 Mg－4% Ga－2% Hg 合金阳极显微组织及电化学性能的影响，发现铸态、均匀化退火态、轧制态和后续退火态的该合金表现出不同的放电行为。铸态 Mg－4% Ga－2% Hg 合金存在树枝状的显微组织以及分布在晶界和晶内的粗大第二相。该合金经698K均匀化退火16 h后仅存在较大的块状第二相 Mg_3Hg 和细小弥散分布的第二相 $Mg_{21}Ga_5Hg_3$。在673K热轧过程中块状第二相 Mg_3Hg 破碎并沿轧制方向分布。轧制态合金经533K后续退火2 h后，各第二相均匀分布在镁基体中。电化学测试结果表明，经热轧和后续退火后，Mg－4% Ga－2% Hg 合金阳极的腐蚀电位负移且腐蚀电流密度增大。其中后续退火态的合金在不同电流密度下都具有比其他状态的合金更负的放电电位和更短的激活时间，表现出较强的放电活性。以该后续退火态合金作阳极的海水激活电池具有1.451 V电压和147 W·h/kg质量能量密度，表现出优异的放电性能。

1.4.4 电解液的改性

一般来说镁阳极在水溶液中的电极过程主要包括以下几个步骤：(1) 水合质子和破坏性离子(如氯离子)向镁电极表面迁移；(2) 镁电极发生电化学或腐蚀溶

解，形成放电产物氢氧化镁，同时析出氢气；（3）放电产物离开镁电极表面。其中第二步为慢步骤，表明镁阳极的电极过程主要受电化学极化或活化控制[52, 54, 55, 75]。因此，电解液的盐度和温度对镁阳极的腐蚀电化学行为有重要影响，镁阳极放电性能的提高可通过电解液的改性而得以实现。

Udhayan 等[55]研究了纯镁、AZ31、AZ61 和 AP65 镁合金在不同浓度高氯酸镁溶液中的腐蚀电化学行为，发现这些合金的交换电流密度受高氯酸镁溶液浓度的影响：当高氯酸镁溶液浓度低于 2.0 mol/L 时，随高氯酸镁溶液浓度的增大交换电流密度逐渐增大；当高氯酸镁溶液浓度超过 2.0 mol/L 时，这些合金的交换电流密度趋于恒定值。这主要是由于当高氯酸镁溶液浓度超过 2.0 mol/L 时溶液的电导率已达到恒定。因此，2.0 mol/L 的高氯酸镁溶液有利于充分发挥镁阳极的放电活性。

Zhao 等[60]研究了经热挤压和热轧的 AZ31B 镁合金阳极在不同浓度氯化钠溶液中的放电行为，发现在恒压放电过程中镁合金电极的饱和放电电流随氯化钠溶液浓度的升高而增大，放电寿命随氯化钠溶液浓度的升高而缩短。此外，AZ31B 镁合金阳极的实际比容量随氯化钠溶液浓度的升高而减小。因此，可选择合适的氯化钠溶液浓度从而使 AZ31B 镁合金阳极具有较好的综合放电性能。

殷立勇等[61]研究了氯化钠溶液温度对镁汞合金阳极析氢速度的影响，发现在自腐蚀过程中镁汞合金阳极的析氢速度随氯化钠溶液温度的升高而增大。在 0℃时析氢速度很小，仅为 0.014 $mL/(cm^2 \cdot min)$，随温度的升高析氢速度逐渐增大，当温度达到 40℃时析氢速度可达 0.260 $mL/(cm^2 \cdot min)$。放电过程中镁汞合金阳极析氢速度随温度升高而增大的现象更明显，在 0℃时析氢速度为 0.052 $mL/(cm^2 \cdot min)$，当温度升高到 40℃时析氢速度可达 0.966 $mL/(cm^2 \cdot min)$。这一结果表明温度是影响镁合金阳极析氢速度的重要因素，通过改变电解液的温度可控制镁合金阳极的析氢行为。

周丽萍等[10]研究了挤压态 AZ31 及铸态和固溶态 NZ30K 镁合金阳极在不同浓度的 $Mg(COOCH_3)_2$、$MgCl_2$、$MgBr_2$ 和 $MgSO_4$ 溶液中的腐蚀电化学行为，发现三种镁合金阳极的腐蚀速度均随电解液浓度的增加而增大。此外，挤压态 AZ31 镁合金阳极在 $MgSO_4$ 和 $Mg(COOCH_3)_2$ 溶液中表现出较好的耐蚀性，在 $MgCl_2$ 溶液中则具有较大的腐蚀速度；而铸态和固溶态 NZ30K 镁合金阳极在 $MgBr_2$ 溶液中腐蚀较慢，在 $MgSO_4$ 溶液中则腐蚀较快。这一结果表明同一镁合金阳极的腐蚀电化学行为不仅受电解液浓度的影响，而且在不同溶质的电解液中该镁合金阳极也表现出不同的耐蚀性。因此，选择合适的电解液对提高镁合金阳极的放电性能至关重要。

Cao 等[9]在 0.7 mol/L 氯化钠溶液中加入 5×10^{-5} mol/L 的 Ga_2O_3，研究了 Mg－Li、Mg－Li－Al 和 Mg－Li－Al－Ce 合金在该电解液中的放电行为，并与这

些合金在未添加 Ga_2O_3 的氯化钠溶液中的放电行为进行对比。发现添加 Ga_2O_3 后各镁合金电极的放电活性均增强且阳极利用率都得到提高，其中 Mg－Li－Al－Ce 合金电极在0.7 mol/L 氯化钠溶液中的阳极利用率为81.8%，当添加 Ga_2O_3 后其利用率可达87.6%。因此，在电池处于封闭体系的情况下，往电解液中加入适量的添加剂是提高镁合金阳极放电性能的有效途径。

1.5 当前需要研究的内容

我国海岸线较长，开发海洋资源对于国防建设具有重要意义。海水电池作为一种重要的动力电源已广泛应用于各种水下设备中，在国防军事和民用领域发挥着重要作用。随着国民经济以及国防建设事业的发展，海水电池的需求量逐渐增大，对其性能要求也越来越高。由于海水电池的放电性能在很大程度上取决于阳极，因此研究出高性能的镁合金对于减弱电池的电压“滞后”效应、抑制电池的析氢副反应、提高电池的输出电压和质量能量密度等具有重要意义。

AP65(Mg－6%Al－5%Pb)是一种具有较强放电活性的镁合金，目前已作为阳极成功应用于大功率海水激活电池上为电动鱼雷提供电源。但AP65镁合金在实际使用过程中仍存在一些缺点和不足，主要体现在以下几个方面：

(1)塑性变形能力较差。与 Mg－Al－Zn 和 Mg－Hg－Ga 系列镁合金阳极相比，AP65镁合金的塑性变形能力较差，加工成型比较困难；

(2)激活时间不够短。与 Mg－Hg－Ga 系列镁合金阳极相比，AP65镁合金需要经较长的激活时间放电电位才能进入稳态；

(3)放电过程中仍存在比较严重的析氢副反应，阳极利用率有待进一步提高；

(4)放电过程中仍存在比较严重的电位极化现象，即电位随放电时间的延长逐渐正移，因此放电活性有待进一步增强。

此外，目前国内外关于AP65镁合金的报道较少，合金元素铝和铅在AP65镁合金中的作用还不是很清楚，关于AP65镁合金在氯化钠溶液中的活化机理还有待研究。

因此，本书拟从以下几个方面对AP65镁合金在氯化钠溶液中的电化学行为进行研究：

(1)研究AP65镁合金的活化机理，分析合金元素铝和铅在镁电极活化过程中发挥的作用；

(2)研究AP65镁合金在均匀化退火过程中显微组织的演变及其对放电行为的影响；

(3)研究微量合金元素锌、锡、铟和锰对AP65镁合金显微组织及放电性能的影响；

(4)研究 AP65 镁合金在塑性变形(热轧和热挤压)及后续退火过程中显微组织的演变及其对放电性能的影响;

(5)研究电解液的盐度和温度对 AP65 镁合金放电行为的影响。

根据以上研究内容, 实现 AP65 镁合金综合放电性能的提高。以下是本书的研究流程图:

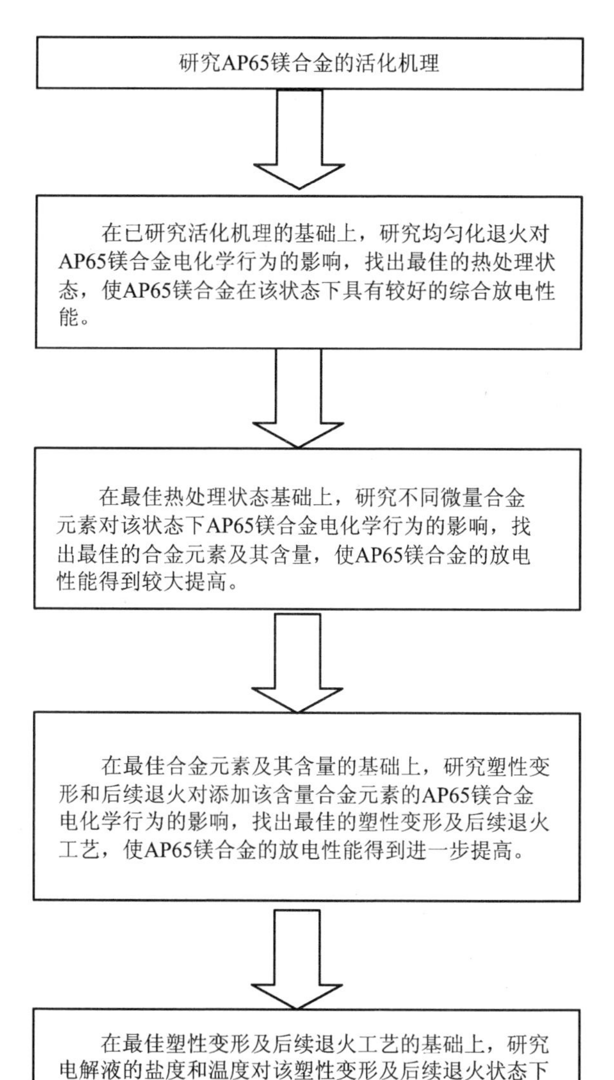

图 1-7　本书的研究流程图

Fig. 1-7　Flow chart of the research in this paper

第2章　AP65镁合金的活化机理

2.1　引　言

大多数镁阳极都是通过合金化的方式来提高放电性能，因此合金元素对镁阳极的腐蚀电化学行为起着重要的作用。在AP65镁合金中，铝和铅是主要的合金元素，能影响镁合金的腐蚀电化学行为。绪论部分已提及铝和铅各自对镁合金腐蚀电化学性能的影响，即铝在镁合金中主要以固溶体和第二相 $\beta-Mg_{17}Al_{12}$ 的形式存在，通常能起到增强镁合金耐蚀性的作用[66, 67]；铅则有利于增大AP65镁合金在高氯酸镁溶液中的交换电流密度并使腐蚀电位负移[55]，活性增强。此外，在AZ91镁合金中，当铅的含量(质量分数)不超过1%时，能增强该镁合金在氯化钠溶液中的耐蚀性[76]。但对于AP65镁合金而言，铝和铅共同存在于镁基体中，对镁电极在氯化钠溶液中的电化学行为起到怎样的作用，目前还不是十分清楚。而且，关于AP65镁合金在氯化钠溶液中的活化机理也有待澄清。因此，本章的研究目的是分析AP65镁合金的活化机理，并探讨合金元素铝和铅在镁电极活化过程中发挥的作用。

2.2　实验过程

2.2.1　镁合金的制备

采用熔炼铸造法制备Mg－6% Al、Mg－5% Pb和Mg－6% Al－5% Pb三种合金。这三种合金的成分与AP65镁合金的名义成分密切相关，且能实现铝和铅单独加入和共同加入到镁阳极中，有利于研究AP65镁合金的活化机理。在熔炼过程中，将表面清洁、干燥且无氧化的纯镁(纯度为99.99%)以一定的质量放入干燥的高纯石墨坩埚中，加入少量覆盖剂后于井式炉中熔炼，熔炼温度为730℃并通氩气保护熔体。待纯镁熔化后按一定的质量配比加入纯度为99.99%的各种合金元素，并将熔体在730℃保温10 min后用高纯石墨棒搅拌熔体3 min。将搅拌后的熔体在井式炉中静置5 min后于预热的铁模中浇铸(铁模的尺寸为200 mm×150 mm×20 mm，其内壁已除锈且涂上氧化锌)，得到以上三种镁合金铸锭。将得到的三种合金铸锭于箱式炉中 400℃均匀化退火 24 h 后在冷水中淬火，得到本章所研究的三种镁合金。

采用电感耦合等离子体原子发射光谱仪(ICP - AES)分析以上三种镁合金的化学成分，结果如表 2 - 1 所示。各杂质元素，如铁、硅、铜、钙和硫等，含量均不超过 0.01%，因此未列入表中。

表 2 - 1　三种镁合金的化学成分(质量分数，%)

Table 2 - 1　Chemical compositions of the three magnesium alloys (mass fraction, %)

镁合金	Mg	Al	Pb
Mg - 6% Al	93.3	6.14	—
Mg - 5% Pb	94.1	—	5.32
Mg - 6% Al - 5% Pb	88.0	6.31	5.38

2.2.2　电化学测试

将 Mg - 6% Al、Mg - 5% Pb 和 Mg - 6% Al - 5% Pb 三种镁合金用铜导线捆绑制备成电极，其测试面为 10 mm × 10 mm 的正方形，非测试面用牙拖粉密封。各镁合金电极的电化学测试在 CHI660D 电化学工作站上进行，采用三电极体系，其中工作电极为镁合金电极，辅助电极为铂电极，参比电极为饱和甘汞电极(SCE)，图 2 - 1 所示为电化学测试系统的示意图。3.5% 的氯化钠中性溶液充当电解液，由分析纯氯化钠和蒸馏水配制，且每次测试所用的电解液体积均为 120 mL。在电化学测试前，将镁合金电极的测试面用砂纸由粗到细逐级打磨，最后一道砂纸为 1200 目金相砂纸。为了数据的可靠性，同一个镁合金电极的电化学测试做三组平行实验。采用动电位极化扫描法测试镁合金电极的极化曲线，测试前将镁合金电极在 25℃的 3.5% 氯化钠溶液中浸泡 5 min，获得稳定的开路电位，然后进行动电位极化扫描，扫描的初始电位比开路电位负大约 250 ~ 300 mV，扫描方向为阳极极化方向，扫描速度为 1 mV/s，待阳极电流达到饱和后停止扫描。采用恒电流放电法测试镁合金电极的电位 - 时间曲线，放电过程中采用的外加阳极电流密度为 180 mA/cm^2，放电时间为 1000 s。该外加阳极电流密度通常用来研究大功率海水电池阳极的放电行为[54]。为研究 Al^{3+} 和 Pb^{2+} 离子对镁合金电极放电活性的影响，在恒电流放电过程中采用三种电解液，分别为 3.5% 氯化钠溶液、3.5% NaCl + 0.5 mol/L $AlCl_3$溶液和 3.5% NaCl + $PbCl_2$饱和溶液，均由分析纯氯化物和蒸馏水配制。采用氯化铝和氯化铅是因为这两种盐在水溶液中能分别电离出 Al^{3+} 和 Pb^{2+} 离子，且不会引入除 Cl^- 离子以外的其他阴离子。由于氯化铅在室温下难溶于水，因此镁合金电极在 3.5% NaCl + $PbCl_2$ 饱和溶液中的恒电流放电在 80℃下进行，其余的均在 25℃下进行，采用 HH 恒温水浴锅控制电解液温度。放电结束后，将镁合金电极从电解槽中移出，将数滴浓硝酸加入到电解液中溶解放电产物，然后将澄清的电解液倒入 250 mL 容量瓶中，用蒸馏水将电解液稀释至 250 mL。采用电感耦合等离子体原子发射光谱仪(ICP - AES)测定电解液中溶解的 Mg^{2+}、Al^{3+}和 Pb^{2+} 离子浓度。

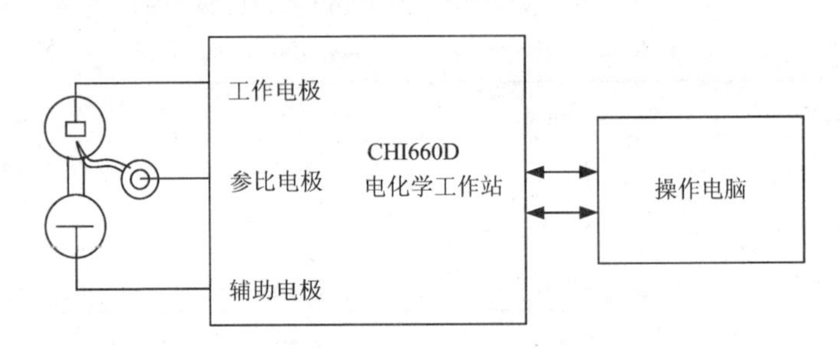

图 2 - 1　电化学测试系统示意图

Fig. 2 - 1　Schematic diagram of electrochemical test system

2.2.3　显微组织表征和物相鉴定

采用 Quanta - 200 环境扫描电子显微镜(SEM)的背散射像(BSE)观察 Mg - 6% Al、Mg - 5% Pb 和 Mg - 6% Al - 5% Pb 三种镁合金的显微组织，并分析镁合金中各合金元素的面分布。在观察前，将三种镁合金的观察面用砂纸由粗到细逐级打磨，最后一道砂纸为 1200 目金相砂纸，然后将打磨的观察面用金刚石碾磨膏结合抛光布进行机械抛光。采用 Quanta - 200 扫描电镜的二次电子像(SE)观察各镁合金电极经恒电流放电后的表面形貌，并结合能谱仪(EDS)分析镁合金电极表面放电产物中各元素的含量。采用 D/Max 2550 X 射线衍射仪(XRD)分析各镁合金电极放电产物的相结构，其扫描速度为 1.2(°)/min，扫描的 2θ 角度范围为5° ~ 80°，实验过程中采用铜靶，工作电压为 47 V，工作电流为 250 mA。这些放电产物沉积在电解槽底部，采用抽滤电解液的方法收集，于干燥箱中 80℃烘干后用于 XRD 物相鉴定。

2.3　不同镁合金的显微组织分析

由于镁合金阳极的电化学行为在很大程度上取决于显微组织，因此首先应该对其显微组织进行分析。图 2 - 2 所示为 Mg - 6% Al - 5% Pb 合金的显微组织及合金元素的面分布图。根据图 2 - 2(a)所示的背散射像可知经均匀化退火后的

Mg－6% Al－5% Pb 合金为单相固溶体组织，在合金中没有形成第二相。结合图 2－2(b) 至图 2－2(d) 所示各合金元素的面分布图可以看出，这些合金元素均匀分布在镁基体中。此外，Mg－6% Al 和 Mg－5% Pb 合金具有类似 Mg－6% Al－5% Pb 合金的单相均匀组织，这一点与根据 Mg－Al 和 Mg－Pb 二元相图得出的结论一致，因此在这里没有给出其显微组织的照片。

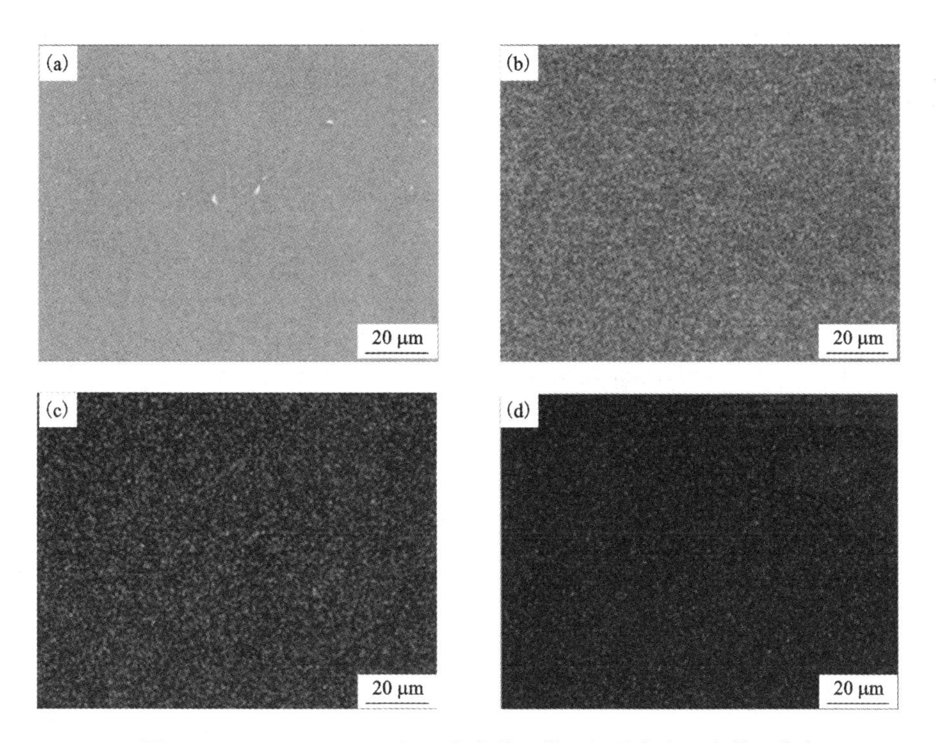

图 2－2　Mg－6%Al－5%Pb 合金的显微组织及合金元素的面分布

(a) 背散射像；(b) Mg 的面分布；(c) Al 的面分布；(d) Pb 的面分布

Fig. 2－2　Microstructures of Mg－6% Al－5% Pb alloy and elemental distribution maps of alloying elements: (a) Backscattered electron (BSE) image of Mg－6% Al－5% Pb alloy, (b) Mg distribution map, (c) Al distribution map, and (d) Pb distribution map

2.4　铝和铅对镁的电化学行为的影响

2.4.1　动电位极化

动电位极化技术是研究镁合金电极放电行为的重要手段，利用该技术测得的动电位极化曲线能在较宽的电压范围内反映出镁合金电极的放电行为。图 2－3

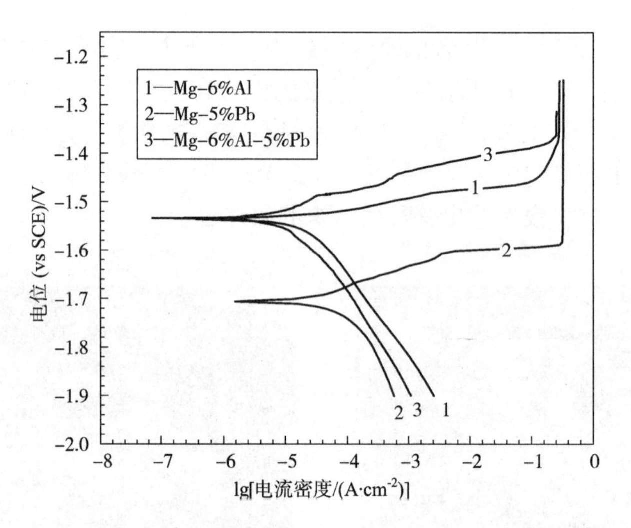

图 2-3　Mg-6%Al，Mg-5%Pb 和 Mg-6%Al-5%Pb 合金电极在 25℃ 的 3.5% 氯化钠溶液中的动电位极化曲线

Fig. 2-3　Potentiodynamic polarization curves of Mg-6% Al, Mg-5% Pb, and Mg-6% Al-5% Pb alloy electrodes in 3.5% NaCl solution at 25℃

所示为 Mg-6% Al、Mg-5% Pb 和 Mg-6% Al-5% Pb 三种镁合金电极在 25℃ 的 3.5% 氯化钠溶液中的动电位极化曲线。这些极化曲线由阴极支和阳极支两部分组成，其中阴极支主要与水合质子在镁合金电极表面的析氢还原反应有关，而阳极支则与镁合金电极的阳极溶解有关。根据图 2-3 可知，三种镁合金的动电位极化过程在相当大的电压范围内受活化控制，且表现出不同的动电位极化行为。其中，Mg-6% Al 和 Mg-6% Al-5% Pb 合金电极的腐蚀电位比较接近，而 Mg-5% Pb合金电极则具有比其他两种镁合金电极更负的腐蚀电位。这一现象说明Mg-5% Pb合金电极在 3.5% 氯化钠溶液中具有较大的腐蚀驱动力，而铝的添加则导致腐蚀驱动力减小。此外，在同一阴极电位下，Mg-5% Pb 合金电极的阴极电流密度相对较小，其次是 Mg-6% Al-5% Pb 合金电极，而 Mg-6% Al 合金电极则具有相对较大的阴极电流密度。这一现象说明高析氢过电位的铅有利于抑制阴极极化过程中镁合金电极表面的析氢反应，而铝的存在则加速阴极极化过程中氢气的析出。在阳极极化过程中，Mg-6% Al 合金电极的电流随电位正移而增大的速度最大，其次是 Mg-6% Al-5% Pb 合金电极，而 Mg-5% Pb 合金电极在阳极极化之初电流随电位正移而增大的速度较小，但当电位正于 -1.6 V (vs SCE)时，Mg-5% Pb 合金电极的电流随电位正移而剧增。这一现象说明 Mg-6% Al 合金电极在阳极极化过程中表现出较强的放电活性，而 Mg-5% Pb 合金电极则需要极化到一定的阳极电位下放电活性才明显增强。当电位继续正移时，三种镁合金电极的电流将达到饱和，这是由于阳极极化导致镁合金电极快速溶解，金属离子（主要是Mg^{2+}离子）在电极表面附近的溶液中积累，此时的电极过程受浓差极化控制。因此，根据极化曲线可知铝的存在使镁电极腐蚀电位正移，但有利于增强阳极极化过程中电极的放电活性，而铅的存在则使镁电极的腐蚀电位负移、腐蚀驱动力增大，同时抑制阴极极化过程中电极表面的析氢反应并减弱电极在阳极极化过程中的放电活性。

根据动电位极化曲线采用Tafel外推的方法可以得到电极的腐蚀电流密度，该腐蚀电流密度能反映电极的腐蚀速度。一般来说采用Tafel外推法要得到可靠的腐蚀速度必须满足以下一些条件[77]：

（1）极化曲线的阴阳两支中至少有一支受活化控制；

（2）极化曲线的阴阳两支中至少有一支存在较好的Tafel区域，即电位与电流密度的对数值之间具有较好的线性关系；

（3）极化过程中，电极电位的改变不会引发新的电极反应发生；

（4）在电极反应过程中，金属电极仅发生均匀腐蚀而不存在局部腐蚀，因为局部腐蚀会导致金属颗粒的脱落；

（5）极化曲线必须在稳态下测得，因此电位的扫描速度不能太快，否则电极体系会偏离稳态。

对于镁合金电极而言，由于存在负差数效应，根据极化曲线往往难以得到可靠的腐蚀速度[78]。但采用极化曲线外推得到的腐蚀电流密度仍可作为一种衡量电极在腐蚀电位下溶解速度和激活时间长短的尺度。一般来说腐蚀电流密度越大，电极在腐蚀电位下将具有较快的溶解速度，不利于电极在电解液中的储存，但可能有利于缩短电极在放电过程中的激活时间。在采用Tafel外推法求镁合金电极的腐蚀电流密度时，忽略极化曲线的阳极支，仅考虑阴极支。这是因为阴极支仅受活化控制，且在较宽的电压范围内具有较好的Tafel区域，而阳极支Tafel区域较窄且在强极化时电极过程受浓差极化控制。在外推时采用的电压范围比腐蚀电位负120～250 mV，在这个电压范围内极化曲线处于强阴极极化区域，具有较好的线性。表2－2所列为Mg－6%Al、Mg－5%Pb和Mg－6%Al－5%Pb三种镁合金电极的腐蚀电位和根据极化曲线外推得到的腐蚀电流密度。这些腐蚀电流密度为三组平行实验的平均值，误差为平行实验的标准偏差。可以看出，Mg－5%Pb合金电极的腐蚀电流密度最大，其次是Mg－6%Al合金电极，Mg－6%Al－5%Pb合金电极则具有最小的腐蚀电流密度。因此，Mg－5%Pb合金电极在腐蚀电位下溶解较快，不利于储存在电解液中，但该电极在放电过程中可能具有较短的激活时间；铝的加入则有利于增强镁电极在阳极极化过程中的放电活性，同时抑制镁电极在腐蚀电位下的活化溶解，从而延长其储存时间，但可能会导致放电过程中电极难以激活。

表 2-2 Mg-6%Al, Mg-5%Pb 和 Mg-6%Al-5%Pb 合金电极的腐蚀电位(E_{corr})和腐蚀电流密度(J_{corr})

Table 2-2 Corrosion potentials (E_{corr}) and corrosion current densities (J_{corr}) of Mg-6% Al, Mg-5% Pb, and Mg-6% Al-5% Pb alloy electrodes

镁电极	腐蚀电位(vs SCE)/V	腐蚀电流密度/(μA·cm^{-2})
Mg-6% Al	-1.536	33.1 ±1.5
Mg-5% Pb	-1.706	137.6 ±8.0
Mg-6% Al-5% Pb	-1.534	23.5 ±6.8

2.4.2 恒电流放电

恒电流放电是测试镁合金电极放电性能的重要手段，在放电过程中对镁电极施加恒定的阳极电流密度，使电极以电化学溶解的方式对外输出电子。镁合金电极放电性能的好坏能从恒电流放电过程中的电位-时间曲线反映出来，一般来说放电性能好的镁合金电极在放电过程中表现出较强的放电活性，通常具有较短的激活时间和较负的放电电位，且放电平稳，放电产物容易从电极表面剥落。因此该镁合金电极接上负载后具有较强的对外输送电子形成电流的能力，能提供较大的能量密度。这一点类似于镁基牺牲阳极，即电位较负的镁基牺牲阳极通常具有较强的产生电流用于阴极保护的能力[79-81]。

图 2-4 所示为 Mg-6% Al、Mg-5% Pb 和 Mg-6% Al-5% Pb 三种镁合金电极在 25℃的 3.5% 氯化钠溶液中于 180 mA/cm^2 电流密度下放电时的电位-时间曲线。可以看出，三种镁合金电极表现出不同的放电行为。其中，Mg-5% Pb 合金电极的放电电位最正，且电位随放电时间的延长而逐渐正移。这一现象表明 Mg-5% Pb 合金电极与其他两种合金电极相比放电活性较弱，且放电产物氢氧化镁难以从电极表面剥落，导致电位发生正移。因此，铅单独存在于镁电极中不利于电极放电活性的增强。Mg-6% Al 合金电极放电相对平稳，且放电电位比 Mg-5% Pb合金电极更负，表现出较强的放电活性。因此，铝的添加与铅相比有利于增强镁电极的放电活性并加速放电产物从电极表面剥落，从而维持电极相对平稳的放电电位。这一结果与图 2-3 所示的极化曲线的阳极支一致。Mg-6% Al-5% Pb 合金电极则不仅放电平稳，而且放电电位负于其他两种镁合金电极，表明在恒电流放电过程中 Mg-6% Al-5% Pb 合金电极的放电产物容易从电极表面剥落且放电活性最强。这一现象说明铝和铅在活化镁电极方面存在协同效应，当两种合金元素共同存在于镁基体中比单独存在时能使镁电极具有更强的放电活性。

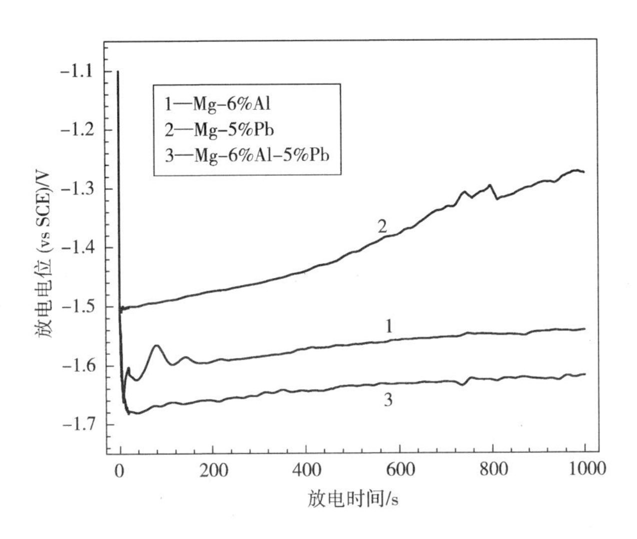

图 2-4　Mg-6%Al、Mg-5%Pb 和 Mg-6%Al-5%Pb 合金电极在 25℃的 3.5%氯化钠溶液中于 180 mA/cm² 电流密度下放电时的电位-时间曲线

Fig. 2-4　Galvanostatic potential - time curves of Mg-6% Al, Mg-5% Pb, and Mg-6% Al -5% Pb alloy electrodes at the current density of 180 mA/cm² in 3.5% NaCl solution at 25℃

表 2-3 所列为以上三种镁合金电极在 180 mA/cm² 电流密度下放电 1000 s 的平均放电电位。可以看出 Mg-6% Al-5% Pb 合金电极的平均放电电位比其他两种镁合金电极的负，而 Mg-5% Pb 合金电极则具有最正的平均放电电位。这一结果与表 2-2 所列三种镁合金电极腐蚀电流密度的大小关系不一致。一般来说，镁合金电极在恒电流放电过程中表现出的放电活性与根据极化曲线外推得到的腐蚀电流密度之间并无必然联系，拥有较小腐蚀电流密度的镁合金电极在恒电流放电过程中同样有可能具备较负的放电电位，表现出较强的放电活性。主要原因在于腐蚀电流密度是根据极化曲线外推到腐蚀电位处的电化学参数，反应电极在腐蚀电位下的溶解速度，此时电极浸泡在电解液中的时间不长，处于腐蚀的开端[82]；而放电电位是电极在恒电流放电过程中的电化学参数，此时有较大的外加阳极电流流过电极，电极已发生阳极极化，其表面状态与电极在腐蚀电位下的不同。具有较大腐蚀电流密度的镁合金电极在腐蚀电位下具有较快的溶解速度，不利于电极在电解液中的储存，但可能有利于缩短电极在恒电流放电时的激活时间；而拥有较负放电电位的镁合金电极在恒电流放电过程中能迅速剥落附着于电极表面的放电产物，使电极维持较大的活性反应面积，从而表现出较强的放电活性。

表 2-3 Mg-6%Al、Mg-5%Pb 和 Mg-6%Al-5%Pb 合金电极在 25℃的 3.5%氯化钠溶液中于 180 mA/cm² 电流密度下放电 1000 s 的平均放电电位

Table 2-3 Average discharge potentials of Mg-6% Al, Mg-5% Pb, and Mg-6% Al-5% Pb alloy electrodes in the course of galvanostatic discharge at the current density of 180 mA/cm² for 1000 s in 3.5% NaCl solution at 25℃

镁电极	平均放电电位 (vs SCE)/V
Mg-6% Al	-1.569
Mg-5% Pb	-1.398
Mg-6% Al-5% Pb	-1.641

通过往电解液中引入金属离子也是研究合金元素对镁电极活化机理影响的重要手段。图 2-5 所示为 Mg-5% Pb 合金电极在 25℃的 3.5% 氯化钠溶液和 3.5% NaCl+0.5 mol/L $AlCl_3$溶液中于 180 mA/cm²电流密度下放电时的电位-时间曲线。可以看出，Mg-5% Pb 合金电极在不同电解液中表现出不同的放电行为。当往 3.5% 氯化钠溶液中加入浓度为 0.5 mol/L 的氯化铝后，Mg-5% Pb 合金电极放电电位负移且放电相当平稳，表现出较强的放电活性。表 2-4 所列为 Mg-5% Pb合金电极在这两种电解液中于 180 mA/cm² 电流密度下放电 1000 s 的平均放电电位，可以看出该电极在 3.5% NaCl+0.5 mol/L $AlCl_3$溶液中的平均放电电位明显负于在 3.5% 氯化钠溶液中的平均放电电位，且比 Mg-6% Al-5% Pb 合金电极的平均放电电位更负(表 2-3)、放电更平稳(图 2-4)。这一结果结合图 2-4 同样表明铝和铅在活化镁电极方面存在协同效应，且铝不仅能通过合金化的方式增强镁电极的放电活性，也可以通过往电解液中引入 Al^{3+} 离子的形式活化镁电极，且后者的活化效果更明显。

表 2-4 Mg-5%Pb 合金电极在 180 mA/cm² 电流密度下于 25℃的不同电解液中放电 1000 s 的平均放电电位

Table 2-4 Average discharge potentials of Mg-5% Pb alloy electrode during galvanostatic discharge at the current density of 180 mA/cm² for 1000 s in different electrolytes at 25℃

电解液	平均放电电位 (vs SCE)/V
3.5% NaCl	-1.398
3.5% NaCl+0.5 mol/L $AlCl_3$	-1.648

图 2-6 所示为 Mg-6% Al 合金电极在 25℃的 3.5% 氯化钠溶液和 80℃的 3.5% NaCl + $PbCl_2$饱和溶液中于 180 mA/cm²电流密度下放电时的电位-时间曲

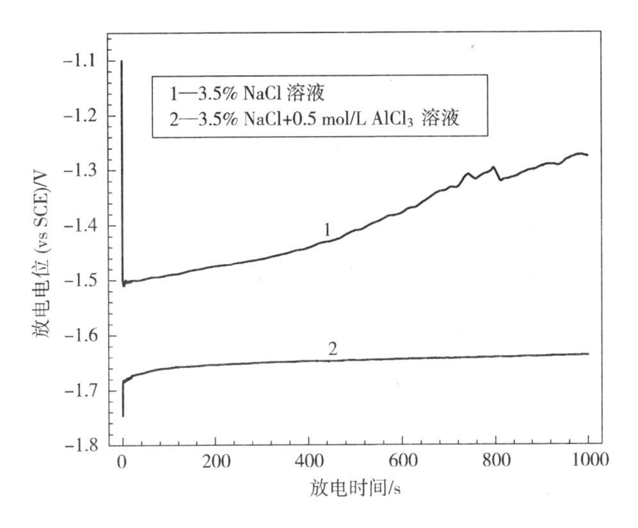

图 2－5　Mg－5%Pb 合金电极在 25℃的不同电解液中于 180 mA/cm^2 电流密度下恒电流放电过程中的电位－时间曲线

Fig. 2－5 Galvanostatic potential－time curves of Mg－5% Pb alloy electrode at the current density of 180 mA/cm^2 in different electrolytes at 25℃

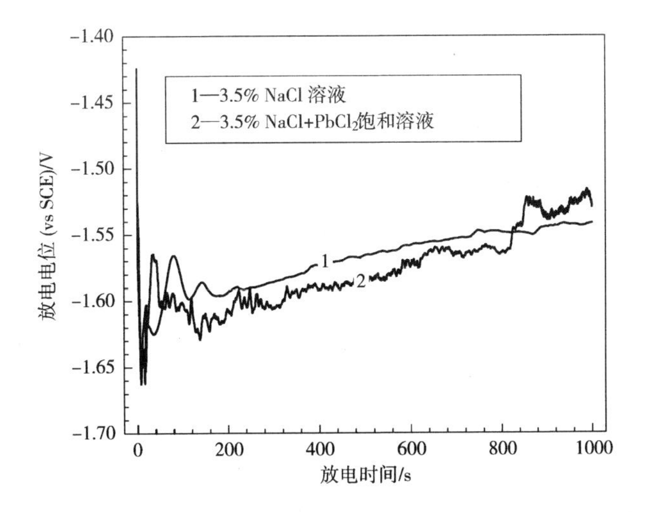

图 2－6　Mg－6%Al 合金电极在不同电解液中于 180 mA/cm^2 电流密度下放电时的电位－时间曲线

Fig. 2－6　Galvanostatic potential－time curves of Mg－6% Al alloy electrode at the current density of 180 mA/cm^2 in different electrolytes

线。由于氯化铅在室温下难溶于水，因此将电解液温度升高到 80℃，取位于上层的饱和溶液作为电解液。从图 2－6 可以看出，当往 3.5% 氯化钠溶液中加入氯化铅后 Mg－6% Al 合金电极的放电电位略有负移，但放电不平稳，电位震荡较为严重，且当放电时间超过 800 s 后，放电电位反而正于在 3.5% 氯化钠溶液中的电位。Mg－6% Al 合金电极在这两种电解液中的平均放电电位列于表 2－5。结合图 2－6 和表 2－5 可知，当往电解液中引入 Pb^{2+} 离子时并不能显著增强镁电极的放电活性，放电产物难以从电极表面剥落且放电不平稳。因此，电解液中 Pb^{2+} 离子对镁电极的活化效果不及 Al^{3+} 离子的活化效果明显。

表 2－5 Mg－6%Al 合金电极在 180 mA/cm² 电流密度下于不同电解液中放电 1000 s 的平均放电电位

Table 2－5 Average discharge potentials of Mg－6% Al alloy electrode during galvanostatic discharge at the current density of 180 mA/cm² for 1000 s in different electrolytes

电解液	平均放电电位（vs SCE）/V
3.5% NaCl	－1.570
3.5% NaCl + $PbCl_2$ 饱和溶液	－1.578

2.4.3 恒电流放电后电解液的成分、放电产物的物相和电极的表面形貌

检测镁合金电极经恒电流放电后电解液的成分、分析放电产物的相结构并观察放电后电极的表面形貌是研究镁合金电极活化机理的有效途径。表 2－6 所列为不同镁合金电极在不同电解液中于 180 mA/cm² 电流密度下放电 1000 s 后电解液中 Mg^{2+}、Al^{3+} 和 Pb^{2+} 三种阳离子的浓度，这些阳离子的浓度采用电感耦合等离子体原子发射光谱仪（ICP－AES）测定。在表 2－6 中，1、2 和 3 分别为 Mg－6% Al、Mg－5% Pb 和 Mg－6% Al－5% Pb 合金电极在 3.5% 氯化钠溶液中放电后所得的电解液，4 为 Mg－5% Pb 合金电极在 3.5% NaCl＋0.5 mol/L $AlCl_3$ 溶液中放电后所得的电解液。可以看出，电解液 3 中 Al^{3+} 离子的浓度为 0.4 mg/L，低于电解液 1 中的 Al^{3+} 离子浓度，表明当铅存在于镁合金电极中时有利于溶解的 Al^{3+} 离子在电极表面沉积，从而降低电解液中 Al^{3+} 离子的浓度。电解液 3 和 4 中的 Pb^{2+} 离子浓度高于电解液 2 中的 Pb^{2+} 离子浓度，原因可能是当铝存在于镁基体中或 Al^{3+} 离子存在于电解液中时，主要的放电产物氢氧化镁更容易从电极表面剥落，从而导致沉积于电极表面的铅脱附，因而在电解液中 Pb^{2+} 离子的浓度相对较高。此外，电解液 4 中 Mg^{2+} 离子浓度明显比其他三种电解液要高，表明往 3.5% 氯化钠溶液中引入 Al^{3+} 离子后能显著加速镁合金电极在放电过程中的活化溶解，这与图 2－5 所示的电位－时间曲线一致。

表 2 – 6　恒电流放电后电解液的化学成分（mg/L）

Table 2 – 6　Chemical compositions of electrolytes after galvanostatic discharge (mg/L)

电解液	Mg^{2+} 离子	Al^{3+} 离子	Pb^{2+} 离子
1	172.9	8.4	—
2	177.0	—	5.9
3	176.4	0.4	17.2
4	338.9	13623	14.7

注：1 为 Mg – 6% Al 合金电极在 3.5% 氯化钠溶液中放电后所得的电解液；
2 为 Mg – 5% Pb 合金电极在 3.5% 氯化钠溶液中放电后所得的电解液；
3 为 Mg – 6% Al – 5% Pb 合金电极在 3.5% 氯化钠溶液中放电后所得的电解液；
4 为 Mg – 5% Pb 合金电极在 3.5% NaCl + 0.5 mol/L $AlCl_3$ 溶液中放电后所得的电解液。

图 2 – 7 所示为各镁合金电极在不同电解液中放电产物的 XRD 衍射谱。这些放电产物经长时间放电后从电极表面剥落而沉积在电解槽底部，采用抽滤电解液的方法获得。根据图 2 – 7(a) 可知，Mg – 6% Al 合金电极在 3.5% 氯化钠溶液中的放电产物为 $Mg(OH)_2$ 和 $2Mg(OH)_2 \cdot Al(OH)_3$，且该放电产物容易剥落，表明在放电过程中溶解的 Al^{3+} 离子以 $Al(OH)_3$ 的形式沉积在电极表面，同时以 $2Mg(OH)_2 \cdot Al(OH)_3$ 的形式剥落放电产物 $Mg(OH)_2$。根据图 2 – 7(b) 可知，Mg – 6% Al 合金电极在 3.5% NaCl + $PbCl_2$ 饱和溶液中的放电产物除 $Mg(OH)_2$ 外还包含金属铅以及铝的氧化物和氢氧化物，表明当溶液中 Pb^{2+} 离子浓度较高时，放电过程中部分 Pb^{2+} 离子将以单质铅的形式沉积在电极表面。该放电产物剥落困难，造成电极的放电电位正移，放电活性减弱。图 2 – 7(c) 表明 Mg – 5% Pb 合金电极在 3.5% 氯化钠溶液中的放电产物主要为 $Mg(OH)_2$ 和一系列铅的氧化物，因此当溶解的 Pb^{2+} 离子浓度较低时，该 Pb^{2+} 离子将以铅的氧化物形式在电极表面沉积。这一放电产物同样较难剥落，导致镁合金电极放电活性较弱。图 2 – 7(d) 所示为 Mg – 6% Al – 5% Pb 合金电极在 3.5% 氯化钠溶液中放电产物的 XRD 衍射谱，该放电产物容易剥落且其衍射谱和图 2 – 7(a) 比较相似，不同之处在于 PbO_2 存在于放电产物中。

镁合金电极放电后的表面形貌能反映出该电极放电活性的强弱。通常，镁合金电极在放电过程中表面会覆盖一层放电产物，该放电产物的主要成分为 $Mg(OH)_2$[49]。其形成原因如下：在放电过程中镁合金电极不断溶解形成金属离子，其中主要是 Mg^{2+} 离子，此外还有一些合金元素离子。当 Mg^{2+} 离子在电极表面附近的溶液中达到饱和时，将以 $Mg(OH)_2$ 的形式沉积在电极表面[49]。图 2 – 8(a) 所示为 Mg – 6% Al 合金电极在 3.5% 氯化钠溶液中于 180 mA/cm^2 电

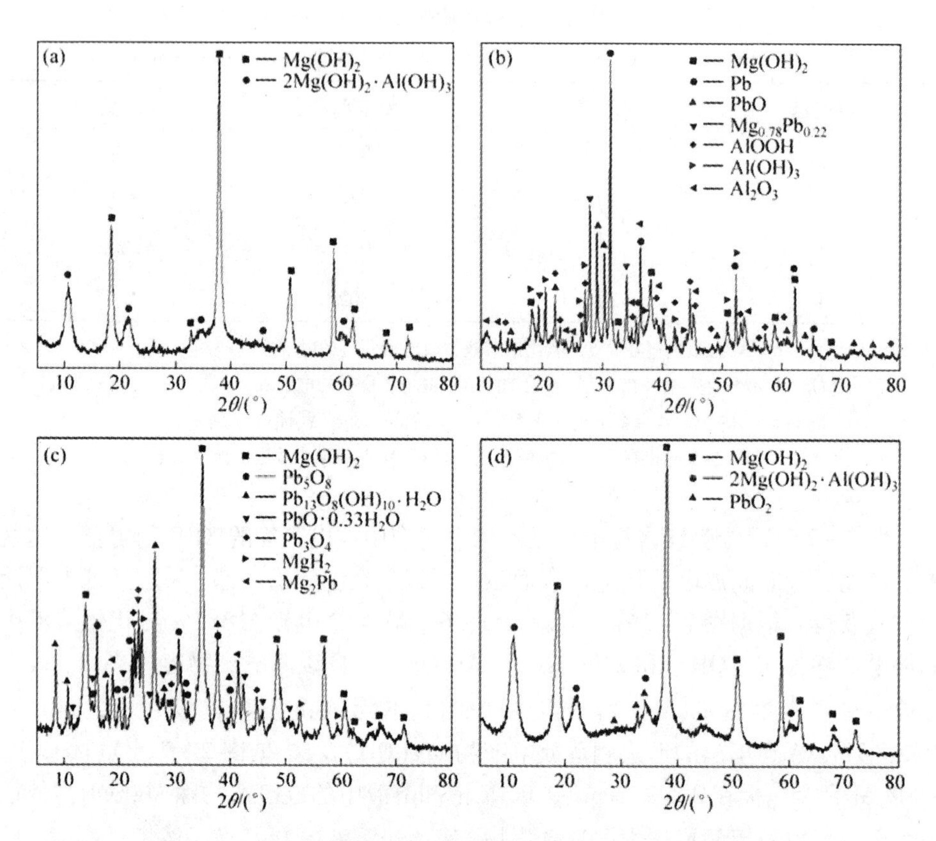

图 2－7　镁合金电极在不同电解液中放电产物的 XRD 衍射谱

（a）Mg－6% Al 合金电极在 3.5% 氯化钠溶液中的放电产物；（b）Mg－6% Al 合金电极在 3.5% NaCl + $PbCl_2$ 饱和溶液中的放电产物；（c）Mg－5% Pb 合金电极在 3.5% 氯化钠溶液中的放电产物；（d）Mg－6% Al－5% Pb 合金电极在 3.5% 氯化钠溶液中的放电产物

Fig. 2－7　XRD patterns of the discharge products of magnesium alloy electrodes in different electrolytes: (a) Discharge products of Mg－6% Al alloy electrode in 3.5% NaCl solution, (b) Discharge products of Mg－6% Al alloy electrode in 3.5% NaCl + $PbCl_2$ saturated solution, (c) Discharge products of Mg－5% Pb alloy electrode in 3.5% NaCl solution, and (d) Discharge products of Mg－6% Al－5% Pb alloy electrode in 3.5% NaCl solution

流密度下放电 1000 s 后电极表面形貌的二次电子像。可以看出该合金电极的放电产物呈龟裂的泥土状且裂纹较多，在恒电流放电结束后也能观察到电极表面附着的放电产物，但较少。图 2－8(b)所示为图 2－8(a)中整个区域的能谱分析结果，该结果具有较好可重现性。可以看出铝在电极表面含量（质量分数）较低（0.59%），表明溶解的 Al^{3+} 离子在无铅的作用下不易沉积在电极表面，因此在电解液中 Al^{3+} 离子的含量较高，这一点可从表 2－6 所列 Al^{3+} 离子的浓度得到证实。

结合图 2 -7(a) 的 XRD 衍射谱可知，Mg - 6% Al 合金电极的放电产物为 $Mg(OH)_2$和 $2Mg(OH)_2 \cdot Al(OH)_3$，表明放电过程中溶解的 Al^{3+} 离子以 $Al(OH)_3$ 的形式沉积在电极表面，以 $2Mg(OH)_2 \cdot Al(OH)_3$形式剥落放电产物 $Mg(OH)_2$，并带动其他 $Mg(OH)_2$从电极表面脱落。因此，Mg - 6% Al 合金电极在放电过程中电解液能和电极表面有效接触，可维持较大的活性反应面积从而使合金电极具有较强的放电活性。这一结论与图 2 -4 所示的电位 - 时间曲线一致。

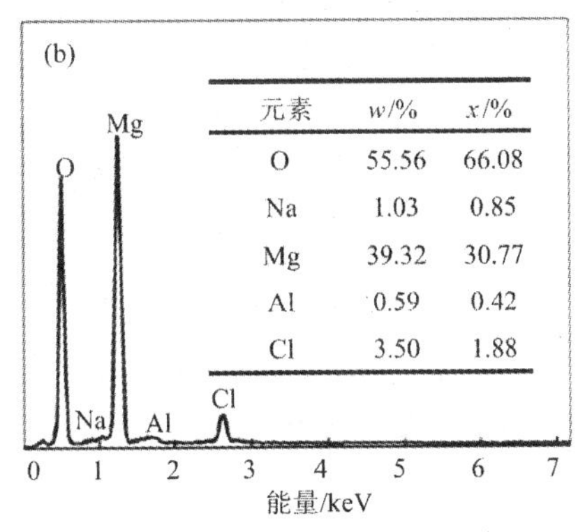

元素	w/%	x/%
O	55.56	66.08
Na	1.03	0.85
Mg	39.32	30.77
Al	0.59	0.42
Cl	3.50	1.88

图 2 -8　Mg -6%Al 合金电极在 3.5%氯化钠溶液中于 180 mA/cm² 电流密度下放电 1000 s 后电极表面形貌的二次电子像(a)及其对应的能谱分析结果(b)

Fig. 2 - 8　Secondary electron (SE) image of surface morphology of Mg -6% Al alloy electrode after galvanostatic discharge at the current density of 180 mA/cm² for 1000 s in 3.5% NaCl solution (a) and its corresponding EDS result (b)

图 2 - 9 (a) 所示为 Mg - 5% Pb 合金电极在 3. 5% 氯化钠溶液中于 180 mA/cm²电流密度下放电 1000 s 后电极表面形貌的二次电子像。可以看出该合金电极的放电产物 $Mg(OH)_2$较为严实地覆盖在电极表面且裂纹相对较少，在放电结束后也观察到电极表面附着有大量的放电产物。图 2 -9(b) 所示为图 2 -9(a) 中整个区域的能谱分析结果，该结果可重现性较好。可以看出，铅在电极表面的含量(质量分数)达到 9.35%，超过铅在合金电极中的含量，因此放电过程中溶解的 Pb^{2+} 离子很容易在电极表面沉积，导致电解液中 Pb^{2+} 离子的含量相对较低，这一点可从表 2 -6 所列 Pb^{2+} 离子的浓度得到证实。结合图 2 -7(c) 的 XRD 衍射谱可知，Mg -5% Pb 合金电极的放电产物除 $Mg(OH)_2$外还包括一系列铅的氧化物，表明 Pb^{2+} 离子主要以氧化物的形式沉积在电极表面。此外，钠和氯在电极表面的含量也超过 Mg -6% Al 合金电极[图 2 -8(b)]。这一结果表明，相对于 Al^{3+} 离子而言 Pb^{2+} 离子更容易在电极表面以氧化物的形式沉积，且该沉积过程可带动电解液中其他离子的沉积，在电极表面形成较厚且难以剥落的放电产物。因此，

Mg－5% Pb合金电极在放电过程中的活性反应面积较小，放电活性较弱且电位随放电时间的延长而逐渐正移，这一结论与图 2－4 所示的电位－时间曲线一致。

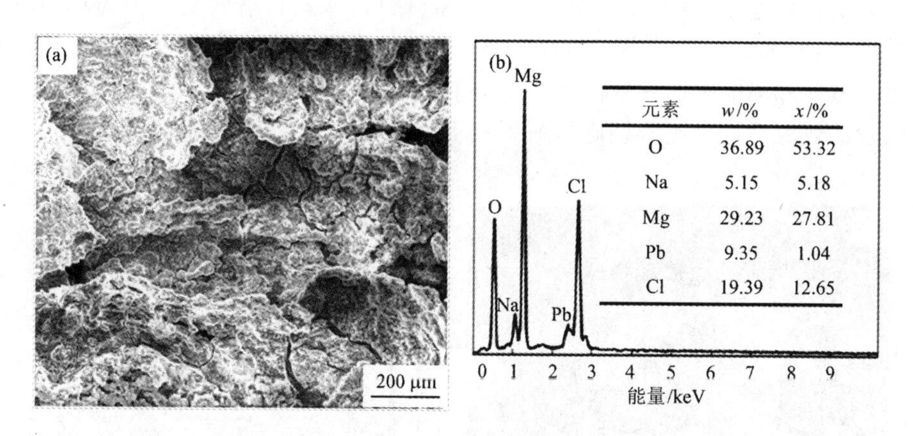

元素	w/%	x/%
O	36.89	53.32
Na	5.15	5.18
Mg	29.23	27.81
Pb	9.35	1.04
Cl	19.39	12.65

图 2－9　Mg－5%Pb 合金电极在 3.5%氯化钠溶液中于 180 mA/cm² 电流密度下放电 1000 s 后电极表面形貌的二次电子像(a)及其对应的能谱分析结果(b)

Fig. 2－9　Secondary electron (SE) image of surface morphology of Mg－5% Pb alloy electrode after galvanostatic discharge at the current density of 180 mA/cm² for 1000 s in 3.5% NaCl solution (a) and its corresponding EDS result (b)

图2－10(a)所示为 Mg－6% Al－5% Pb 合金电极在 3.5% 氯化钠溶液中于 180 mA/cm²电流密度下放电 1000 s 后电极表面形貌的二次电子像。可以看出该合金电极的放电产物和 Mg－6% Al 合金电极的相似[图 2－8(a)]，也呈龟裂的泥土状，且放电产物存在疏松和孔洞。在恒电流放电后也可观察到电极表面附着的放电产物，但较少。图2－10(b)所示为图2－10(a)中整个区域的能谱分析结果，该结果具有较好的重现性。可以看出，铝在电极表面的含量(质量分数)为 1.28%，比 Mg－6% Al 合金电极的高；铅的含量(质量分数)为 5.40%，比 Mg－5% Pb合金电极的低。因此放电过程中溶解的 Al^{3+}离子在电极中铅的作用下容易在电极表面沉积，导致电解液中 Al^{3+}离子的含量相对较低；而沉积在电极表面的铅在电极中铝的作用下容易从电极表面脱离，导致电解液中 Pb^{2+}离子的含量相对较高。这一点可从表 2－6 所列 Al^{3+} 和 Pb^{2+} 离子的浓度得到证实。此外，Mg－6% Al－5% Pb 合金电极表面的钠和氯含量均低于 Mg－5% Pb 合金电极，表明沉积在电极表面的氯化钠随放电产物的剥落而脱离电极表面。结合图 2－7(c)的 XRD 衍射谱可知，Mg－6% Al－5% Pb 合金电极的放电产物除 $Mg(OH)_2$外还包括$2Mg(OH)_2 \cdot Al(OH)_3$和 PbO_2，因此在放电过程中溶解的 Pb^{2+}离子以 PbO_2的形式沉积在电极表面，这一过程有利于溶解的 Al^{3+}离子以 $Al(OH)_3$的形式沉积，该 $Al(OH)_3$则以 $2Mg(OH)_2 \cdot Al(OH)_3$的形式剥落放电产物 $Mg(OH)_2$，并带动其

他 $Mg(OH)_2$从电极表面脱落。因此，电极中在铝和铅的共同作用下，Mg－6% Al－5% Pb 合金电极的放电产物容易从电极表面剥落，电极能维持较大的活性反应面积和较负的放电电位，表现出比 Mg－6% Al 和 Mg－5% Pb 合金电极更强的放电活性，这一结论与图 2－4 所示的电位－时间曲线一致。

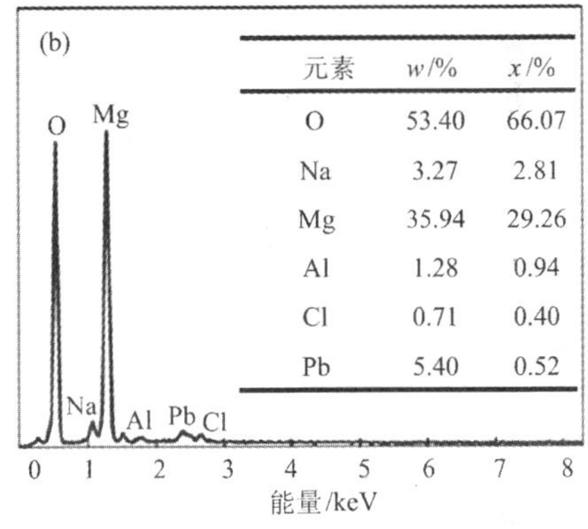

元素	w/%	x/%
O	53.40	66.07
Na	3.27	2.81
Mg	35.94	29.26
Al	1.28	0.94
Cl	0.71	0.40
Pb	5.40	0.52

图 2－10　Mg－6%Al－5%Pb 合金电极在 3.5%氯化钠溶液中于 180 mA/cm² 电流密度下放电 1000 s 后电极表面形貌的二次电子像(a)及其对应的能谱分析结果(b)

Fig. 2－10　Secondary electron (SE) image of surface morphology of Mg－6% Al－5% Pb alloy electrode after galvanostatic discharge at the current density of 180 mA/cm² for 1000 s in 3.5% NaCl solution (a) and its corresponding EDS result (b)

图 2－11(a)所示为 Mg－5% Pb 合金电极在 3.5% NaCl＋0.5 mol/L $AlCl_3$溶液中于 180 mA/cm²电流密度下放电 1000 s 后电极表面形貌的二次电子像。可以看出该表面形貌不同于 Mg－5% Pb 合金电极在 3.5% 氯化钠溶液中放电后的表面形貌[图 2－9(a)]。往 3.5% 氯化钠溶液中加入氯化铝后，Mg－5% Pb 合金电极的放电产物呈龟裂的泥土状，且裂纹比 Mg－6% Al－5% Pb 合金电极的多[图 2－10(a)]。在恒电流放电后也观察到 Mg－5% Pb 合金电极表面附着的很少放电产物，部分区域甚至无放电产物覆盖。图 2－11(b)所示为图 2－11(a)中整个区域的能谱分析结果，该结果具有较好的重现性。可以看出，电极表面铝的含量(质量分数)为 6.85%，比 Mg－6% Al－5% Pb 合金电极的高；铅的含量(质量分数)为 1.52%，低于放电后 Mg－6% Al－5% Pb 合金电极表面上铅的含量。这一结果表明，当铅存在于镁电极而 Al^{3+} 离子存在于电解液中时，在铅的作用下 Al^{3+} 离子很容易在电极表面沉积并剥落放电产物 $Mg(OH)_2$，同时使沉积在电极表面的铅脱附。因此，当电解液中存在 Al^{3+} 离子时，Mg－5% Pb 合金电极的放电产物很容易剥落，电解液能和电极表面充分接触，使电极具有比 Mg－6% Al－5% Pb 合金

电极更强的放电活性和更负的放电电位，这一结论与图 2－5 所示的电位－时间曲线一致。

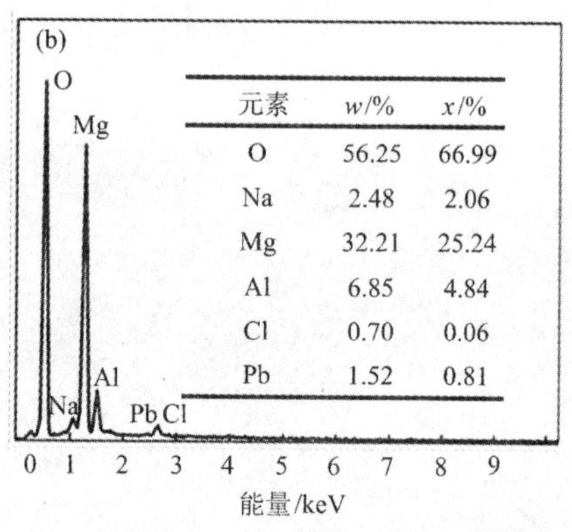

元素	w/%	x/%
O	56.25	66.99
Na	2.48	2.06
Mg	32.21	25.24
Al	6.85	4.84
Cl	0.70	0.06
Pb	1.52	0.81

图 2－11 Mg－5%Pb 合金电极在 3.5% NaCl＋0.5 mol/L $AlCl_3$ 溶液中于 180 mA/cm² 电流密度下放电 1000 s 后电极表面形貌的二次电子像（a）及其对应的能谱分析结果（b）

Fig. 2－11 Secondary electron (SE) image of surface morphology of Mg－5% Pb alloy electrode after galvanostatic discharge at the current density of 180 mA/cm² for 1000 s in 3.5% NaCl＋0.5 mol/L $AlCl_3$ solution (a) and its corresponding EDS result (b)

综上所述，AP65 镁合金电极在 3.5% 氯化钠溶液中的活化机理可表述如下：

第一步，合金电极的溶解：

$$Mg(Al,\ Pb) \longrightarrow Mg^{2+} + Al^{3+} + Pb^{2+} + 7e \qquad (2-1)$$

第二步，电极表面的析氢副反应，同时在电极表面附近的电解液中形成 OH^- 离子：

$$2H_2O + 2e \longrightarrow H_2 + 2OH^- \qquad (2-2)$$

第三步，金属阳离子在电极表面沉积：

$$Mg^{2+} + 2OH^- \longrightarrow Mg(OH)_2 \qquad (2-3)$$

$$Pb^{2+} + yOH^- \longrightarrow PbO_x + nH_2O \qquad (2-4)$$

$$Al^{3+} + 3OH^- \longrightarrow Al(OH)_3 \qquad (2-5)$$

其中，Pb^{2+}离子以氧化物的形式沉积在电极表面，这一过程促进 Al^{3+}离子以 $Al(OH)_3$的形式在电极表面沉积，该 $Al(OH)_3$则以 $2Mg(OH)_2 \cdot Al(OH)_3$的形式剥落放电产物 $Mg(OH)_2$，并带动其他 $Mg(OH)_2$从电极表面脱落，从而对镁电极起到活化作用。

2.5　本章小结

本章研究了 AP65 镁合金的活化机理。采用熔炼铸造法制备 Mg－6% Al、Mg－5% Pb和 Mg－6% Al－5% Pb 三种镁合金，采用动电位极化扫描法和恒电流放电法研究这三种镁合金电极在不同电解液中的电化学行为，采用环境扫描电子显微镜观察这三种镁合金的显微组织并结合能谱仪研究放电后各镁合金电极的表面形貌，采用电感耦合等离子体原子发射光谱仪测定这三种镁合金电极经放电后溶解在电解液中各金属阳离子的浓度，采用 X 射线衍射仪对这三种镁合金电极的放电产物进行物相鉴定。结果表明：

(1)铝或铅单独存在于镁电极中并不能显著增强其放电活性，尤其是当铅单独存在时会使电极表面附着较厚的放电产物并使活性减弱。但当两者共存时，尤其是当铝以 Al^{3+} 离子的形式存在于电解液中时，则使放电活性明显增强。

(2)AP65 镁合金电极在 3.5% 氯化钠溶液中的活化机制为溶解－再沉积机制，且铝和铅对镁电极的活化存在协同效应。在放电过程中溶解的 Pb^{2+} 离子很容易以铅的氧化物形式沉积在电极表面，这一过程促进溶解的 Al^{3+} 离子以 $Al(OH)_3$ 的形式在电极表面沉积，同时以 $2Mg(OH)_2 \cdot Al(OH)_3$ 的形式剥落放电产物 $Mg(OH)_2$，并带动其他 $Mg(OH)_2$ 从电极表面脱落，从而对镁电极起到活化作用。

第3章 均匀化退火对 AP65 镁合金电化学行为的影响

3.1 引 言

对于镁合金阳极而言，热处理是改善其放电性能的一个重要途径。一般来说，镁合金阳极的放电性能在很大程度上取决于镁基体的化学成分以及第二相的数量和分布[56-59]。热处理不仅能促进基体成分的均匀化，同时也能改变第二相的数量和分布，对其显微组织的演变和放电性能的提高起到重要作用[58, 59]。镁合金阳极通常采用熔炼铸造的方法制备，但在大多数情况下铸态镁合金不直接作为阳极投入使用，因为其铸造组织存在晶内偏析以及基体固溶体成分不均匀等缺陷，将导致放电过程中电极表面的析氢副反应严重、阳极的利用率较低等问题。均匀化退火能消除铸态镁合金阳极中的晶内偏析并加速非平衡第二相的溶解，同时促进合金元素的均匀化，因而能改善铸态镁合金阳极的放电性能。

目前，均匀化退火已应用在多种镁合金阳极中[42, 45, 83, 84]，但在 AP65 镁合金中的应用研究较少[70]。本章在已研究 AP65 镁合金活化机理的基础上，研究均匀化退火过程中铸态合金显微组织的演变，同时分析该组织的演变对阳极放电行为的影响。

3.2 镁合金的均匀化退火

用于均匀化退火的铸态 AP65 镁合金采用熔炼铸造法制备，具体过程同 2.2.1。铸态镁合金的均匀化退火在箱式炉中于400℃进行，退火时间为 24 h，并将退火后的镁合金在冷水中淬火。采用电感耦合等离子体原子发射光谱仪(ICP - AES)分析均匀化退火态合金的化学成分，结果见表 3 - 1。可以看出杂质元素的含量较少且主要合金元素的偏差相对较小。

表3－1　AP65镁合金的化学成分（质量分数，%）

Table 3－1　Chemical composition of AP65 magnesium alloy（mass fraction，%）

Al	Pb	Zn	Mn	Fe	Ca	Cu	Sn	P	S	Mg
6.20	5.34	0.001	0.009	0.002	0.018	0.005	0.019	0.028	0.028	余量

3.3　电化学实验

铸态和均匀化退火态AP65镁合金电极的制备同2.2.2，采用CHI660D电化学工作站测试各电极的动电位极化曲线和恒电流放电过程中的电位－时间曲线，其过程同2.2.2，电解液为3.5%氯化钠溶液。此外，增加恒电流放电过程中电极的阳极利用率测试。恒电流放电采用的外加阳极电流密度为10 mA/cm^2、180 mA/cm^{2}和300 mA/cm^2，其中小电流密度（如10 mA/cm^2）主要用来研究小功率、长时间服役的海水电池阳极的放电行为，而大电流密度（如180 mA/cm^{2}和300 mA/cm^2）则用来研究大功率、短时间服役的海水电池阳极的放电行为[54]。为达到300 mA/cm^{2}的外加电流密度，电化学测试过程中除使用CHI660D电化学工作站外，还附加CHI680电流放大器，其测试系统示意图如图3－1所示。

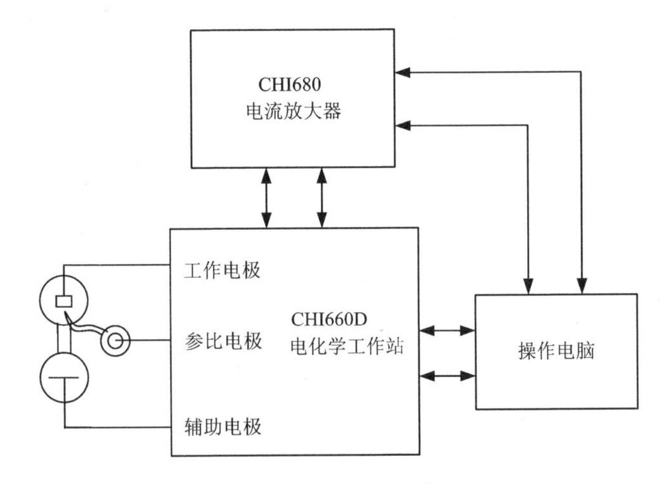

图3－1　电化学测试系统示意图

Fig. 3－1　Schematic diagram of electrochemical test system

采用以下公式计算恒电流放电过程中镁合金电极的阳极利用率[85, 86]：

$$阳极利用率(\eta,\%)=\frac{根据外加电流密度计算得到的电极理论质量损失}{恒电流放电过程中电极的实际质量损失}\times 100\% \tag{3-1}$$

其中，理论质量损失根据以下公式计算[85]：

$$M_t=\frac{I\times t}{F\times\sum\left(\frac{f_i\times n_i}{a_i}\right)} \tag{3-2}$$

式中，M_t为镁合金电极的理论质量损失，I为外加阳极电流密度，t为放电时间，F为法拉第常数，f_i为第i种合金元素的质量分数，a_i为第i种合金元素的原子质量，n_i为第i种合金元素的化合价，其中镁为+2价、铝为+3价、铅为+2价。在恒电流放电前，称量镁合金电极的初始质量。为得到放电过程中电极明显的质量损失从而减小实验误差，在10 mA/cm^{2}电流密度下镁合金电极的放电时间为10 h，在180 mA/cm^{2}和300 mA/cm^{2}电流密度下放电时间均为1 h。放电结束后，将镁合金电极从电解液中取出，电极表面附着的放电产物先用自来水清洗和牙刷去除，然后将电极放入200 g/L CrO_3 +10 g/L $AgNO_3$溶液中超声波清洗5 min，取出后再在无水乙醇中超声波清洗5 min，接着用电吹风的冷风挡将电极吹干后称重，得到放电后电极的质量。用电极的初始质量减去放电后电极的质量，计算出电极在恒电流放电过程中的实际质量损失，再根据式(3-1)计算电极的利用率。

3.4 显微组织及相结构分析

采用D/Max 2550 X射线衍射仪(XRD)分析铸态和均匀化退火态AP65镁合金的相结构。将各镁合金的测试面用砂纸打磨平整后进行X射线物相鉴定，X射线衍射仪的操作过程同2.2.3，扫描速度为1.2(°)/min，扫描的2θ角度范围为10°~80°。采用较慢的扫描速度能更准确鉴定合金中的第二相。采用XJP-6A金相显微镜(OM)观察各镁合金的显微组织，观察面的打磨和抛光过程同2.2.3，采用1 mL浓硝酸+1 mL冰醋酸+1 g草酸+100 mL水溶液作为金相腐蚀液，用于揭示镁合金中的第二相和晶界。采用JXA-8230电子探针(EPMA)确定铸态AP65镁合金中镁基体和第二相的各元素含量，观察面的打磨和抛光过程同金相试样，但未经金相腐蚀液侵蚀。采用Quanta-200环境扫描电子显微镜(SEM)的二次电子像(SE)观察放电后未清除和已清除放电产物的各镁合金电极表面形貌，其放电产物的清除过程同3.3。

3.5 均匀化退火过程中显微组织的演变规律

图3-2(a)和(b)所示分别为铸态和均匀化退火态AP65镁合金的X射线衍

射谱。可以看出在铸态合金中存在两种相[图3－2(a)]，即α－Mg相和β－$Mg_{17}Al_{12}$相。经400℃均匀化退火24 h后[图3－2(b)]，β－$Mg_{17}Al_{12}$相消失，合金中仅存在α－Mg相。图3－3所示为不同状态下AP65镁合金的金相照片。根据图3－3(a)可知，铸态AP65镁合金在晶界处存在不连续分布的第二相，结合图3－2(a)所示的X射线衍射谱可知该第二相为β－$Mg_{17}Al_{12}$，是在液态合金凝固过程中形成的。由于铅在镁中具有较大的固溶度，因此主要以合金元素的形式固溶在镁基体中，没有与镁或铝形成第二相或化合物[87]，这一结论与图3－2(a)所示的X射线物相鉴定结果一致。图3－3(b)所示为高倍下的铸态金相照片，可以看出β－$Mg_{17}Al_{12}$相呈长条状分布于晶界，晶内的β相较少，且该β相形貌不同于铸态AZ63和AZ91镁合金中的β相。在铸态AZ63和AZ91镁合金中，β－$Mg_{17}Al_{12}$相体积较大且呈块状分布于晶界，在该块状β相的周围分布有片层状的共晶β相[67, 72, 87]。但在AP65镁合金中，由于合金元素铅的存在导致液态合金在凝固过程中β相的形成受到抑制[87]，因此β相呈长条状分布于晶界且体积相对较小。图3－3(c)所示为均匀化退火态AP65镁合金的金相照片，可以看出铸态合金经400℃均匀化退火24 h后β相溶入α－Mg基体中，合金表现为单相均匀的等轴晶组织，与图3－2(b)所示的X射线物相鉴定结果一致。此外，均匀化退火态AP65镁合金的晶界比铸态合金的[图3－3(b)]平直，且晶粒大小和铸态合金的接近，表明在均匀化退火过程中晶界已出现平直化，但没有发生明显的晶粒长大现象。这是因为该AP65镁合金由普通的熔炼铸造法制备，没有经过塑性变形，因此在退火过程中晶粒难以发生明显长大。

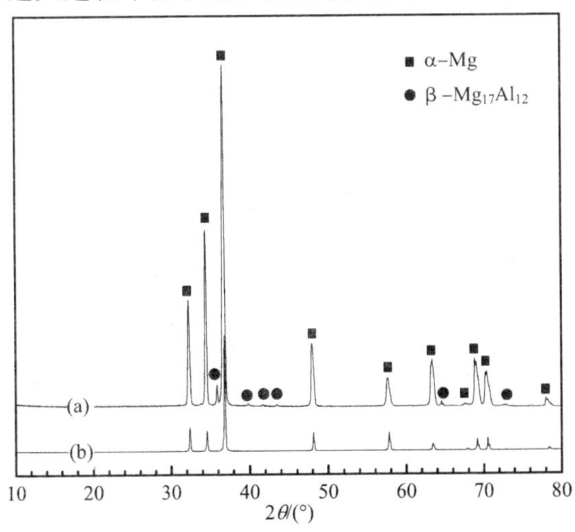

图3－2　不同状态下AP65镁合金的X射线衍射谱：(a)铸态；(b)均匀化退火态

Fig. 3－2　XRD patterns of AP65 magnesium alloys under different conditions: (a) as－cast alloy and (b) homogenized alloy

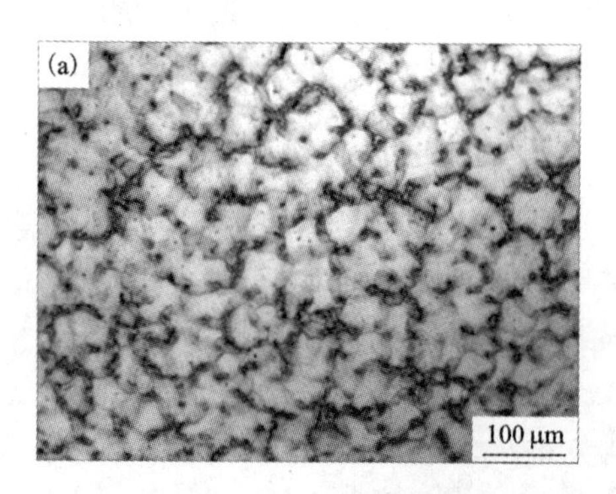

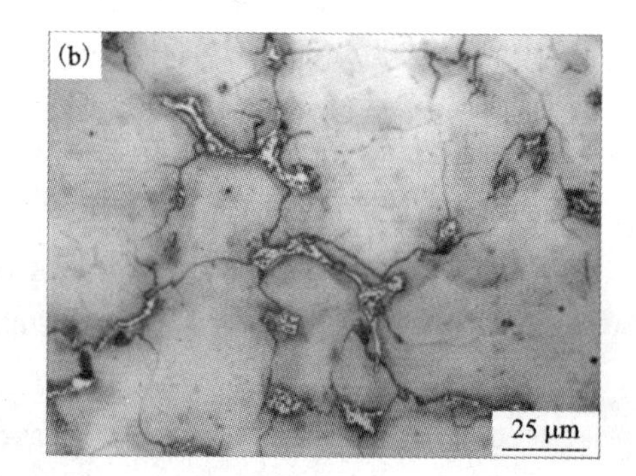

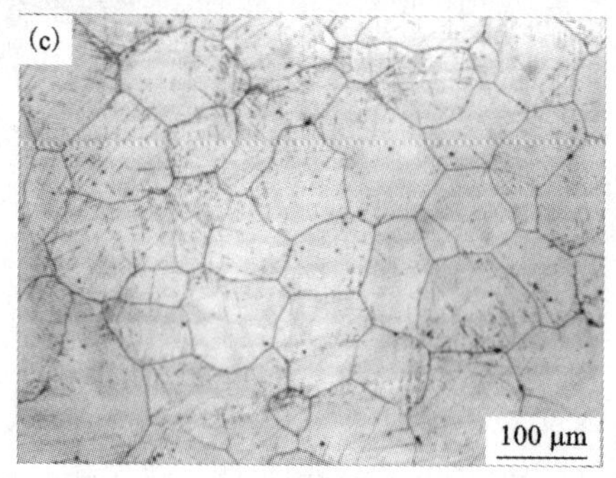

图 3-3　AP65 镁合金不同状态下的金相照片

(a)铸态；(b)放大的(a)；(c)均匀化退火态

Fig. 3-3　Optical micrographs of AP65 magnesium alloys under different conditions: (a) as-cast alloy, (b) closed-up view of (a), and (c) homogenized alloy

图3-4所示为铸态AP65镁合金在电子探针下的背散射像，可以看出位于晶界的 β-$Mg_{17}Al_{12}$ 相被较亮的区域包围，且在该相内部也存在较亮的区域，晶内基体的颜色则较暗。在背散射像中，较亮区域所含高原子序数的合金元素较多，较暗区域则主要含低原子序数的合金元素[88]。因此，铅主要在铸态合金的晶界处偏聚，包围在 β-$Mg_{17}Al_{12}$ 相的周围或贯穿于 β-$Mg_{17}Al_{12}$ 相中。这一结论可从表3-2所列各点的电子探针成分分析结果得到证实。根据表3-2，在图

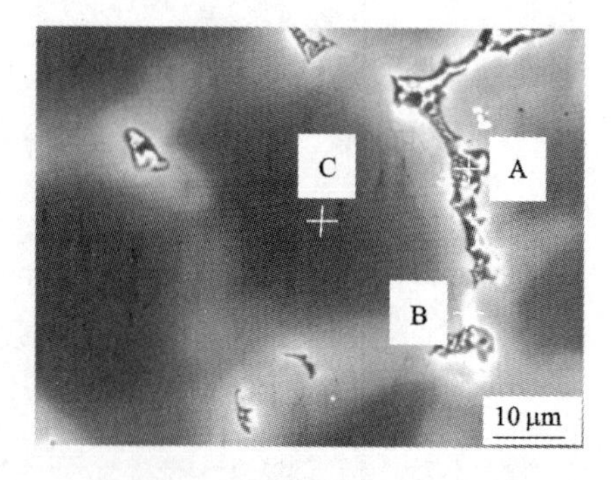

图 3-4　铸态 AP65 镁合金在电子探针下的背散射像

Fig. 3-4　Backscattered electron (BSE) image of as-cast AP65 magnesium alloy under EPMA system

3－4 中位于 β 相中的 A 点铝含量较高，铅含量较少；位于 β 相周围较亮区域的 B 点铅含量较高，同时也含有较高的铝；位于晶内的 C 点则主要含镁，铝和铅的含量较少。这一结果表明除铅以外还有相当一部分铝也在铸态合金的晶界处偏聚，而晶内则主要是 α－Mg 基体。

表 3－2　图 3－4 中各点的电子探针成分分析结果（质量分数，%）

Table 3－2　EPMA analysis result of chemical composition of each point in Fig. 3－4 (mass fraction, %)

测试点	Mg	Al	Pb
A	61.00	35.29	3.72
B	80.66	10.25	9.09
C	93.71	2.70	3.59

3.6　均匀化退火前后 AP65 镁合金的电化学行为

3.6.1　动电位极化

图 3－5 所示为铸态和均匀化退火态 AP65 镁合金电极在 25℃ 3.5% 氯化钠溶液中的动电位极化曲线。可以看出，两种镁合金电极的阴极支在较宽的电压范围内具有较好的线性，且阴极支彼此重合，表明均匀化退火不能改变铸态 AP65 镁合金电极的阴极析氢行为。此外，均匀化退火态 AP65 镁合金电极的腐蚀电位比铸态电极的正，因此铸态电极具有较大的腐蚀驱动力，而均匀化退火则使腐蚀驱动力减小。在阳极极化过程中，两种镁合金电极的电流密度在极化之初均随电位的正移而迅速增大，但当阳极极化达到一定程度时（即在图 3－5 中电流密度的对数值超过 10^{-1} 时），铸态电极的电流密度随电位正移而增大的速度比均匀化退火态电极的小。因此，在强阳极极化过程中，均匀化退火态电极具有比铸态电极更强的放电活性。

表 3－3　铸态和均匀化退火态 AP65 镁合金电极的腐蚀电位（E_{corr}）和腐蚀电流密度（J_{corr}）

Table 3－3　Corrosion potentials (E_{corr}) and corrosion current densities (J_{corr}) of as－cast and homogenized AP65 magnesium alloy electrodes

镁电极	腐蚀电位（vs SCE）/V	腐蚀电流密度/（$\mu A \cdot cm^{-2}$）
铸态合金	－1.612	45.8 ± 2.1
均匀化退火态合金	－1.534	23.5 ± 6.8

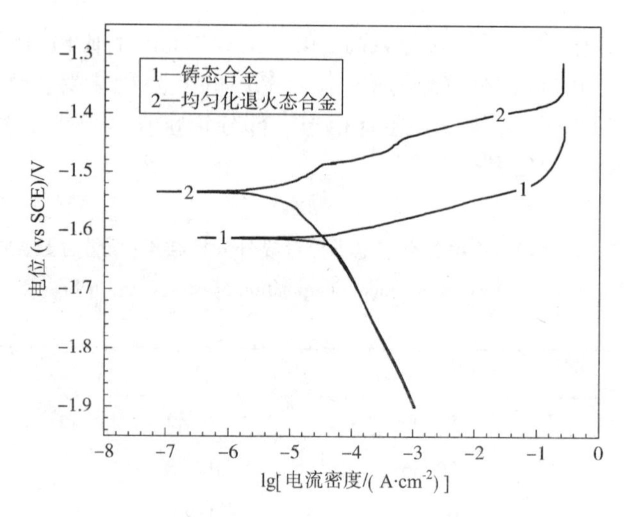

图 3-5 铸态和均匀化退火态 AP65 镁合金

电极在 25℃的 3.5%氯化钠溶液中的动电位极化曲线

Fig. 3-5 Potentiodynamic polarization curves of as-cast and homogenized AP65 magnesium alloy electrodesin 3.5% NaCl solution at 25℃

根据极化曲线采用 Tafel 外推法得到这两种镁合金电极的腐蚀电流密度，其外推过程同 2.4.1，腐蚀电流密度列于表 3-3。这些腐蚀电流密度为三组平行实验的平均值，误差为平行实验的标准偏差。可以看出，铸态 AP65 镁合金电极的腐蚀电流密度大于均匀化退火态电极，表明铸态电极在腐蚀电位下溶解较快，而均匀化退火则抑制铸态电极在腐蚀电位下的活化溶解。这一结果与 Andrei 等[72]报道的铸态和均匀化退火态 AZ63 镁合金阳极的腐蚀电化学行为一致。铸态 AP65 镁合金电极较大的腐蚀电流密度主要源于合金中的 $\beta-Mg_{17}Al_{12}$ 相。尽管 $\beta-Mg_{17}Al_{12}$ 相对于 $\alpha-Mg$ 基体而言为弱阴极相[89]，在铸态 AZ80 和 AZ91 镁合金中可作为屏障抑制镁基体的腐蚀[67]，但在铸态 AP65 镁合金中该 β 相体积较小且在晶界不连续分布[图 3-3(a)]，因此主要作为阴极相与镁基体形成腐蚀微电偶而加速基体的腐蚀[66]。经均匀化退火后 $\beta-Mg_{17}Al_{12}$ 相溶解，合金转变为单相均匀的等轴晶组织[图 3-3(c)]，因此微电偶腐蚀效应已不存在，镁合金电极的腐蚀电流密度减小。

3.6.2 恒电流放电

图 3-6(a)和(b)所示分别为铸态和均匀化退火态 AP65 镁合金电极在 25℃的 3.5%氯化钠溶液中于不同电流密度下恒电流放电时的电位-时间曲线。可以看出，两种镁合金电极的放电电位均随外加电流密度的增大而正移，且在同一电

流密度下不同的电极表现出不同的放电行为。当外加电流密度为10 mA/cm²时，铸态AP65镁合金电极的放电电位比均匀化退火态电极的平稳。但当外加电流密度为180 mA/cm²和300 mA/cm²时，铸态AP65镁合金电极则需要经过较长的时间才能被激活，即放电电位达到稳态所需的过渡时间较长。此外，在300 mA/cm²电流密度下铸态电极的放电电位随放电时间的延长而逐渐正移，放电活性减弱[图3-6(a)]。相比之下，均匀化退火态AP65镁合金电极在180 mA/cm²和300 mA/cm²电流密度下放电时激活时间比铸态电极的短，且放电电位较为平稳[图3-6(b)]。这一现象与图3-5所示两种电极在强阳极极化过程中电流密度随电位正移而变化的规律一致。

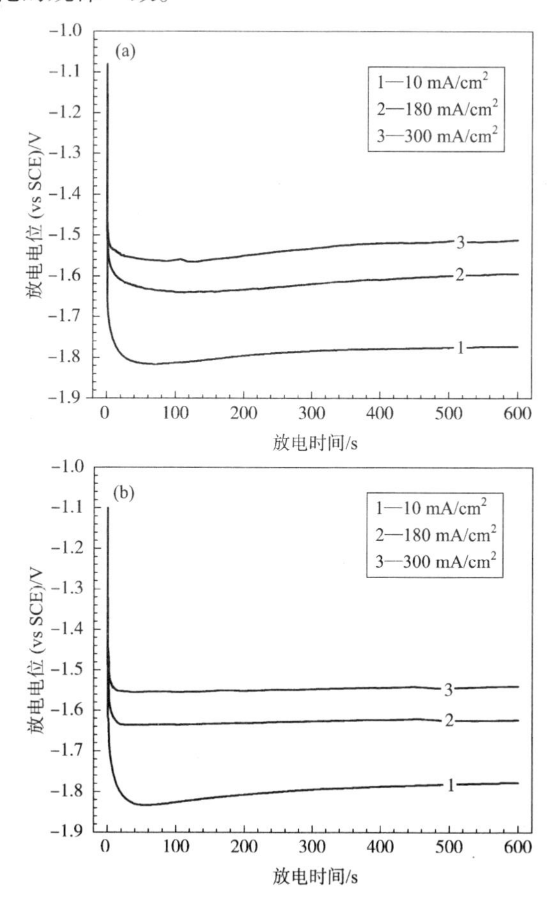

图3-6　铸态(a)和均匀化退火态(b)AP65镁合金电极在25℃的3.5%氯化钠溶液中于不同电流密度下恒电流放电时的电位-时间曲线

Fig. 3-6　Galvanostatic potential - time curves of as - cast (a) and homogenized (b) AP65 magnesium alloy electrodesat different current densities in 3.5% NaCl solution at 25℃

表 3-4 所列为这两种镁合金电极在不同电流密度下恒电流放电 600 s 的平均放电电位，可以看出在每一个电流密度下均匀化退火态 AP65 镁合金电极的平均放电电位都比铸态电极的负，表现出较强的放电活性，适合作为阳极用于大功率海水电池。两种镁合金电极不同的放电行为取决于不同的显微组织，铸态电极中的 $\beta-Mg_{17}Al_{12}$ 相能加速电极在腐蚀电位下的溶解，同时维持电极在小电流密度下（10 mA/cm^2）较为平稳的放电，但在大电流密度下（180 mA/cm^2 和 300 mA/cm^2），该 $\beta-Mg_{17}Al_{12}$ 相能作为一种屏障抑制电极的放电过程[53, 54]，使电极的激活时间延长同时导致放电电位正移，放电活性减弱。经均匀化退火后 $\beta-Mg_{17}Al_{12}$ 相溶入镁基体且合金元素的分布相对均匀，因此电极在大电流密度下放电时激活时间缩短，放电电位比铸态电极的更负且放电平稳，表现出较强的放电活性。

表 3-4 铸态和均匀化退火态 AP65 镁合金电极在 25℃的 3.5% NaCl 溶液中于不同电流密度下恒电流放电 600 s 的平均放电电位

Table 3-4 Average discharge potentials of as-cast and homogenized AP65 magnesium alloy electrodes during galvanostatic discharge at different current densities for 600 s in 3.5% NaCl solution at 25℃

镁电极	平均放电电位（vs SCE）/V		
	10 mA/cm^2	180 mA/cm^2	300 mA/cm^2
铸态合金	-1.787	-1.617	-1.535
均匀化退火态合金	-1.797	-1.627	-1.546

图 3-7(a)和(b)所示分别为铸态和均匀化退火态 AP65 镁合金电极在 3.5% 氯化钠溶液中于 180 mA/cm^2 电流密度下放电 600 s 后电极表面形貌的二次电子像。可以看出，两种镁合金电极的表面均被放电产物氢氧化镁覆盖，其中铸态电极的放电产物呈块状且突起较多[图 3-7(a)]，在恒电流放电结束后也观察到电极表面附着有相对较厚的放电产物。因此，铸态电极在放电过程中电解液不易和电极表面有效接触，导致电极的活性反应面积较小、放电活性较弱且电位较正。均匀化退火态电极的放电产物则呈龟裂的泥土状且突起较少[图 3-7(b)]，在恒电流放电结束后也观察到电极表面附着有较薄的放电产物。因此，均匀化退火态电极在放电过程中电解液易和电极表面有效接触，导致电极的活性反应面积较大、放电活性较强且拥有比铸态电极更负的放电电位。

3.6.3 阳极利用率和均匀化退火前后电极在放电过程中的腐蚀行为

恒电流放电过程中电极的阳极利用率是十分重要的性能指标，它定义为放电

图 3 –7　铸态(a)和均匀化退火态(b)AP65 镁合金电极在 25℃的 3.5%氯化钠溶液中于 180 mA/cm² 电流密度下放电 600 s 后电极表面形貌的二次电子像

Fig. 3 – 7　Secondary electron (SE) images of surface morphologies of as – cast (a) and homogenized (b) AP65 magnesium alloy electrodes after galvanostatic discharge at the current density of 180 mA/cm² for 600 s in 3.5% NaCl solution at 25℃

过程中电极的理论质量损失在实际质量损失中所占的百分比。事实上这一定义等同于牺牲阳极中电流效率的定义，即电极的实际比容量在理论比容量中所占的百分比[72, 79]。放电性能好的镁合金电极不仅表现出较强的放电活性、能提供较负的放电电位，同时也拥有较高的利用率，即该电极在放电过程中能有效抑制电极表面的析氢副反应和金属颗粒的脱落，致使单位质量的电极能提供更多的电子用于形成电流。

表 3 –5 所列为铸态和均匀化退火态 AP65 镁合金电极在 25℃的 3.5%氯化钠溶液中于不同电流密度下恒电流放电时的阳极利用率，表中数据为三组平行实验的平均值，误差为平行实验的标准偏差。可以看出，当电流密度为 10 mA/cm²时铸态电极的利用率为(53.5 ±0.2)%，比均匀化退火态电极的[(46.5 ±1.9)%]高。这一现象可从图 3 –8 所示各电极在 10 mA/cm²电流密度下放电 10 h 后清除放电产物的表面形貌二次电子像得到解释。在低倍下[图 3 –8(a)和(c)]，各电极的表面都凹凸不平，表明在小电流密度下(如 10 mA/cm²)放电时电极存在局部溶解现象，导致大块金属颗粒从电极表面脱落，从而留下凹坑。相比之下，均匀化退火态电极[图 3 –8(c)]表面凹凸不平的现象比铸态电极[图 3 –8(a)]更明显，因此在放电过程中均匀化退火态电极表面大块金属颗粒脱落的现象较为严重，导致其阳极利用率低于铸态电极。由图 3 –4 和表 3 –2 可知，铸态电极在晶界处存在 $\beta-Mg_{17}Al_{12}$ 相且铝和铅在晶界富集，晶内则是合金元素含量较低的 $\alpha-Mg$基体。在小电流密度下放电时(10 mA/cm²)，位于晶内的 $\alpha-Mg$ 基体优先

溶解[66]，导致铸态电极的溶解相对均匀、放电平稳且 β－$Mg_{17}Al_{12}$相不易脱落。这一结论可从高倍下铸态电极表面形貌的二次电子像得到证实[图 3－8(b)]。在图 3－8(b)中 β－$Mg_{17}Al_{12}$相仍大量存在，而被其包围的 α－Mg 基体则发生溶解和脱落。此外，该 β－$Mg_{17}Al_{12}$相能抑制放电过程中电极表面的析氢副反应[72]。因此，在小电流密度下(10 mA/cm^2)放电时铸态电极具有比均匀化退火态电极更高的阳极利用率。这一结果与 Andrei 等[72]报道的铸态和均匀化退火态 AZ63 镁合金阳极在小电流密度下(0.1 mA/cm^2)的放电行为一致。

表 3－5　铸态和均匀化退火态 AP65 镁合金电极在 25℃的 3.5% NaCl 溶液中于不同电流密度下恒电流放电时的阳极利用率

Table 3－5　Utilization efficiencies of as－cast and homogenized AP65 magnesium alloy electrodes during galvanostatic discharge at different current densities in 3.5% NaCl solution at 25℃

镁电极	阳极利用率 η/%		
	10 mA/cm^2, 10 h	180 mA/cm^2, 1 h	300 mA/cm^2, 1 h
铸态合金	53.5 ±0.2	77.8 ±0.2	78.3 ±0.7
均匀化退火态合金	46.5 ±1.9	82.1 ±1.0	81.7 ±0.9

根据以上分析可知，铸态 AP65 镁合金电极具有比均匀化退火态电极更大的腐蚀电流密度(表 3－3)，且在 10 mA/cm^2电流密度下放电时铸态电极的阳极利用率高于均匀化退火态电极(表 3－5)。一般来说，镁合金电极的腐蚀电流密度和阳极利用率之间没有必然的联系，拥有较大腐蚀电流密度的电极同样可以具备较高的阳极利用率。这是因为腐蚀电流密度反映的是电极在腐蚀电位下的溶解速度，此时电极刚浸泡在电解液中不久，处于腐蚀的开端[82]；而阳极利用率则是指电极在恒电流放电过程中理论质量损失在实际质量损失中所占的百分比，此时电极处于阳极极化状态且在电解液中经历较长时间的放电，其电极过程已达到稳态。因此，在这两种情况下电极表面所处的状态不同。腐蚀电流密度大的电极在腐蚀电位下溶解较快，而阳极利用率高的电极则能有效抑制放电过程中电极表面的析氢副反应和金属颗粒的脱落。

根据表 3－5 可知当电流密度为 180 mA/cm^2和 300 mA/cm^2时同一电极的阳极利用率较为接近，都比 10 mA/cm^2时的高，且在 180 mA/cm^2和 300 mA/cm^2电流密度下均匀化退火态电极具有比铸态电极更高的利用率。这一现象可从图 3－9所示各电极在 180 mA/cm^2电流密度下放电 1 h 后清除放电产物的电极表面形貌二次电子像得到解释。在 300 mA/cm^2放电时各电极的表面形貌与在 180 mA/cm^2放电时的类似，因此这里没有给出其二次电子像。在低倍下[图 3－9

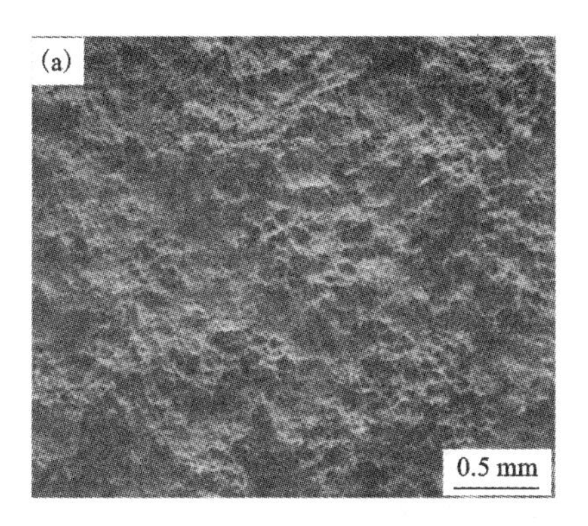

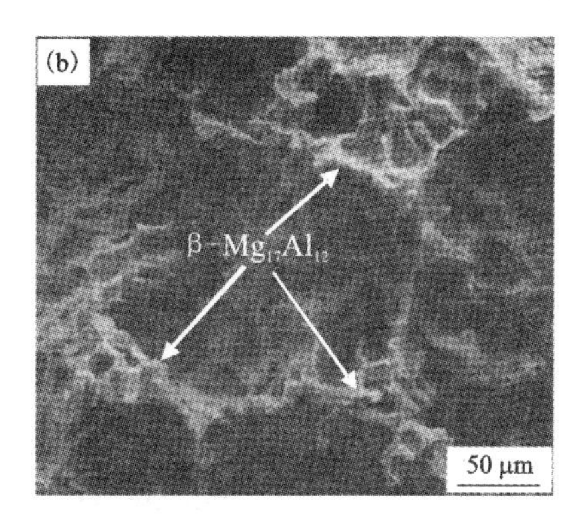

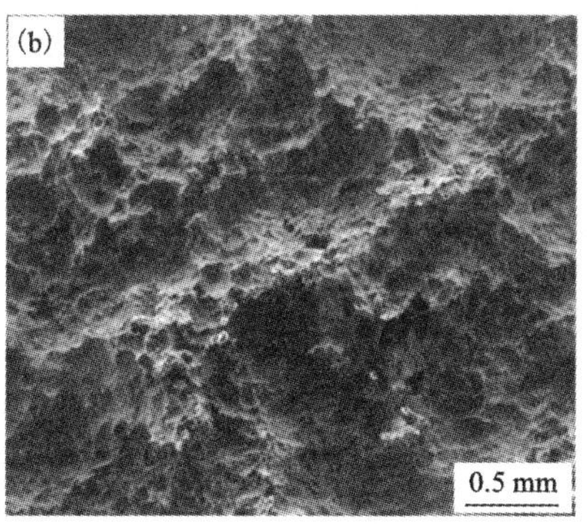

图 3－8　不同状态下 AP65 镁合金电极在 25℃的 3.5%氯化钠溶液中于 10 mA/cm² 电流密度下放电 10 h 后清除产物的电极表面形貌二次电子像

(a)铸态；(b)放大的(a)；(c)均匀化退火态

Fig. 3－8 Secondary electron (SE) images of surface morphologies of AP65 magnesium alloy electrodes under different conditions discharged at the current density of 10 mA/cm² for 10 h in 3.5% NaCl solution at 25℃ after removing the discharge products: (a) as－cast alloy, (b) closed－up view of (a), and (c) homogenized alloy

(a)和(c)]，各电极的表面都较为平坦，无大块金属颗粒从电极表面脱落，表明大电流密度(180 mA/cm²)放电有利于促进电极的均匀溶解，因此各电极在180 mA/cm²和 300 mA/cm²电流密度下的阳极利用率比在 10 mA/cm²下的高。相比之下，均匀化退火态电极的表面形貌[图 3－9(c)]比铸态电极[图 3－9(a)]平坦，因此大电流密度放电更有利于促进均匀化退火态电极的均匀溶解。根据图 3－4和表 3－2 可知铝在铸态电极的晶界处富集，当电极在大电流密度下放电时该富铝区域将优先溶解[66]，导致 $\beta-Mg_{17}Al_{12}$ 相从电极表面脱落。这一点可从高倍下铸态电极表面形貌的二次电子像得到证实[图 3－9(b)]。由图 3－9(b)可知，$\beta-Mg_{17}Al_{12}$ 相大量脱落并在电极表面留下许多凹坑(箭头所示)。该脱落的 $\beta-Mg_{17}Al_{12}$ 相不能以电化学溶解的方式对外提供电子形成电流，导致电极的阳极利用率降低。相比之下，均匀化退火态电极则仅有细小的金属颗粒脱落[图 3-9(d)箭头所示]，因此其利用率高于铸态电极。此外，铸态电极中脱落的 $\beta-Mg_{17}Al_{12}$相在短时间内很难溶解在氯化钠溶液中，将导致电极表面溶解的 Al^{3+}离子浓度相对较低，如第 2 章所述该低浓度的 Al^{3+}离子不易以 $Al(OH)_3$的形式沉积在电极表面并剥落放电产物 $Mg(OH)_2$，因此铸态电极在大电流密度下的放电活性较弱，与图 3-6(a)所示的电位-时间曲线一致。而均匀化退火态电极在大电流密度下溶解较为充分且金属颗粒的脱落得到抑制，将导致其表面附近的溶液中 Al^{3+}离子浓度相对较高，容易以 $Al(OH)_3$的形式沉积在电极表面并以 $2Mg(OH)_2 \cdot Al(OH)_3$的形式剥落放电产物 $Mg(OH)_2$。因此在大电流密度(180 mA/cm^{2}和 300 mA/cm^2)下放电时均匀化退火态电极具有比铸态电极更强的放电活性，与图 3-6(b)所示的电位-时间曲线一致。

根据表 3-5 可知，在 180 mA/cm^{2}和 300 mA/cm^{2}电流密度下放电时均匀化退火态 AP65 镁合金电极的阳极利用率分别为(82.1 ±1.0)%和(81.7 ±0.9)%，两者较为接近。结合图 3-9(c)和(d)所示的均匀化退火态 AP65 镁合金电极在 180 mA/cm^{2}电流密度下放电 1 h 后清除产物的表面形貌二次电子像可知，该电极在放电过程中溶解较为均匀而充分，金属颗粒脱落的现象不明显，且电极在 300 mA/cm^{2}电流密度下放电时的表面形貌与该电极在 180 mA/cm^{2}电流密度下的类似。因此，均匀化退火态 AP65 镁合金电极在大电流密度下(180 mA/cm^{2}和 300 mA/cm^2)放电时的阳极利用率主要取决于电极表面析氢副反应的速度。根据式(3-1)可知，阳极利用率等于根据外加电流密度计算出的电极理论质量损失除以放电过程中电极的实际质量损失。其中，实际质量损失由三部分组成，分别为理论质量损失、析氢副反应造成的质量损失和金属颗粒脱落造成的质量损失。因此，式(3-1)又可以表示为：

$$\eta(\%) = \frac{M_t}{M_t + M_h + M_d} \times 100\% \tag{3-3}$$

式中，M_t为镁合金电极的理论质量损失，M_h为析氢副反应造成的电极质量损失，M_d为金属颗粒脱落造成的电极质量损失。根据式(3-2)可知，对于同一化学成分的镁合金电极，其理论质量损失与外加电流密度和放电时间的乘积成正比，当放电时间一定时(如 1 h)，理论质量损失可表示为：

$$M_t = KI \tag{3-4}$$

式中，I 为外加电流密度，K 为常数，与放电时间和电极本身的化学成分有关。由于均匀化退火态 AP65 镁合金电极在 180 mA/cm^{2}和 300 mA/cm^{2}电流密度下放电时金属颗粒脱落的现象不明显，因此忽略金属颗粒脱落造成的电极质量损失，即可以认为 $M_d = 0$。将 180 mA/cm^{2}电流密度设为 I_1，在该电流密度下析氢副反应造成的电极质量损失设为 M_{h1}；将 300 mA/cm^{2}电流密度设为 I_2，在该电流密度下析

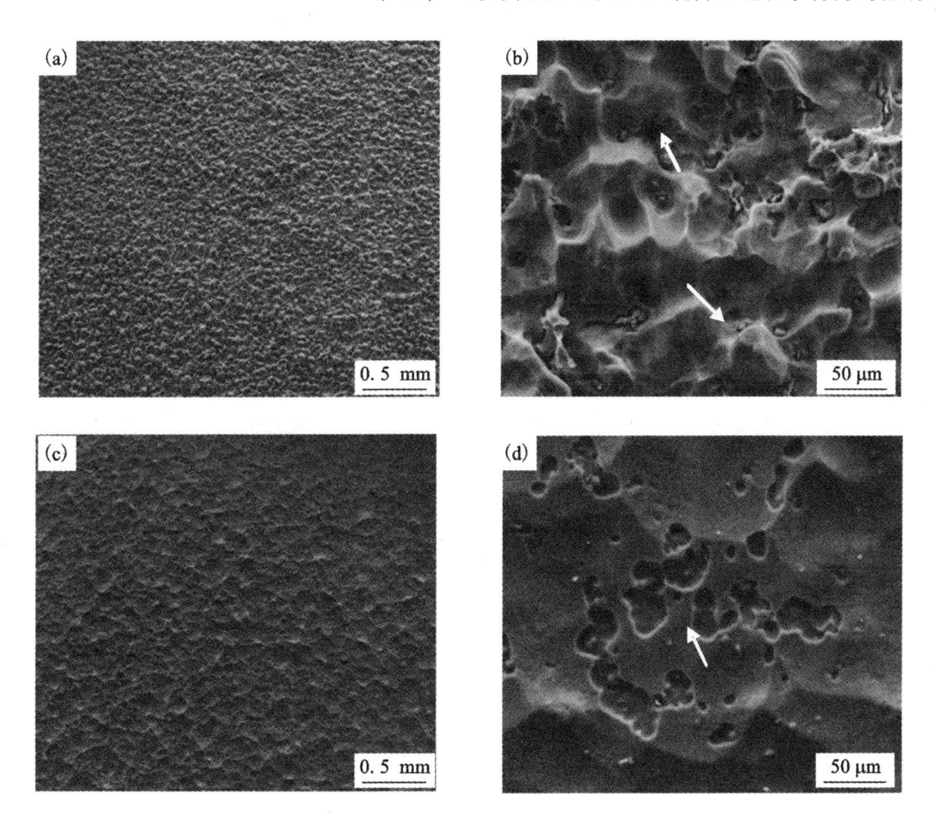

图 3-9　不同状态下 AP65 镁合金电极在 25℃的 3.5%氯化钠溶液中于 180 mA/cm² 电流密度下放电 1 h 后清除产物的表面形貌二次电子像

(a)铸态；(b)放大的(a)；(c)均匀化退火态；(d)放大的(c)

Fig. 3-9　Secondary electron (SE) images of surface morphologies of AP65 magnesium alloy electrodes under different conditions discharged at the current density of 180 mA/cm² for 1 h in 3.5% NaCl solution at 25℃ after removing the discharge products: (a) as-cast alloy, (b) closed-up view of (a), (c) homogenized alloy, and (d) closed-up view of (c)

氢副反应造成的电极质量损失设为 M_{h2}。将 I_1 和 I_2 带入式(3-4)可得在 180 mA/cm² 和 300 mA/cm² 电流密度下电极的理论质量损失分别为 KI_1 和 KI_2。将 KI_1、KI_2、M_{h1} 和 M_{h2} 带入式(3-3)，忽略金属颗粒脱落造成的电极质量损失，并结合表 3-5 可知在 180 mA/cm² 和 300 mA/cm² 电流密度下均匀化退火态 AP65 镁合金电极具有较为接近的阳极利用率，因此以下等式成立：

$$\frac{KI_1}{KI_1 + M_{h1}} = \frac{KI_2}{KI_2 + M_{h2}} \tag{3-5}$$

由于析氢副反应造成的电极质量损失与电极表面的析氢副反应速度成正比[49, 82]，因此 M_{h1} 和 M_{h2} 可分别表示为：

$$M_{h1} = kv_{h1} \tag{3-6}$$

$$M_{h2} = kv_{h2} \tag{3-7}$$

在以上两式中，k为常数，v_{h1}和v_{h2}分别为180 mA/cm^{2}和300 mA/cm^{2}电流密度下电极表面的析氢副反应速度。将式(3-6)和式(3-7)代入式(3-5)中，经整理后可得：

$$\frac{I_1}{I_2} = \frac{v_{h1}}{v_{h2}} \tag{3-8}$$

式(3-8)表明，在恒电流放电过程中电极表面的析氢副反应速度与外加电流密度的大小成正比，这一结果是由镁合金电极特有的负差数效应(NDE)决定的，与Balasubramanian等[51]报道的AZ31镁合金在不同电流密度下恒电流放电时电极表面的析氢副反应速度与外加电流密度大小之间的关系一致。此外，以上关系式还表明在忽略金属颗粒脱落的情况下，同一镁合金阳极在不同电流密度下放电时应该具有相等的阳极利用率。而该镁合金阳极在实际放电过程中利用率之所以存在差异，主要是由于在不同电流密度下金属颗粒脱落的程度不同造成的。

3.7 本章小结

本章研究了均匀化退火对AP65镁合金电化学行为的影响。采用熔炼铸造法制备AP65镁合金，采用X射线衍射仪、金相显微镜和电子探针研究铸态镁合金在均匀化退火过程中相结构和显微组织的演变，采用动电位极化扫描法和不同电流密度下的恒电流放电法研究了铸态和均匀化退火态镁合金电极在3.5%氯化钠溶液中的电化学行为，采用环境扫描电子显微镜观察这两种镁合金电极经恒电流放电后未清除和已清除产物的表面形貌。结果表明：

(1)铸态AP65镁合金在晶界处存在不连续分布的第二相$\beta-Mg_{17}Al_{12}$，且合金元素铝和铅在晶界处富集，晶内为$\alpha-Mg$基体，合金元素的含量相对较少。经400℃均匀化退火24 h后$\beta-Mg_{17}Al_{12}$相溶入$\alpha-Mg$基体中，合金转变为单相均匀的等轴晶组织。

(2)铸态AP65镁合金中的$\beta-Mg_{17}Al_{12}$相能使电极的腐蚀电位负移并使其具有较大的腐蚀电流密度，能促进电极在腐蚀电位下的活化溶解。均匀化退火态电极则具有较正的腐蚀电位和较小的腐蚀电流密度，电极在腐蚀电位下的溶解受到抑制。

(3)在10 mA/cm^{2}电流密度下放电时，铸态AP65镁合金中的$\beta-Mg_{17}Al_{12}$相能促进电极的均匀溶解和平稳放电，同时抑制大块金属颗粒从电极表面脱落并减小电极表面的析氢副反应速度，使电极具有较高的阳极利用率。相比之下，均匀化退火态电极则发生较为明显的局部溶解，大块金属颗粒从电极表面脱落，导致电极的利用率降低。

(4)在 180 mA/cm^{2}和 300 mA/cm^{2}电流密度下放电时，各镁合金电极的溶解比 10 mA/cm^{2}电流密度下更均匀，且阳极利用率都得到提高。铸态 AP65 镁合金中的 β－$Mg_{17}Al_{12}$相能抑制电极在大电流密度下的放电过程，使其具有较长的激活时间和较正的放电电位，表现出较弱的放电活性。此外，大量的 β－$Mg_{17}Al_{12}$相在放电过程中从电极表面脱落，导致电极的利用率降低。相比之下，均匀化退火态电极则具有较短的激活时间和较负的放电电位，表现出较强的放电活性。此外，在大电流密度放电时均匀化退火态电极表面仅有细小的金属颗粒脱落，导致电极具有较高的阳极利用率。

第4章　微量合金元素对AP65镁合金电化学行为的影响

4.1 引　言

第3章已讨论，均匀化退火有利于缩短铸态AP65镁合金电极在大电流密度放电过程中的激活时间，并使放电电位负移且放电平稳，同时能提高电极的阳极利用率。但相对于高活性的Mg－Hg－Ga系镁合金而言，AP65镁合金在大电流密度放电过程中的电位还不够负[53, 54]，且存在较严重的析氢副反应。因此，其放电性能仍有待进一步提高。目前改善这一现状的有效途径是加入一些微量合金元素，对电极起到活化作用并抑制放电过程中氢气从电极表面析出[8, 9, 31]。

目前镁阳极中常使用的微量合金元素主要包括锂、铝、锗、锌、锰、铅、铊、汞和镓等[8, 9, 53－56]，绪论部分已提及这些合金元素对镁电极放电性能的影响。在文献的基础上[8, 84, 90－92]，本章将研究微量锌、锡、铟和锰对AP65镁合金电化学行为的影响，这些合金元素采用合金化方式以不同的成分含量单独加入到AP65镁合金中，目的在于找出最佳的成分含量从而实现AP65镁合金放电性能的进一步提高。目前，关于锌、锡、铟和锰四种微量合金元素对AP65镁合金放电性能的影响报道较少[90－92]。

4.2 微量元素合金化

AP65镁合金的微量元素合金化以熔炼铸造的方式实现，其中添加锌、锡和铟的AP65镁合金通过在井式炉中进行熔炼而获得，具体过程同2.2.1。在熔炼过程中锌、锡和铟以纯度为99.99%的金属各自单独加入到730℃的AP65镁合金熔体中，其含量控制在0.5%～2.0%，此后各合金的熔炼和浇铸过程同2.2.1。添加锰的AP65镁合金则在感应炉中进行熔炼获得，锰以Al－30% Mn中间合金的形式加入，其含量控制在0.2%～0.8%。在熔炼过程中将纯度为99.99%的镁以一定的质量放入铁坩埚中(坩埚内壁已除锈且涂上氧化锌)，加入少量覆盖剂后于感应炉中熔炼。待纯镁熔化后按一定的质量配比往坩埚中添加纯度为99.99%的铝和Al－30% Mn中间合金，调大感应炉的功率并采用电磁搅拌，15 min后按一定的质量配比添加纯度为 99.99% 的铅，待其熔化后静置熔体 5 min，于尺寸为 ϕ120 mm × 600 mm 的圆柱形预热铁模中浇铸(铁模内壁已除锈且涂上氧化锌)。将添加不同合金元素的各铸态 AP65 镁合金在箱式炉中于 400℃ 均匀化退火 24 h 后水淬，得到本章所研究的各种镁合金，即 Mg－6% Al－5% Pb－(0.5% ~ 2.0%)Zn 合金、Mg－6% Al－5% Pb－(0.5% ~2.0%)Sn 合金、Mg－6% Al－5% Pb－(0.5% ~ 2.0%)In 合金以及 Mg－6% Al－5% Pb－(0.2% ~0.8%)Mn 合金。此外，通过熔炼铸造法得到纯镁铸锭用于对比实验，该纯镁铸锭的制备过程同2.2.1。采用电感耦合等离子体原子发射光谱仪(ICP－AES)分析各镁合金的化学成分，主要合金元素的相对偏差不超过0.5%，且各杂质的含量不超过0.04%。

4.3　电化学性能测试

添加不同合金元素的 AP65 镁合金以及纯镁电极的制备同 2.2.2，采用 CHI660D 电化学工作站测试各电极在 3.5% 氯化钠溶液中的动电位极化曲线，其过程同 2.2.2。采用 CHI660D 电化学工作站结合 CHI680 电流放大器测试各电极在恒电流放电过程中的电位－时间曲线，同时计算这些电极的阳极利用率，其过程同 3.3。在计算电极的理论质量损失时，锌为 +2 价、锡为 +2 价、铟为 +3 价、锰为 +2 价。此外，增加电极的电化学阻抗测试，所用实验仪器为 CHI660D 电化学工作站。在测试前先将镁合金电极于 3.5% 氯化钠溶液中浸泡 5 min，获得稳定的开路电位，然后在开路电位下测试电极的电化学阻抗谱，其扰动电压为 5 mV，频率范围为 10^5 ~0.05 Hz，并用 Z-view 软件拟合得到的电化学阻抗谱。采用 D/Max 2550 X 射线衍射仪(XRD)分析部分镁合金及纯镁电极放电后产物的物相组成，其过程同 2.2.3。

4.4　镁/空气电池测试

在优化合金成分的基础上，测试以部分镁合金作阳极的镁/空气电池的放电性能，并与以纯镁作阳极的电池进行对比。镁/空气电池的结构如图 4－1 所示，通过新威电池性能测试系统实现电池放电性能的测试。采用的电解液为 3.5% 的氯化钠溶液，温度控制在 25℃，阴极为以二氧化锰作催化剂的商用空气电极。镁合金阳极的测试面为圆形，面积为 3.5 cm^2。测试前先在 1200 目金相砂纸上打磨，然后在电解液中浸泡 10 min。测试过程中对镁合金阳极施加一系列由小到大的电流密度，范围控制在 0 ~ 225 mA/cm^2，记录放电过程中电池的输出电压和功率密度。每一电流密度的持续时间为 5 min，随后停止通电 1 min，再施加一较大的电流密度，这样使电池的测试都是从 0 mA/cm^2 开始，有利于保持较好的可比性。

4.5 不同合金的显微组织分析

采用 XJP－6A 金相显微镜（OM）观察添加不同合金元素的各种 AP65 镁合金的显微组织，其金相试样的制备同 3.4。采用 JXA－8230 电子探针（EPMA）研究镁合金中的第二相，其试样的制备同 3.4。采用 Quanta－200 环境扫描电子显微镜（SEM）的二次电子像（SE）观察放电后未清除和已清除放电产物的各镁合金电极表面形貌，其中放电产物的清除过程同 3.3。

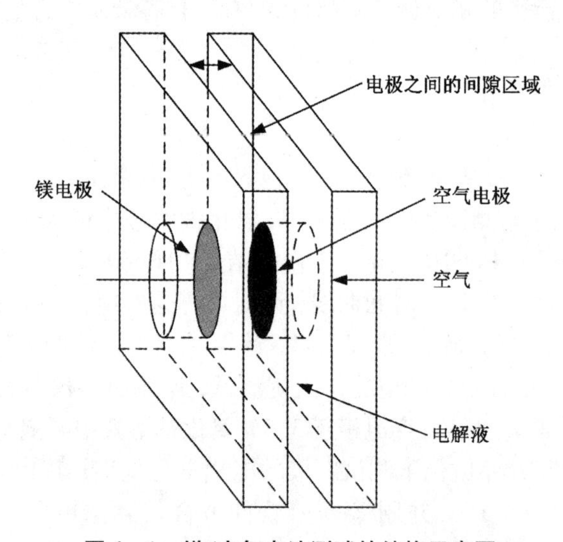

图 4－1 镁/空气电池测试的结构示意图

Fig. 4－1 A schematic of a laboratory Mg－air battery

4.6 锌对 AP65 镁合金电化学行为的影响

4.6.1 锌含量对 AP65 镁合金放电活性的影响

由于 AP65 是一种用于大功率海水电池阳极的镁合金，往其中添加微量合金元素首先应使 AP65 镁合金电极在大电流密度（如 180 mA/cm^2 或 300 mA/cm^2）放电过程中具备较强的活性，能提供较负的放电电位。锌对镁阳极而言是一种重要的合金元素，有文献表明锌添加到镁阳极中能减轻铝引起的电压“滞后”，并减少铝在晶界偏聚，从而促进镁阳极的均匀溶解[65]。因此，研究锌对 AP65 镁合金电化学行为的影响具有重要意义。

图4－2所示为AP65镁合金电极在25℃的3.5%氯化钠溶液中于180 mA/cm^2电流密度下放电600 s的平均电位随电极中锌含量的变化关系。可以看出，随锌含量的增加电极的平均电位负移，放电活性增强。当锌含量达到1%时放电电位最负，可达－1.653 V（vs SCE），此后电位随锌含量的增加而正移，放电活性减弱。因此，往AP65镁合金中添加1%的锌有利于增强其放电活性。下面具体研究添加1%锌的AP65镁合金电极的电化学行为，将该合金电极命名为AP65Z1，并与未添加锌的AP65镁合金进行对比，得出锌对AP65镁合金电化学行为的影响。

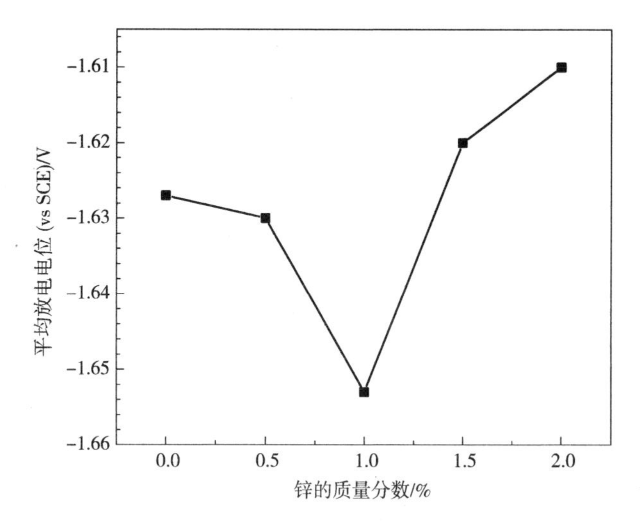

图4－2　AP65镁合金电极在25℃的3.5%氯化钠溶液中于180 mA/cm^2电流密度下放电600 s的平均放电电位随电极中锌含量的变化关系

Fig. 4－2　Average discharge potential of AP65 magnesium alloy electrode during galvanostatic discharge at the current density of 180 mA/cm^2 for 600 s in 3.5% NaCl solution at 25℃ as a function of zinc content in the alloy electrode

4.6.2　显微组织

图4－3(a)和(b)所示分别为AP65和AP65Z1镁合金的金相照片。可以看出，经均匀化退火后这两种镁合金均表现为单相均匀的等轴晶组织，表明锌以合金元素的形式固溶在镁基体中，这一结果与Mg－Zn二元相图吻合。此外，AP65Z1具有比AP65更细小的晶粒，尽管AP65Z1镁合金晶粒的大小不是很均匀，部分晶粒的尺寸和AP65比较接近。因此，往AP65镁合金中添加1%的锌具有细化其晶粒的作用。根据图3－3可知，铸态和均匀化退火态AP65镁合金晶粒的大小差别不明显，因此锌对AP65镁合金晶粒的细化主要发生在液态金属的凝

固过程中，而不是抑制均匀化退火过程中晶粒的长大。关于锌对镁合金晶粒细化的机理可阐述如下[90]：液态镁合金在凝固过程中，其固/液界面前沿富集有大量的锌元素，将导致成分过冷并形成成分过冷区。该成分过冷区通常能引发树枝晶的形成，且随锌的富集成分过冷区中二次枝晶增多，枝晶间距减小，因此晶粒得到细化。

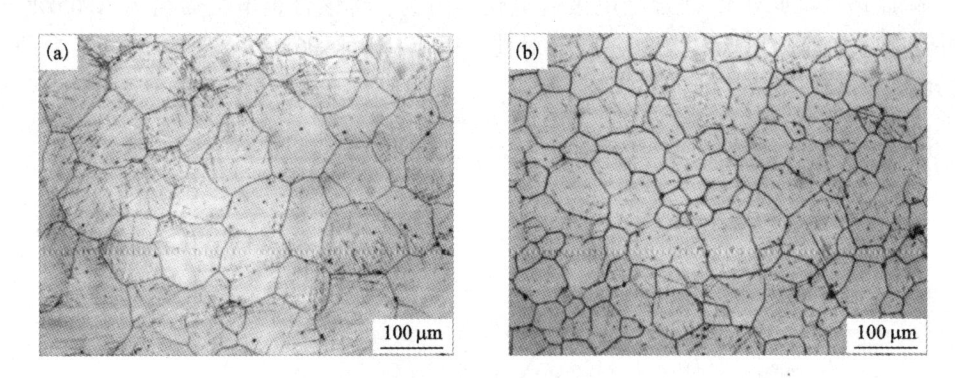

图 4-3　AP65(a)和 AP65Z1(b)镁合金的金相照片

Fig. 4-3　Optical micrographs of AP65 (a) and AP65Z1 (b) magnesium alloys

4.6.3　动电位极化

图 4-4 所示为 AP65 和 AP65Z1 镁合金电极在 25℃的 3.5% 氯化钠溶液中的动电位极化曲线。可以看出，这两种镁合金的动电位极化过程均受活化控制，且在较宽的电压范围内表现出不同的动电位极化行为。AP65Z1 镁合金电极的腐蚀电位比 AP65 的正，表明添加 1% 的锌能使 AP65 镁合金电极的腐蚀电位正移，腐蚀驱动力减小。此外，在阴极极化过程中 AP65Z1 镁合金电极具有比 AP65 更大的电流密度，因此 AP65Z 镁合金在阴极极化过程中电极表面的析氢反应更剧烈。在阳极极化过程中，AP65Z1 镁合金电极在同一电位下的电流密度比 AP65 的大，且随电位正移 AP65Z1 的电流密度具有较大的增长速度，表明往 AP65 镁合金中添加 1% 的锌能加速电极在阳极极化过程中的活化溶解，使其具有较强的放电活性。根据极化曲线采用 Tafel 外推法得到这两种镁合金电极的腐蚀电流密度，其外推过程同 2.4.1，腐蚀电流密度列于表 4-1。这些腐蚀电流密度为三组平行实验的平均值，误差为平行实验的标准偏差。可以看出，AP65Z1 镁合金电极的腐蚀电流密度比 AP65 的大，因此添加 1% 的锌能促进 AP65 镁合金在腐蚀电位下的活化溶解，可能有利于缩短电极在放电过程中的激活时间。

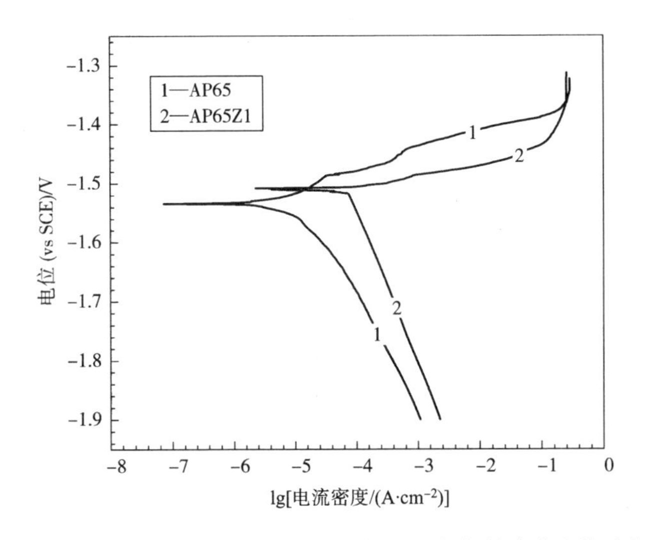

图4-4 AP65和AP65Z1镁合金电极在25℃的3.5%氯化钠溶液中的动电位极化曲线

Fig. 4-4 Potentiodynamic polarization curves of AP65 and AP65Z1 magnesium alloy electrodes in 3.5% NaCl solution at 25℃

表4-1 AP65和AP65Z1镁合金电极的腐蚀电位(E_{corr})和腐蚀电流密度(J_{corr})

Table 4-1 Corrosion potentials (E_{corr}) and corrosion current densities (J_{corr}) of AP65 and AP65Z1 magnesium alloy electrodes

镁电极	腐蚀电位(vs SCE)/V	腐蚀电流密度/(μA·cm^{-2})
AP65	-1.534	23.5±6.8
AP65Z1	-1.508	61.9±16.3

4.6.4 恒电流放电

图4-5(a)和(b)所示分别为AP65和AP65Z1镁合金电极在25℃的3.5%氯化钠溶液中于不同电流密度下恒电流放电时的电位-时间曲线。表4-2所列为这两种镁合金电极在不同电流密度下放电600 s的平均放电电位。结合图4-5和表4-2可知，两种镁合金电极在10 mA/cm^{2}电流密度下的电位-时间曲线比较相似，其电位均随放电时间的延长而逐渐正移，且AP65Z1镁合金电极的平均放电电位为-1.788 V (vs SCE)，略正于AP65镁合金电极-1.797 V (vs SCE)。这一结果表明往AP65镁合金电极中添加1%的锌不利于增强电极在10 mA/cm^{2}电流密度下的放电活性。一般来说，镁合金电极在恒电流放电过程中表现出的放电活性与根据该电极的极化曲线外推得到的腐蚀电流密度之间并无必然的联系，

尽管 AP65Z1 镁合金电极的腐蚀电流密度比 AP65 的大(表 4－1)，但在 10 mA/cm^{2}电流密度下 AP65Z1 并没有表现出比 AP65 更强的放电活性。这可能是由于在恒电流放电过程中和在腐蚀电位下电极表面所处的状态不同造成的。

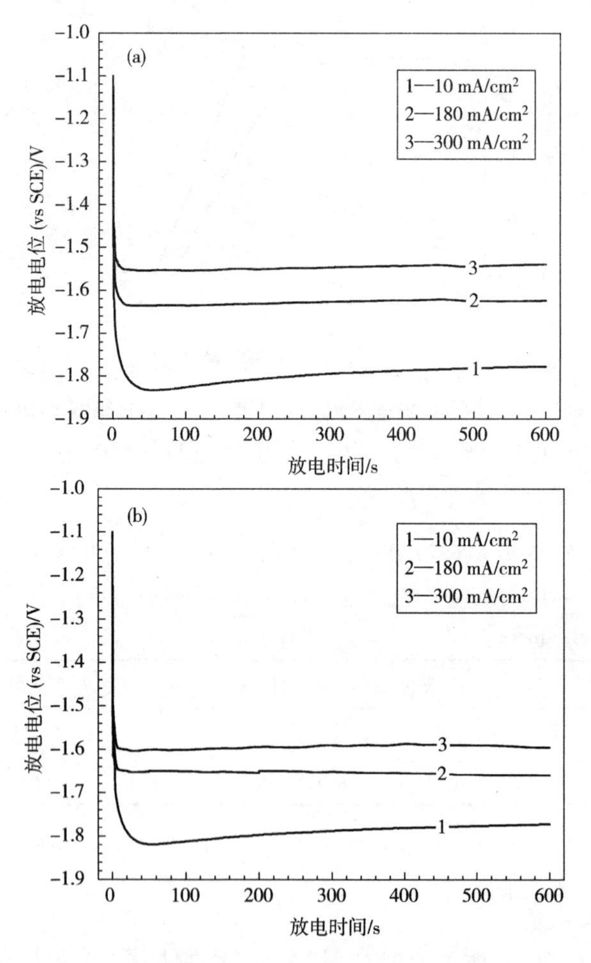

图 4－5 AP65(a)和 AP65Z1(b)镁合金电极在 25℃的 3.5%氯化钠溶液中于不同电流密度下恒电流放电时的电位－时间曲线

Fig. 4－5 Galvanostatic potential－time curves of AP65 (a) and AP65Z1 (b) magnesium alloy electrodes at different current densities in 3.5% NaCl solution at 25℃

但在 180 mA/cm^{2}和 300 mA/cm^{2}电流密度下，两种镁合金电极表现出不同的放电行为。AP65Z1 镁合金电极具有比 AP65 更短的激活时间和更负的放电电位，表现出较强的放电活性。根据表 4－2 可知，AP65Z1 镁合金电极在 180 mA/cm^{2}和 300 mA/cm^{2}电流密度下的平均放电电位分别为－1.653 V 和－1.593 V（vs

SCE)，负于AP65镁合金电极。因此，往AP65镁合金中添加1%的锌能缩短电极在大电流密度(180 mA/cm^{2}和300 mA/cm^2)放电时的激活时间，并使放电电位负移，放电活性增强。AP65Z1镁合金电极在大电流密度下较强的放电活性源于其相对细小的晶粒组织。Zhao等[60]认为细小的晶粒和均匀的晶界有利于提高镁合金阳极在恒压放电过程中的放电电流，且合金的化学成分、表面状态以及内部的显微组织均对其电化学行为有重要影响。本文的研究结果则表明细小的晶粒能使镁合金阳极在恒电流放电过程中的电位负移。此外，放电过程中固溶在镁基体中的合金元素锌将以Zn^{2+}离子的形式溶解，而Zn^{2+}离子是一种易水解的阳离子，其水解必将导致电极表面附近溶液的pH值降低，从而加速放电产物$Mg(OH)_2$的溶解。事实上，笔者曾采用PHS-3C pH计测试过AP65和AP65Z1镁合金电极在180 mA/cm^{2}电流密度下放电600 s后电解液的pH值，发现AP65的电解液pH值为10.46，而AP65Z1的则为10.38[93]，表明Zn^{2+}离子的水解使电解液pH值下降，将导致电极表面放电产物膜不稳定[82, 94]。

表4-2 AP65和AP65Z1镁合金电极在25℃的3.5% NaCl溶液中于不同电流密度下恒电流放电600 s的平均放电电位

Table 4-2 Average discharge potentials of AP65 and AP65Z1 magnesium alloy electrodes during galvanostatic discharge at different current densities for 600 s in 3.5% NaCl solution at 25℃

镁电极	平均放电电位 (vs SCE)/V		
	10 mA/cm^2	180 mA/cm^2	300 mA/cm^2
AP65	-1.797	-1.627	-1.546
AP65Z1	-1.788	-1.653	-1.593

图4-6(a)和(b)所示分别为AP65和AP65Z1镁合金电极在3.5%氯化钠溶液中于180 mA/cm^{2}电流密度下放电600 s后电极表面形貌的二次电子像。可以看出，AP65Z1镁合金电极具有与AP65形貌类似的放电产物，不同之处在于AP65Z1镁合金电极放电产物[图4-6(b)]的裂纹比AP65[图4-6(a)]的略多，有利于放电过程中电解液和电极表面的接触。此外，该放电产物容易从电极表面剥落，从而维持电极较大的活性反应面积，使其具有较负且平稳的放电电位。因此，根据放电后电极的表面形貌可知，往AP65镁合金中添加1%的锌能抑制放电过程中较厚而致密的放电产物在电极表面形成，同时加速放电产物的剥落，是增强其放电活性的有效途径。

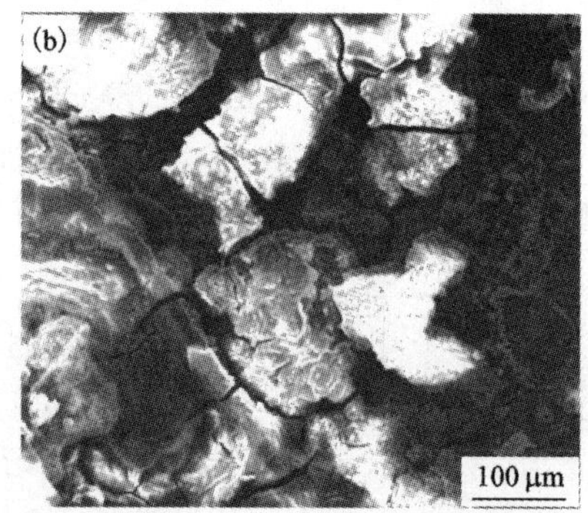

图 4-6　AP65 (a) 和 AP65Z1 (b) 镁合金电极在 25℃ 的 3.5% 氯化钠溶液中于 180 mA/cm² 电流密度下放电 600 s 后电极表面形貌的二次电子像

Fig. 4-6　Secondary electron (SE) images of surface morphologies of AP65 (a) and AP65Z1 (b) magnesium alloy electrodes after galvanostatic discharge at the current density of 180 mA/cm² for 600 s in 3.5% NaCl solution at 25℃

4.6.5　阳极利用率及放电过程中电极的腐蚀行为

表 4-3 所列为 AP65 和 AP65Z1 镁合金电极在 25℃ 的 3.5% 氯化钠溶液中于不同电流密度下恒电流放电时的阳极利用率，表中数据为三组平行实验的平均值，误差为平行实验的标准偏差。可以看出，在 10 mA/cm² 电流密度下两种镁合金电极的利用率比较接近，均低于铸态 AP65 镁合金电极的利用率（表 3-5）。图 4-7 所示为低倍下两种镁合金电极在 25℃ 的 3.5% 氯化钠溶液中于 10 mA/cm² 电流密度下放电 10 h 后清除产物的电极表面形貌二次电子像，可以看出这两种镁合金电极在放电过程中均发生局部溶解，导致大块金属颗粒从电极表面脱落，并在电极表面留下凹坑。因此，两种镁合金电极在 10 mA/cm² 电流密度下的阳极利用率均比铸态 AP65 镁合金电极的低。

表 4-3　AP65 和 AP65Z1 镁合金电极在 25℃ 的 3.5% NaCl 溶液中于不同电流密度下恒电流放电时的阳极利用率

Table 4-3　Utilization efficiencies of AP65 and AP65Z1 magnesium alloy electrodes during galvanostatic discharge at different current densities in 3.5% NaCl solution at 25℃

镁电极	阳极利用率 η/%		
	10 mA/cm², 10 h	180 mA/cm², 1 h	300 mA/cm², 1 h
AP65	46.5 ±1.9	82.1 ±1.0	81.7 ±0.9
AP65Z1	46.0 ±0.4	86.0 ±1.0	82.5 ±0.4

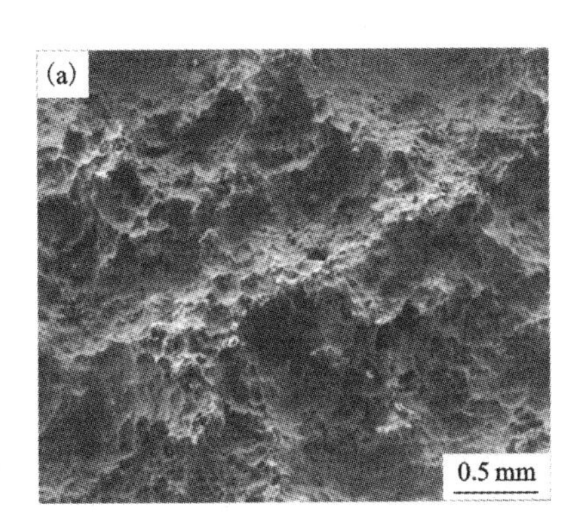

图 4 - 7　AP65(a)和 AP65Z1(b)镁合金电极在 25℃的 3.5%氯化钠溶液中于 10 mA/cm² 电流密度下放电 10 h 后清除产物的电极表面形貌二次电子像

Fig. 4 - 7　Secondary electron (SE) images of surface morphologies of AP65 (a) and AP65Z1 (b) magnesium alloy electrodes discharged at the current density of 10 mA/cm² for 10 h in 3.5% NaCl solution at 25℃ after removing the discharge products

当外加电流密度为 180 mA/cm² 时，AP65Z1 镁合金电极的阳极利用率可达 (86.0 ± 1.0)%，比 AP65[(82.1 ± 1.0)%]的高，表明添加 1% 锌有利于提高 AP65 镁合金电极在 180 mA/cm² 电流密度下放电时的利用率。图 4 - 8(a)所示为低倍下 AP65Z1 镁合金电极在 25℃的 3.5% 氯化钠溶液中于 180 mA/cm² 电流密度下放电 1 h 后清除产物的电极表面形貌二次电子像，可以看出该表面比较平坦，表明在 180 mA/cm² 电流密度下电极发生均匀溶解，无大块金属颗粒脱落的现象，因此其阳极利用率比该电极在 10 mA/cm² 时[(46.0 ±0.4)%]的高。图 4 - 8(b)所示为高倍下的图 4 - 8(a)，可以看出 AP65Z1 镁合金电极在 180 mA/cm² 电流密度下放电时仅有细小的金属颗粒从电极表面脱落(箭头所示)，这一现象类似于 AP65 镁合金电极(图 3 - 9)。因此，AP65Z1 镁合金电极在 180 mA/cm² 时较高的利用率只可能是由其表面较小的析氢副反应速度所致。结合图 4 - 3 所示的金相照片可知，AP65Z1 镁合金具有比 AP65 更为细小的晶粒，因此在 AP65Z1 镁合金内部晶界的数量相对较多。一些文献表明，晶界能作为一种屏障可抑制腐蚀过程中氢气从镁合金表面析出[95 - 98]，耐蚀性较好的镁合金往往具有较为细小的晶粒。本章的结果则表明，晶界有可能抑制放电过程中镁合金电极表面的析氢副反应从而提高其阳极利用率，这一结果与 Cao 等得出的结论一致[8, 9]。因此，在发生均匀溶解的情况下(180 mA/cm² 放电)，具有细小晶粒的 AP65Z1 镁合金电极的利用率比晶粒较大的 AP65 镁合金电极的高。

当外加电流密度为 300 mA/cm² 时，AP65Z1 镁合金电极的阳极利用率与 AP65 的接近，两者均低于 180 mA/cm² 时 AP65Z1 镁合金电极的利用率，表明 AP65Z1 镁合金电极抑制负差数效应的能力不好。这一现象可从图 4 - 8(c)和

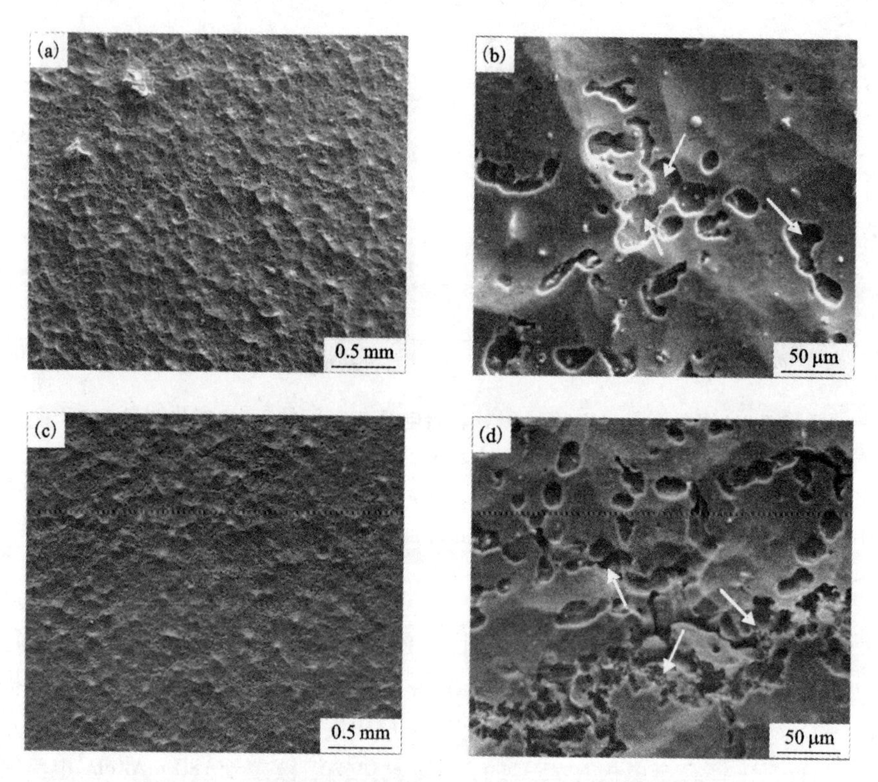

图 4－8　AP65Z1 镁合金电极在 25℃的 3.5%氯化钠溶液中于不同电流密度下恒电流放电 1 h 后清除产物的电极表面形貌二次电子像

(a) 180 mA/cm^2；(b) 放大的(a)；(c) 300 mA/cm^2；(d) 放大的(c)

Fig. 4 － 8　Secondary electron (SE) images of surface morphologies of AP65Z1 magnesium alloy electrode discharged at different current densities for 1 h in 3.5% NaCl solution at 25℃ after removing the discharge products: (a) 180 mA/cm^2, (b) closed－up view of (a), (c) 300 mA/cm^2, and (d) closed－up view of (c)

(d)所示 AP65Z1 镁合金电极在 25℃的 3.5% 氯化钠溶液中于 300 mA/cm^{2}电流密度下放电 1 h 后清除产物的电极表面形貌二次电子像得到解释。在低倍下[图 4－8(c)]，AP65Z1 电极表面较为平坦，类似于该电极在 180 mA/cm^{2}放电时的表面形貌[图 4－8(a)]，因此在 300 mA/cm^{2}放电时 AP65Z1 的阳极利用率比在 10 mA/cm^{2}时的高。但在高倍下[图 4－8(d)]，AP65Z1 镁合金电极表面存在一些较大的凹坑和很多细小而有棱角的凹坑(箭头所示)，分别与金属颗粒和晶粒的脱落有关[99]，这些金属颗粒和晶粒的脱落势必将导致电极利用率的降低，尽管该电极细小的晶粒有可能抑制其放电过程中的析氢副反应。因此，往 AP65 镁合金中添加 1% 的锌不利于提高电极在 300 mA/cm^{2}电流密度下放电时的阳极利用率。

4.6.6　电化学阻抗谱

电化学阻抗谱是研究镁合金在电解液中电极过程的重要手段，该阻抗谱采用交流电方法测得。在测试过程中，对电极系统输入一个角频率为 ω 的正弦波电压扰动信号 $\tilde{E}$，同时记录相应的电流响应信号 $\tilde{I}$，$\tilde{I}$ 和 $\tilde{E}$ 之间的关系为：

$$\tilde{I} = Z(\omega)\tilde{E} \tag{4-1}$$

式中，$Z(\omega)$为电极系统的阻抗，是角频率 ω 的函数，由电极系统的内部结构决定，反映电极系统的内部信息[63, 100]。由于一个简单的电极系统通常包括双电层电容、溶液电阻和电荷转移电阻，因此采用交流电信号能得出比直流极化技术更多的信息[55]。本章对不同的镁合金电极施加5 mV的正弦波电压扰动信号，其频率范围为10^5 ~0.05 Hz，目的在于获得这些镁合金电极的电化学阻抗谱。该电化学阻抗谱包括Nyquist图和Bode图。Nyquist图的实部Z'(横轴)和虚部$-Z''$(纵轴)均由阻抗模值$|Z|$和相位角 θ 决定，其中 $Z' = |Z|\cos\theta$，$-Z'' = |Z|\sin\theta$。根据Nyquist图可以判断电极系统是受活化控制还是受扩散控制，或者两者皆对电极系统有重要影响。一般来说受活化控制的电极系统其Nyquist图在高频和中频区显示为一个半圆(容抗弧)，而受扩散控制的电极系统其Nyquist图在低频区显示为一条斜率为45°的直线(Warburg阻抗)。Bode图横轴为频率的对数值，纵轴为阻抗膜值的对数值和相位角的相反数。其中，阻抗膜值的大小可以反映电极活性的强弱，根据相位角峰的数目可以知道电极过程受几个状态变量的影响。

图4-9所示为AP65和AP65Z1镁合金电极在25℃的3.5%氯化钠溶液中的电化学阻抗谱，这些阻抗谱在电极的开路电位下测得。其中，图4-9(a)所示的Nyquist图在高频区与横轴的截距对应电极系统的溶液电阻 R_s。根据该Nyquist图可知，两种镁合金电极在整个频率范围内均包含两个容抗弧，分别为高频和中频区的大容抗弧以及低频区的小容抗弧。其中，大容抗弧与双电层电容(C_{dl})和电荷转移过程有关，其直径对应于电极/溶液界面的电荷转移电阻(R_t)。该电阻反映电极的活性，一般来说电荷转移电阻较小的镁合金电极在对应的测试电位下表现出较强的活性，在电解液中将更容易发生活化溶解。由图4-9(a)可知，AP65Z1镁合金电极在高频和中频区的容抗弧直径比AP65的小。因此，与AP65相比AP65Z1具有较小的电荷转移电阻和较强的活性。两种镁合金电极的Bode图[图4-9(b)]在整个频率范围内其相位角包括两个峰，与Nyquist图的两个容抗弧对应，表明电极过程受两个状态变量的影响。此外，由图4-9(b)可知在整个频率范围内AP65Z1镁合金电极的阻抗膜值均比AP65的小，因此在开路电位下AP65Z1具有较强的活性和较大的溶解速度。这一结果与表4-1所列两种镁合金电极的腐蚀电流密度大小关系一致。因此，往AP65镁合金电极中添加1%

的锌能减小其电荷转移电阻和阻抗膜值，增强电极在开路电位下的活性。

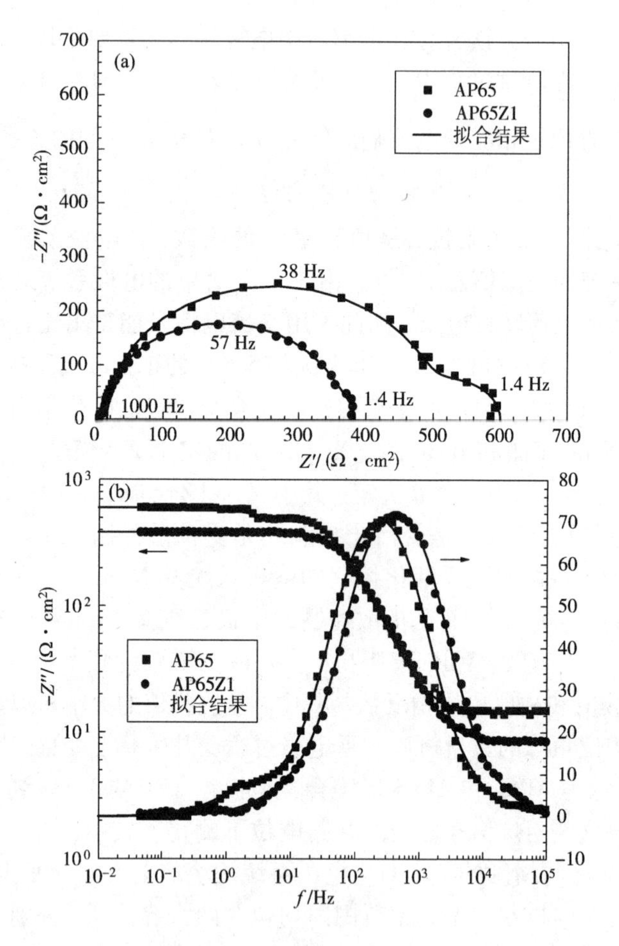

图4-9 AP65和AP65Z1镁合金电极在25℃的3.5%氯化钠溶液中的电化学阻抗谱

(a) Nyquist图；(b) Bode图

Fig. 4-9 Electrochemical impedance spectra of AP65 and AP65Z1 magnesium alloy electrodes in 3.5% NaCl solution at 25℃: (a) Nyquist plot and (b) Bode plot

Nyquist图低频区较小的容抗弧通常无明确的物理意义，但在这里可能与覆盖在电极表面的氢氧化镁膜有关。一般来说，镁合金电极在氯化钠溶液中将发生自发的溶解并形成Mg^{2+}离子。当Mg^{2+}离子的浓度在电极表面附近的溶液中达到饱和时，将以$Mg(OH)_2$的形式沉积在电极表面[49]。因此，AP65和AP65Z1镁合金在氯化钠溶液中的电极过程主要受活化控制和沉积在电极表面的氢氧化镁膜控制，影响电极过程的状态变量为电极电位E和氢氧化镁膜在电极表面的覆盖率θ。根据电化学阻抗谱原理[100]，当一个电极反应过程仅受活化控制时(即影响该过程的状态变量仅为电极电位 E)，其法拉第导纳 Y_F 可表示为：

$$Y_F = 1/R_t \tag{4-2}$$

式中，R_t 为电荷转移电阻；当电极反应过程受活化控制和沉积在电极表面的氢氧化镁膜控制时(即影响该过程的状态变量为电极电位 E 和氢氧化镁膜在电极表面的覆盖率 θ)，其法拉第导纳 Y_F 可表示为：

$$Y_F = 1/R_t + (\partial I_F/\partial\theta)(\partial\theta'/\partial E)/[j\omega - \partial\theta'/\partial\theta] \tag{4-3}$$

式中，I_F 为法拉第电流密度；θ 为氢氧化镁膜在电极表面的覆盖率；E 为电极电位；ω 为角频率；j 为虚数单位；θ' 为 θ 随时间的变化率。在电极反应过程中，法拉第电流密度 I_F 随电极表面氢氧化镁膜覆盖率的增大而减小，因此 $\partial I_F/\partial\theta < 0$；此外，镁合金电极的溶解速度随电极电位 E 的正移而增大，会导致更多的 Mg^{2+} 离子溶解到电解液中，这一过程将加速 $Mg(OH)_2$ 在电极表面的沉积，因此 $\partial\theta'/\partial E > 0$。这意味着在式(4-3)中 $(\partial I_F/\partial\theta)(\partial\theta'/\partial E) < 0$，因此在 Nyquist 图的低频区将出现一个容抗弧[100]，这一结论与图4-9(a)所示各镁合金电极的 Nyquist 图一致。

采用 Z-view 软件拟合测得的电化学阻抗谱，拟合过程中所用的等效电路如图4-10所示。在图4-10中，电荷转移电阻 R_t 与双电层电容 C_{dl} 并联，氢氧化镁膜电阻 R_f 与氢氧化镁膜电容 C_f 并联，然后将以上两个并联电路再与溶液电阻 R_s 串联在一起，构成反映整个电极过程的等效电路。表4-4所列为拟合电化学阻抗谱得到的各电化学元件参数值，可以看出 AP65Z1 镁合金电极的氢氧化镁膜电阻为 25 $\Omega\cdot cm^2$，比 AP65 的电阻(100 $\Omega\cdot cm^2$)小，表明在电极反应过程中沉积在 AP65Z1 表面的氢氧化镁膜较薄且不致密，这一结果与图4-6所示放电后的电极表面形貌相对应。因此，往 AP65 镁合金电极中添加1%的锌有利于电极在溶解过程中氢氧化镁膜的剥落，从而维持其较强的活性。此外，根据表4-4可知 AP65 和 AP65Z1 镁合金电极具有比较接近的 C_{dl} 值，但 AP65Z1 镁合金电极的 C_f 值比 AP65 的大，这一结果同样表明在 AP65 镁合金电极的表面覆盖有较厚且致密的氢氧化镁膜[55]，将阻碍电极在开路电位下的活化溶解。在等效电路图中，与容抗弧有关的电阻和与其并联的电容的乘积为该容抗弧所对应状态变量的时间常数，即：

$$\tau = CR \tag{4-4}$$

式中，τ 为时间常数且具有时间单位，反映该状态变量的弛豫过程。一般来说时间常数越小则状态变量所对应的反应过程越容易进入稳态。根据式4-4分别计算 AP65 和 AP65Z1 镁合金电极双电层电容的时间常数 τ_{dl} 和氢氧化镁膜电容的时间常数 τ_f，列于表4-4中。可以看出，两个电极的 τ_{dl} 均比 τ_f 小，表明电极表面双电层的建立及充电过程比氢氧化镁膜的形成与溶解过程更快进入稳态，因此后者为慢反应步骤，控制整个电极反应过程的速度。此外，AP65Z1 镁合金电极的 τ_{dl} 和 τ_f 均比 AP65 所对应的要小，因此与 AP65 相比 AP65Z1 的整个电极过程将更快进入稳态，可能有利于电极在放电过程中的迅速激活。

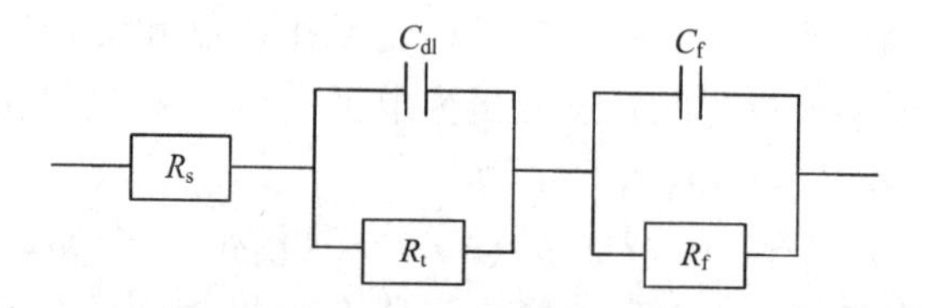

图 4-10　根据电化学阻抗谱得到的 AP65 和 AP65Z1 镁合金电极的等效电路图

Fig. 4-10　Equivalent circuits of AP65 and AP65Z1 magnesium alloy electrodes corresponding to the EIS results

表 4-4　拟合电化学阻抗谱所得的 AP65 和 AP65Z1 镁合金电极的电化学参数

Table 4-4　Electrochemical parameters of AP65 and AP65Z1 magnesium alloy electrodes obtained by fitting the electrochemical impedance spectra

镁电极	R_s /(Ω·cm²)	R_t /(Ω·cm²)	C_{dl} /(Ω⁻¹·cm⁻²·s)	R_f /(Ω·cm²)	C_f /(Ω⁻¹·cm⁻²·s)	τ_{dl} /s	τ_f/s
AP65	15	485	8×10^{-6}	100	9×10^{-4}	3.88×10^{-3}	9×10^{-2}
AP65Z1	8.6	350	7×10^{-6}	25	1×10^{-3}	2.45×10^{-3}	2.5×10^{-2}

4.7　锡对 AP65 镁合金电化学行为的影响

4.7.1　锡含量对 AP65 镁合金放电活性的影响

除锌以外，锡对镁阳极而言也是一种重要的合金元素。Song 等[101]研究了锡对 AM70 镁合金腐蚀行为的影响，发现锡的添加能改变 AM70 镁合金的腐蚀行为和性能。添加 1.9% 锡的 AM70 镁合金在 5% 氯化钠溶液中长时间浸泡时具有较快的腐蚀速度，但与未添加锡的 AM70 相比腐蚀更均匀，且不存在局部腐蚀现象。图 4-11 所示为 AP65 镁合金电极在 25℃的 3.5% 氯化钠溶液中于 180 mA/cm² 电流密度下放电 600 s 的平均电位随电极中锡含量的变化关系。可以看出，少量锡的添加有利于电极放电电位的负移和放电活性的增强。当锡含量达到 0.5% 和 1% 时，AP65 镁合金电极的放电电位分别为 -1.654 V 和 -1.655 V (vs SCE)，表现出较强的放电活性。随锡含量的进一步增加，电极的放电电位正移，放电活性减弱。因此，往 AP65 镁合金中添加 1% 的锡有利于增强其在大电流密度下的放电活性。下面具体研究添加 1% 锡的 AP65 镁合金电极的电化学行为，将该合金电极命名为 AP65S1，并与未添加锡的 AP65 镁合金进行对比，得出锡对 AP65 镁合金电化学行为的影响。

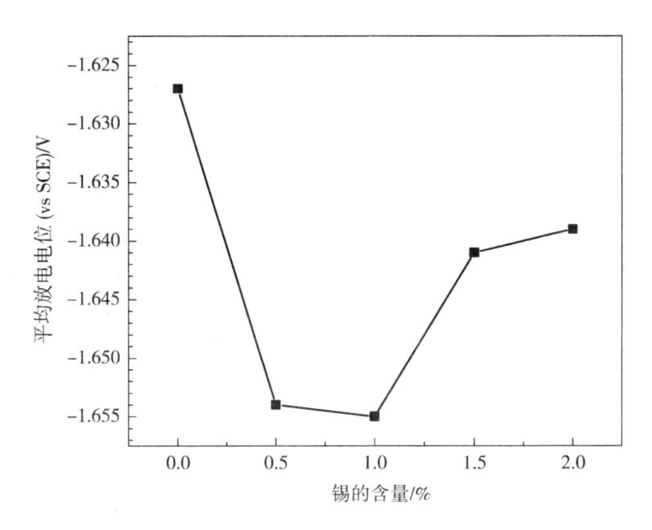

图4-11　AP65镁合金电极在25℃的3.5%氯化钠溶液中于180 mA/cm² 电流密度下放电600 s的平均放电电位随电极中锡含量的变化关系

Fig. 4 - 11　Average discharge potential of AP65 magnesium alloy electrode during galvanostatic discharge at the current density of 180 mA/cm² for 600 s in 3.5% NaCl solution at 25℃ as a function of tin content in the alloy electrode

4.7.2　显微组织

图4-12(a)和(b)所示分别为AP65和AP65S1镁合金的金相照片。可以看出，经均匀化退火后这两种镁合金均表现为单相均匀的等轴晶组织，表明锡和锌一样，也以合金元素的形式固溶在镁基体中，这一结果与Mg-Sn二元相图吻合。此外，AP65S1镁合金具有比AP65更细小的晶粒，且AP65S1晶粒的尺寸与AP65Z1相比较为均匀[图4-3(b)]，不同晶粒之间尺寸的差异相对较小。因此，往AP65镁合金中添加1%的锡能细化其晶粒并使晶粒的尺寸趋于均匀。与锌一样，锡对AP65镁合金晶粒的细化同样发生在液态金属的凝固过程中，且目前关于锡对镁合金晶粒细化机理的报道较多。Xiang等[102]研究了锡含量对Mg-5Li-3Al-2Zn合金显微组织的影响，发现当锡含量为1%时镁合金具有最小的晶粒，随锡含量的继续增加镁合金晶粒尺寸增大。这是因为在液态合金凝固过程中形成的Mg_2Sn由于具有较高的熔点，能作为非均匀形核的核心而细化镁合金的晶粒[103]。但随锡含量的继续增加Mg_2Sn数量增多，对晶粒细化的效果减弱。Jiang等[104]认为锡对镁合金晶粒细化的机理是在液态合金凝固过程中形成的第二相Mg_2Sn分布于晶界而抑制晶粒长大，从而实现镁合金晶粒的细化。在添加锡的铸

态 AP65 镁合金中也存在条状的 Mg_2Sn 相[91]，这些 Mg_2Sn 相在后续的均匀化退火过程中溶解在镁基体中。

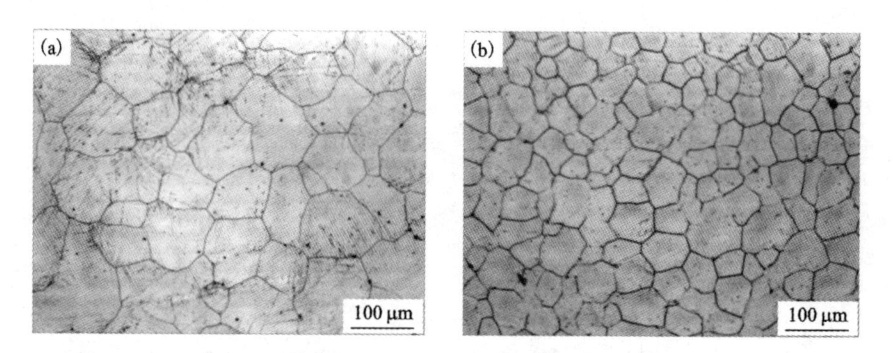

图 4－12　AP65(a)和 AP65S1(b)镁合金的金相照片

Fig. 4－12　Optical micrographs of AP65 (a) and AP65S1 (b) magnesium alloys

4.7.3　动电位极化

图 4－13 所示为 AP65 和 AP65S1 镁合金电极在 25℃的 3.5% 氯化钠溶液中的动电位极化曲线。可以看出，这两种镁合金的动电位极化过程均受活化控制，且具有比较接近的腐蚀电位，表明往 AP65 镁合金中添加 1% 的锡对其腐蚀电位无明显的影响。但两种镁合金电极在较宽的电压范围内表现出不同的动电位极化行为。根据图 4－13 可知，AP65S1 镁合金电极在整个电压范围内的电流密度均比 AP65 的大，表明添加 1% 的锡不仅能促进 AP65 在阴极极化过程中的析氢反应速度，同时也能加速电极在阳极极化过程中的活化溶解，使其具有较强的放电活性。这一结果不同于 Song 等报道的添加 1.9% 锡的 AM70 镁合金在 5% 氯化钠溶液中的动电位极化行为。Song 等[101]的结果表明，往 AM70 镁合金中添加 1.9% 的锡能抑制电极在阴极极化过程中的析氢速度，但可促进电极在阳极极化过程中的溶解。根据极化曲线采用 Tafel 外推法可得到这两种镁合金电极的腐蚀电流密度，其外推过程同 2.4.1，腐蚀电流密度列于表 4－5。这些腐蚀电流密度为三组平行实验的平均值，误差为平行实验的标准偏差。可以看出，AP65S1 镁合金电极的腐蚀电流密度比 AP65 的大，表明添加 1% 的锡能促进 AP65 在腐蚀电位下的溶解，可能有利于缩短电极在放电过程中的激活时间。这一结果与 Song 等[101]报道的 1.9% 的锡能增大 AM70 镁合金在 5% 氯化钠溶液中的腐蚀速度一致。

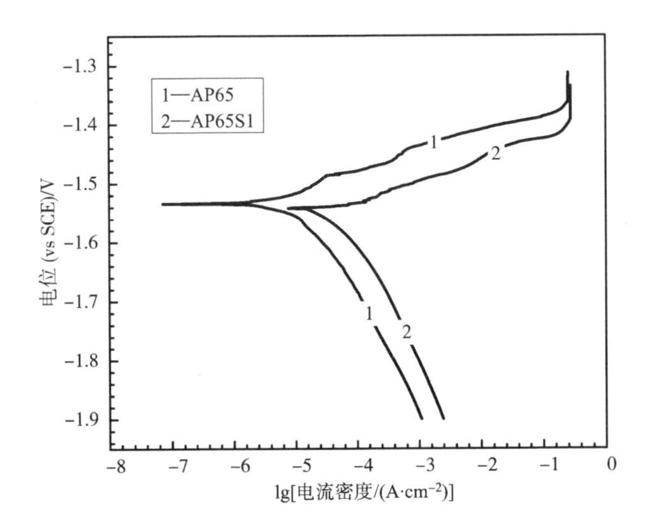

图4-13　AP65和AP65S1镁合金电极在25℃的3.5%氯化钠溶液中的动电位极化曲线

Fig.4-13　Potentiodynamic polarization curves of AP65 and AP65S1 magnesium alloy electrodes in 3.5% NaCl solution at 25℃

表4-5　AP65和AP65S1镁合金电极的腐蚀电位(E_{corr})和腐蚀电流密度(J_{corr})

Table 4-5　Corrosion potentials (E_{corr}) and corrosion current densities (J_{corr}) of AP65 and AP65S1 magnesium alloy electrodes

镁电极	腐蚀电位(vs SCE)/V	腐蚀电流密度/($\mu A \cdot cm^{-2}$)
AP65	-1.534	23.5±6.8
AP65S1	-1.542	65.9±13.6

4.7.4　恒电流放电

图4-14(a)和(b)所示分别为AP65和AP65S1镁合金电极在25℃的3.5%氯化钠溶液中于不同电流密度下恒电流放电时的电位-时间曲线。表4-6所列为这两种镁合金电极在不同电流密度下放电600 s的平均放电电位。结合图4-14和表4-6可知，当外加电流密度为10 mA/cm²时，AP65S1镁合金电极的激活时间比AP65的短，但随放电时间的延长AP65S1的放电电位逐渐正移，在600 s的放电过程中其平均放电电位为-1.739 V(vs SCE)，比AP65的[-1.797 V(vs SCE)]正，表明添加1%的锡不利于增强AP65镁合金电极在小电流密度下(10 mA/cm²)的放电活性。

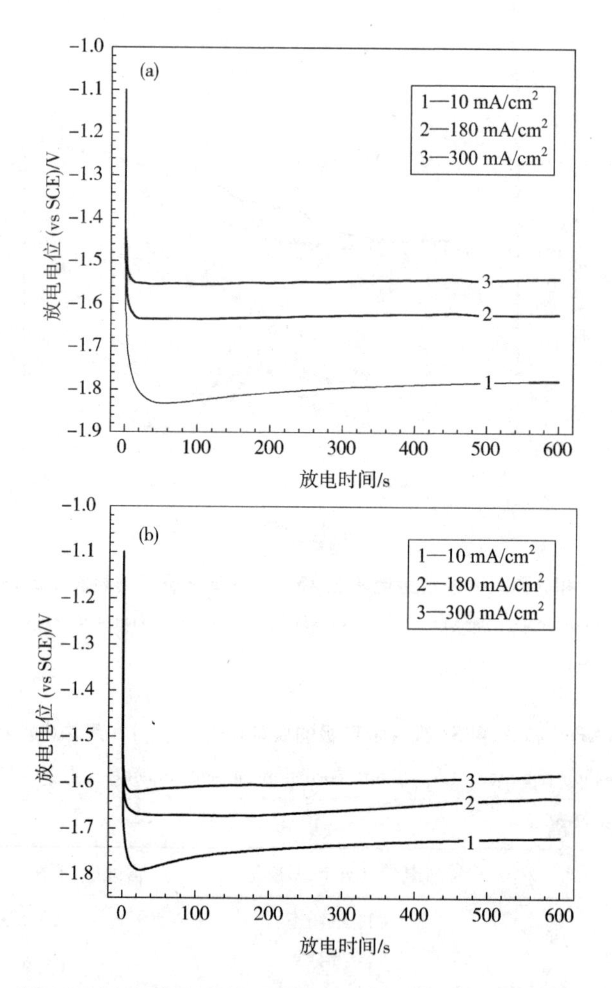

图 4－14 AP65(a)和 AP65S1(b)镁合金电极在 25℃的 3.5%氯化钠溶液中于不同电流密度下恒电流放电时的电位－时间曲线

Fig. 4－14 Galvanostatic potential－time curves of AP65 (a) and AP65S1 (b) magnesium alloy electrodes at different current densities in 3.5% NaCl solution at 25℃

表 4－6 AP65 和 AP65S1 镁合金电极在 25℃的 3.5% NaCl 溶液中于不同电流密度下恒电流放电 600 s 的平均放电电位

Table 4－6 Average discharge potentials of AP65 and AP65S1 magnesium alloy electrodes during galvanostatic discharge at different current densities for 600 s in 3.5% NaCl solution at 25℃

镁电极	平均放电电位 (vs SCE)/V		
	10 mA/cm^2	180 mA/cm^2	300 mA/cm^2
AP65	－1.797	－1.627	－1.546
AP65S1	－1.739	－1.655	－1.599

但在180 mA/cm^2和300 mA/cm^2电流密度下，两种镁合金电极放电行为的差异较为明显。AP65S1镁合金电极具有比AP65更短的激活时间和更负的放电电位，表现出较强的放电活性。根据表4－6可知，AP65S1镁合金电极在180 mA/cm^2和300 mA/cm^2电流密度下的平均放电电位分别为－1.655 V和－1.599 V（vs SCE），比AP65和AP65Z1镁合金电极的负（表4－2）。因此，往AP65镁合金中添加1%的锡有利于缩短电极在大电流密度（180 mA/cm^2和300 mA/cm^2）下放电时的激活时间，并使放电电位负移，放电活性增强，且锡对AP65镁合金电极的活化效果强于锌。根据图4－12可知，AP65S1镁合金具有均匀的晶粒尺寸，且晶粒比AP65的小。该细小且均匀的晶粒有利于增强电极在大电流密度下的放电活性并使放电电位负移。因此，AP65S1镁合金电极在180 mA/cm^2和300 mA/cm^2电流密度下具有比AP65和AP65Z1更强的放电活性和更负的平均放电电位。此外，根据元素周期表可知锡和铅位于同一主族，因此两者具有相似的性质。在放电过程中溶解的Sn^{2+}离子很容易沉积在电极表面[84]，如第2章所述这一过程可能有利于溶解的Al^{3+}离子以$Al(OH)_3$的形式沉积，并以$2Mg(OH)_2 \cdot Al(OH)_3$的形式剥落放电产物氢氧化镁，从而对镁合金电极起到活化作用。而且，在放电过程中溶解的Sn^{2+}离子容易沉积在点蚀孔中，该沉积过程能隔离放电产物层，同时阻碍放电产物的附着并破坏产物的结构[84]，使镁合金电极裸露于电解液中，从而增大其活性反应面积。因此，往AP65镁合金电极中添加1%的锡有利于增强电极在大电流密度下（180 mA/cm^2和300 mA/cm^2）的放电活性。

图4－15（a）和（b）所示分别为AP65和AP65S1镁合金电极在3.5%氯化钠溶液中于180 mA/cm^2电流密度下放电600 s后电极表面形貌的二次电子像。可以看出，AP65S1镁合金电极的放电产物呈龟裂的泥土状[图4－15（b）]，且该放电产物的裂纹比AP65[图4－15（a）]和AP65Z1[图4－6（b）]的多。在恒电流放电结束后也观察到AP65S1镁合金电极表面的放电产物较薄，有相当一部分区域甚至无放电产物覆盖，这一现象与文献[84]的论述一致。因此，往AP65镁合金中添加1%的锡有利于大电流密度下电极表面放电产物的迅速剥落，且该剥落的效果比添加1%的锌要好，导致放电过程中电解液能和AP65S1镁合金电极表面有效接触，从而使电极具有较负且平稳的放电电位。

4.7.5 阳极利用率及放电过程中电极的腐蚀行为

表4－7所列为AP65和AP65S1镁合金电极在25℃的3.5%氯化钠溶液中于不同电流密度下恒电流放电时的阳极利用率，表中数据为三组平行实验的平均值，误差为平行实验的标准偏差。可以看出，在10 mA/cm^2电流密度下AP65S1镁合金电极的利用率为（43.4 ±0.3）%，比AP65和AP65Z1的低（表4－3）。这一现象可从放电后清除产物的电极表面形貌二次电子像得到解释。图4－16所示

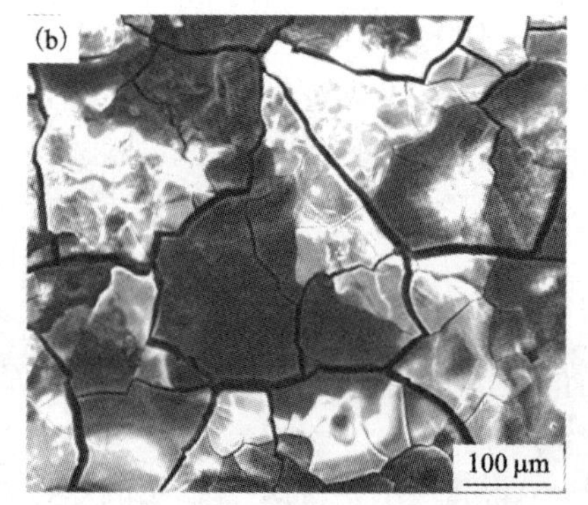

图 4-15　AP65(a)和 AP65S1(b)镁合金电极在 25℃的 3.5%氯化钠溶液中于 180 mA/cm² 电流密度下放电 600 s 后电极表面形貌的二次电子像

Fig. 4-15　Secondary electron (SE) images of surface morphologies of AP65 (a) and AP65S1 (b) magnesium alloy electrodes after galvanostatic discharge at the current density of 180 mA/cm² for 600 s in 3.5% NaCl solution at 25℃

为 AP65S1 镁合金电极在 25℃的 3.5%氯化钠溶液中于 10 mA/cm² 电流密度下恒电流放电 10 h 后清除产物的电极表面形貌二次电子像。可以看出，在低倍下[图 4-16(a)]AP65S1 镁合金电极表面与 AP65 和 AP65Z1(图 4-7)相比整体的高低起伏较小，但存在较多的凹坑。高倍下的二次电子像[图 4-16(b)]可清晰揭示出凹坑的形貌，表明 AP65S1 镁合金电极在 10 mA/cm² 电流密度下放电时有较多的大块金属颗粒从电极表面脱落，这些脱落的金属颗粒不能以电化学溶解的方式形成电流，导致 AP65S1 在小电流密度下(10 mA/cm²)的阳极利用率比 AP65 和 AP65Z1 的低。因此，往 AP65 镁合金中添加 1%的锡不利于提高电极在小电流密度下(10 mA/cm²)放电时的利用率。

表 4-7　AP65 和 AP65S1 镁合金电极在 25℃的 3.5% NaCl 溶液中于不同电流密度下恒电流放电时的阳极利用率

Table 4-7　Utilization efficiencies of AP65 and AP65S1 magnesium alloy electrodes during galvanostatic discharge at different current densities in 3.5% NaCl solution at 25℃

镁电极	阳极利用率 η/%		
	10 mA/cm², 10 h	180 mA/cm², 1 h	300 mA/cm², 1 h
AP65	46.5 ± 1.9	82.1 ± 1.0	81.7 ± 0.9
AP65S1	43.4 ± 0.3	79.2 ± 1.7	79.6 ± 0.7

当外加电流密度为 180 mA/cm² 和 300 mA/cm² 时，AP65S1 镁合金电极的利用

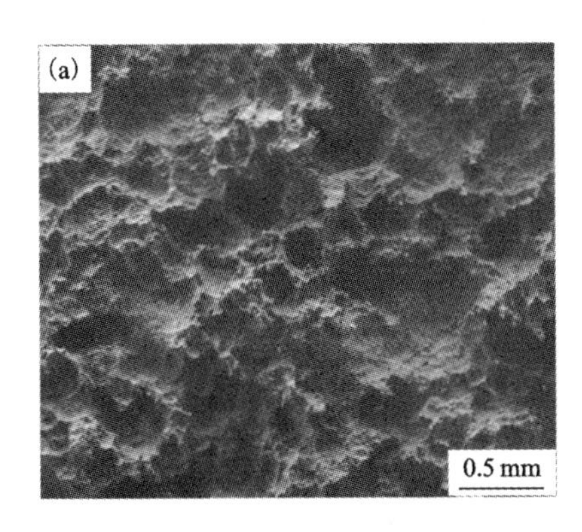

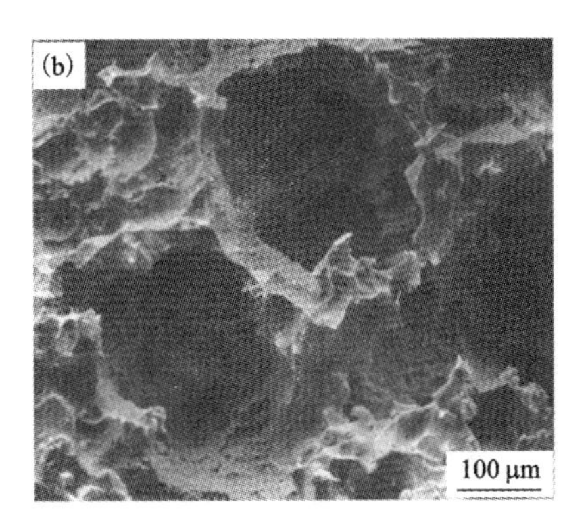

图 4 – 16　AP65S1 镁合金电极在 25℃的 3.5% 氯化钠溶液中于 10 mA/cm^2 电流密度下放电 10 h 后清除产物的电极表面形貌二次电子像

(a) 低倍；(b) 放大的(a)

Fig. 4 – 16　Secondary electron (SE) images of surface morphologies of AP65S1 magnesium alloy electrode discharged at the current density of 10 mA/cm^2 for 10 h in 3.5% NaCl solution at 25℃ after removing the discharge products：(a) macrograph and (b) closed – up view of (a)

率分别为(79.2 ± 1.7)% 和(79.6 ± 0.7)%，均低于 AP65 和 AP65Z1 镁合金电极在相同电流密度下的利用率(表 4 – 3)。由于锡具有较高的析氢过电位[75]，能抑制放电过程中氢气从电极表面析出；且 AP65S1 镁合金电极的晶粒尺寸比 AP65 的更为细小和均匀，即在 AP65S1 镁合金中存在较多的晶界，同样可作为一种屏障抑制放电过程中电极表面的析氢副反应[8, 9]，因此 AP65S1 在大电流密度下(180 mA/cm^2 和 300 mA/cm^2)放电时较低的阳极利用率只可能是电极表面大量金属颗粒的脱落所致，这一假设可从放电后清除产物的电极表面形貌二次电子像得到证实。图 4 – 17(a)所示为低倍下 AP65S1 镁合金电极在 25℃的 3.5% 氯化钠溶液中于 180 mA/cm^2 电流密度下放电 1 h 后清除产物的电极表面形貌二次电子像，可以看出该电极表面并不平坦，存在较多的凸起，不同于 AP65[图 3 – 9(c)]和 AP65Z1 [图 4 – 8(a)]在相同电流密度下放电后电极的表面形貌。因此，添加 1% 的锡不利于 AP65 镁合金电极在放电过程中的均匀溶解，与 Song 等[101]报道的 1.9% 的锡能促进 AM70 镁合金在 5% 氯化钠溶液中的均匀腐蚀不一致。在高倍下[图 4 – 17(b)]，该 AP65S1 镁合金电极的表面存在很多细小而有棱角的凹坑，表明放电过程中大量晶粒从电极表面脱落[99]，这势必导致电极利用率的降低。图 4 – 17(c)所示为低倍下 AP65S1 镁合金电极在 300 mA/cm^2 电流密度下放电 1 h 后清除产物的电极表面形貌二次电子像，可以看出该电极的表面比在 180 mA/cm^2 电流密度下放电时平坦[图 4 – 17(a)]。在高倍下[图 4 – 17(d)]，AP65S1 镁合金电极表面的凹坑数量比在 180 mA/cm^2 电流密度下放电时的少[图 4 – 17(b)]，且不存在大量细小的棱角状凹坑，表明放电过程中从电极表面脱落的并非单个晶粒，而是块状的金属颗粒。但与 AP65Z1 镁合金电极[图 4 - 8(c)和(d)]相比，AP65S1 电极表面平整度相对较差且凹坑的尺寸较大，表明从电极表面脱落的金属颗粒具有较大的体积，这将导致 AP65S1 在 300 mA/cm^2 电流密度下放电时的阳极利用率比 AP65Z1 的低(表 4 - 3)。因此，往 AP65 镁合金中添加 1% 的锡不利于提高电极在大电流密度下(180 mA/cm^2 和 300 mA/cm^2)放电时的利用率。

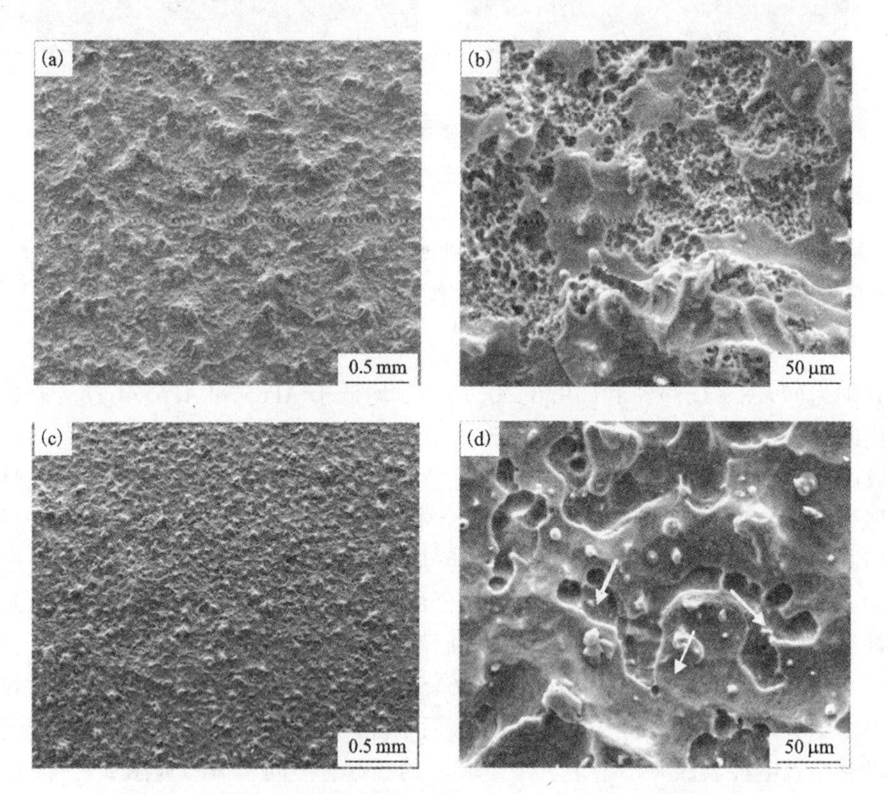

图 4 - 17　AP65S1 镁合金电极在 25℃的 3.5% 氯化钠溶液中于不同电流密度下恒电流放电 1 h 后清除产物的电极表面形貌二次电子像

(a) 180 mA/cm^2；(b) 放大的(a)；(c) 300 mA/cm^2；(d) 放大的(c)

Fig. 4 - 17　Secondary electron (SE) images of surface morphologies of AP65S1 magnesium alloy electrode discharged at different current densities for 1 h in 3.5% NaCl solution at 25℃ after removing the discharge products: (a) 180 mA/cm^2, (b) closed - up view of (a), (c) 300 mA/cm^2, and (d) closed - up view of (c)

4.7.6　电化学阻抗谱

图 4 - 18 所示为 AP65 和 AP65S1 镁合金电极在 25℃ 的 3.5% 氯化钠溶液中于开路电位下的电化学阻抗谱。根据图 4 - 18(a)所示的 Nyquist 图可知，两种镁

合金电极在高频和中频区表现出相似的电化学阻抗行为，即都拥有一个与电荷转移电阻 R_t 和双电层电容 C_{dl} 相关的容抗弧，该容抗弧对应于Bode图中两种电极在中频和高频区上凸的相位角峰[图4－18(b)]。不同之处在于AP65S1镁合金电极的容抗弧直径比AP65的小，表明AP65S1具有较小的电荷转移电阻和较强的活性。根据图4－18(b)所示的Bode图可知，AP65S1镁合金电极在整个频率范围内的阻抗模值都比AP65的小，说明在开路电位下AP65S1镁合金电极溶解较为迅速，与表4－5所列两种电极的腐蚀电流密度大小关系一致。因此，往AP65镁合金电极中添加1%的锡有利于减小其电荷转移电阻和阻抗膜值，使电极在开路电位下的活性得到增强，可能有利于电极在放电过程中的迅速激活。

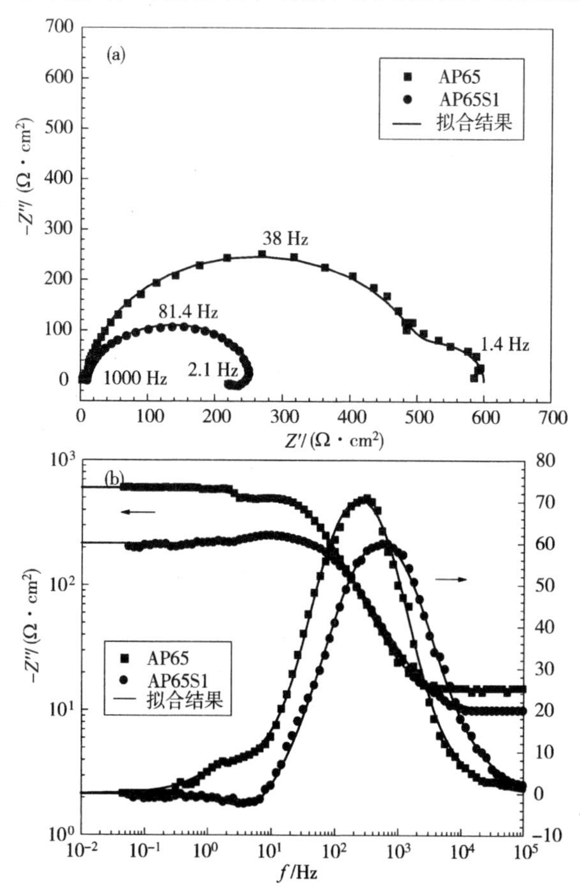

图4－18　AP65和AP65S1镁合金电极在25℃的3.5%氯化钠溶液中的电化学阻抗谱

(a) Nyquist图；(b) Bode图

Fig. 4－18 Electrochemical impedance spectra of AP65 and AP65S1 magnesium alloy electrodes in 3.5% NaCl solution at 25℃: (a) Nyquist plot and (b) Bode plot

此外，根据图 4 - 18(a)所示的 Nyquist 图可知，两种镁合金电极在低频区表现出不同的电化学阻抗行为。AP65 镁合金电极在低频区的 Nyquist 图为一个直径较小的容抗弧，如前所述该容抗弧与沉积在电极表面的氢氧化镁膜有关；而 AP65S1 镁合金电极在低频区则拥有一个直径较小的感抗弧，该感抗弧对应于 AP65S1 在低频区 Bode 图中下凸的相位角峰[图 4 - 18(b)]。一般来说，Nyquist 图低频区的感抗弧无明确的物理意义，但在这里可能与电极表面局部腐蚀(如点蚀)的诱导期有关[98, 101, 105]。结合图 4 - 16 和图 4 - 17 所示放电后清除产物的电极表面形貌二次电子像可知，AP65S1 镁合金电极在 10 mA/cm^2 和 180 mA/cm^2 电流密度下放电时均存在局部溶解现象，尤其是在 10 mA/cm^2 电流密度下放电 10 h 局部溶解现象更明显，在电极表面留下较深的凹坑[图 4 - 16(b)]。因此，AP65S1 镁合金在氯化钠溶液中的电极过程主要受活化控制和局部溶解所形成的凹坑(或点蚀孔)控制，影响电极过程的状态变量为电极电位 E 和凹坑的深度 l。所以该电极的法拉第导纳 Y_F 可表示为：

$$Y_F = l/R_t + (\partial I_F/\partial l)(\partial l'/\partial E)/[j\omega - \partial l'/\partial l] \qquad (4-5)$$

式中，I_F 为法拉第电流密度；l 为局部溶解所形成的凹坑(或点蚀孔)深度；E 为电极电位；ω 为角频率；j 为虚数单位；l' 为 l 随时间的变化率。在电化学反应过程中，电极的比表面积随凹坑深度 l 的增加而增大，将有利于电极表面和电解液的充分接触，从而增大电极的活性反应面积，导致其法拉第电流密度 I_F 增大，因此 $\partial I_F/\partial l > 0$；此外，根据图 4 - 13 所示 AP65S1 镁合金电极的极化曲线可知，当电极电位 E 正移至某一值时阳极电流密度出现突增现象，表明点蚀在该电位下已全面诱发，且随电位的正移而加剧，因此 $\partial l'/\partial E > 0$。这意味着在式(4 - 5)中 $(\partial I_F/\partial l)(\partial l'/\partial E) > 0$，因此在 Nyquist 图的低频区将出现一个感抗弧[100]，这一结论与图 4 - 18(a)所示 AP65S1 镁合金电极的 Nyquist 图一致。

采用 Z-view 软件并结合图 4 - 19 所示的等效电路拟合图 4 - 18 中 AP65S1 镁合金电极的电化学阻抗谱。在图 4 - 19 中，等效电阻 R_L 与电感 L 串联，然后再与电荷转移电阻 R_t 和代表双电层电容的常相位角元件 CPE_{dl} 并联，最后与溶液电阻 R_s 串联在一起，构成反映整个电极过程的等效电路。在这里采用常相位角元件 CPE_{dl} 替代双电层电容 C_{dl}，因为弥散效应的存在导致双电层电容的频响特性与纯电容不一致[100]。该常相位角元件包括两个参数，分别为 Y_{dl} 和 n。其中 Y_{dl} 与电容类似，其量纲为 $\Omega^{-1} \cdot cm^{-2} \cdot s^n$；$n$ 为无量纲的指数，其取值在 0 到 1 之间，当 $n = 1$ 时常相位角元件等同于纯电容。表 4 - 8 所列为拟合电化学阻抗谱得到的各电化学元件参数值，可以看出 AP65S1 镁合金电极的 R_L 电阻值为 1000 $\Omega \cdot cm^2$，大于其电荷转移电阻 R_t 值(260 $\Omega \cdot cm^2$)，表明在开路电位下 AP65S1 镁合金电极点蚀的发生比活化溶解困难。此外，AP65S1 镁合金电极的 R_t 值比 AP65 和 AP65Z1 的小(表 4 - 4)，表明 AP65S1 拥有较强的活性。因此，往 AP65 镁合金电极中添加 1%

的锡有利于减小其电荷转移电阻，促进电极在腐蚀电位下的活化溶解，使其活性得到增强。此外，常相位角元件的 Y 值可用下式换算成纯电容值 C[106, 107]：

$$C = Y\,(\omega_m)\,n - 1 \tag{4-6}$$

式中，ω_m 为容抗弧虚部绝对值达到最大时所对应的角频率；n 为无量纲的指数。根据式(4－6)可由 AP65S1 镁合金电极的 Y_{dl} 值计算出 C_{dl} 值，然后根据式(4－4)计算出 AP65S1 镁合金电极双电层电容的时间常数 τ_{dl}，列于表 4－8 中。电化学阻抗谱的感抗弧同样拥有时间常数，可根据下式计算：

$$\tau = L/R \tag{4-7}$$

式中，L 为电感值；R 为与电感串联的电阻值，即图 4－19 中的 R_L。根据(4－7)计算出感抗弧的时间常数 τ_L，列于表 4－8 中。可以看出，AP65S1 镁合金电极的 τ_{dl} 比 AP65 和 AP65Z1 的小(表 4－4)，因此 AP65S1 电极表面双电层的建立及充电过程比 AP65 和 AP65Z1 更快进入稳态，可能有利于该电极在放电过程中的迅速激活。此外，AP65S1 的 τ_L 比 τ_{dl} 大，表明电极表面点蚀的诱发进入稳态所需的时间与活化溶解相比更长，因此整个电极反应的速度受点蚀的诱发控制。

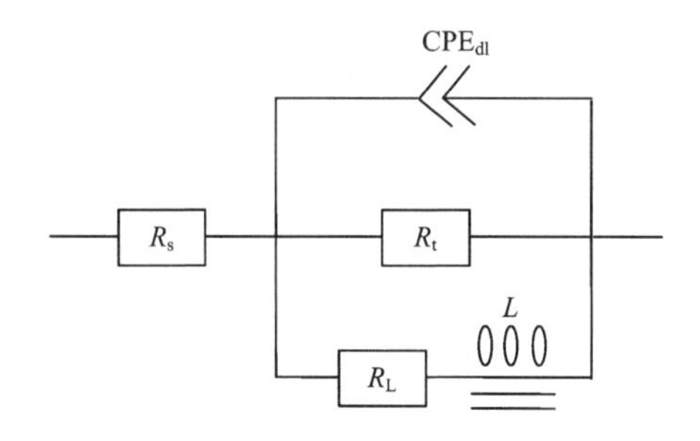

图 4－19　根据电化学阻抗谱得到的 AP65S1 镁合金电极的等效电路图

Fig. 4－19　Equivalent circuit of AP65S1 magnesium alloy electrode corresponding to the EIS result

表 4－8　拟合电化学阻抗谱所得的 AP65 和 AP65S1 镁合金电极的电化学参数

Table 4－8　Electrochemical parameters of AP65 and AP65S1 magnesium alloy electrodes obtained by fitting the electrochemical impedance spectra

镁电极	R_s /(Ω·cm²)	R_t /(Ω·cm²)	Y_{dl} /(Ω⁻¹·cm⁻²·sⁿ)	n	R_f /(Ω·cm²)	C_f /(Ω⁻¹·cm⁻²·s)
AP65	15	485	8×10^{-6}	1	100	9×10^{-4}
AP65S1	9.9	260	1.4×10^{-5}	0.9	—	—

镁电极	R_L/(Ω·cm²)	L/(Ω·cm²·s)	τ_{dl}/s	τ_f/s	τ_L/s
AP65	—	—	3.88×10^{-3}	9×10^{-2}	—
AP65S1	1000	30	1.95×10^{-3}	—	3×10^{-2}

4.8 铟对 AP65 镁合金电化学行为的影响

4.8.1 铟含量对 AP65 镁合金放电活性的影响

铟对于铝阳极而言是一种重要的活化元素[108, 109]。在 Al - Zn - In 合金电极中，铟的存在有利于 Cl^- 离子在电极表面吸附[108]，可以起到破坏表面钝化膜的作用，从而维持电极较强的活性。但目前关于铟对镁阳极腐蚀电化学行为的报道较少。Jin 等[92]的研究结果表明往铸态 AP65 镁合金电极中添加 2% 的铟能加速合金的点蚀和全面腐蚀，并使其腐蚀孕育期缩短，腐蚀电位负移。图 4 - 20 所示为 AP65 镁合金电极在 25℃ 的 3.5% 氯化钠溶液中于 180 mA/cm^2 电流密度下放电 600 s 的平均放电电位随电极中铟含量的变化关系。可以看出，随铟含量的增加平均放电电位负移，放电活性增强。当铟含量达到 1.0% ~2.0% 时，平均放电电位基本稳定在 -1.689 ~ -1.690 V（vs SCE）。考虑到低含量的合金元素有利于减小镁合金阳极的成本，同时对其塑性变形能力造成的负面影响较小，因此下面具体研究添加 1% 铟的 AP65 镁合金电极的电化学行为，将该合金电极命名为 AP65I1，并与未添加铟的 AP65 镁合金和纯镁电极进行对比，得出铟对 AP65 镁合金电化学行为的影响。

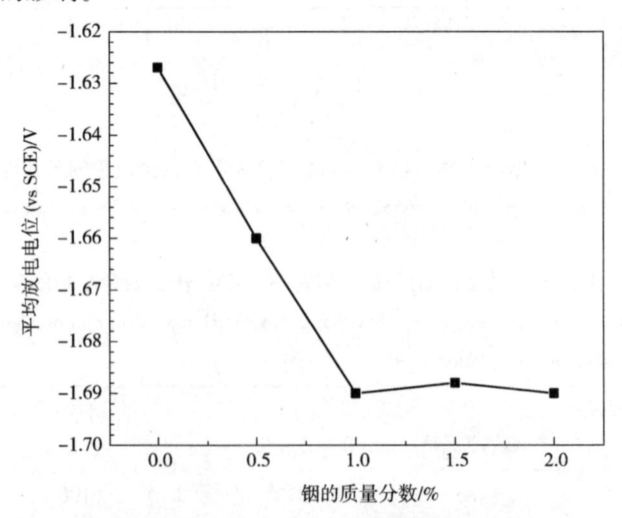

图 4 - 20 AP65 镁合金电极在 25℃的 3.5% 氯化钠溶液中于 180 mA/cm^2 电流密度下放电 600 s 的平均放电电位随电极中铟含量的变化关系

Fig. 4 - 20 Average discharge potential of AP65 magnesium alloy electrode during galvanostatic discharge at the current density of 180 mA/cm^2 for 600 s in 3.5% NaCl solution at 25℃ as a function of indium content in the alloy electrode

4.8.2　显微组织

图 4 -21(a)和(b)所示分别为 AP65 和 AP65I1 镁合金的金相照片。可以看出，经均匀化退火后这两种镁合金均表现为单相均匀的等轴晶组织。结合Mg - In 二元相图可知，400℃时铟在镁中的固溶度超过 50%，因此对于均匀化退火态 AP65I1 镁合金而言，铟全部以合金元素的形式固溶在镁基体中。此外，AP65I1 镁合金的晶粒尺寸比 AP65 的小，表明往 AP65 镁合金中添加 1% 的铟能起到细化晶粒的作用。相比之下，纯镁的晶粒尺寸很大，贯穿整个金相照片[图 4 -21(c)]。

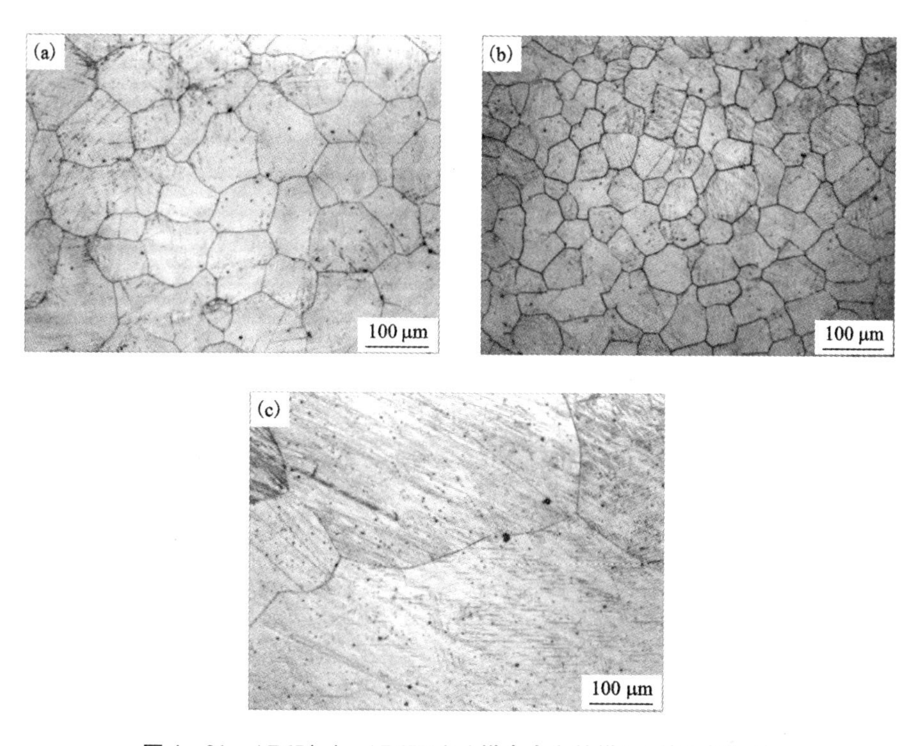

图 4 -21　AP65(a)、AP65I1(b)镁合金和纯镁(c)的金相照片

Fig. 4 -21　Optical micrographs of AP65 (a), AP65I1(b) magnesium alloys and pure magnesium (c)

4.8.3　动电位极化

图 4 -22 所示为 AP65、AP65I1 镁合金和纯镁电极在 25℃的 3.5% 氯化钠溶液中的动电位极化曲线。可以看出，AP65 和 AP65I1 镁合金的动电位极化过程均受活化控制，且腐蚀电位比较接近，表明添加 1% 的铟对 AP65 镁合金电极的腐蚀

电位无明显影响。此外，这两种镁合金电极在整个电压范围内表现出不同的动电位极化行为。在阴极极化区，AP65I1 镁合金电极的电流密度比 AP65 的大，表明添加 1% 的铟能促进 AP65 镁合金电极在阴极极化过程中的析氢反应；在阳极极化区，AP65I1 镁合金电极不仅电流密度比 AP65 的大，而且电流密度随电位正移而增大的速度同样大于 AP65 镁合金电极，表明添加 1% 的铟能加速 AP65 镁合金电极在阳极极化过程中的活化溶解，使其具备较强的放电活性。相比之下，纯镁的腐蚀电位最负，且在阳极极化过程中电流随电位正移增长相对缓慢，表明其放电活性较弱。根据极化曲线采用 Tafel 外推法得到这两种镁合金电极的腐蚀电流密度，其外推过程同 2.4.1，腐蚀电流密度列于表 4－9。这些腐蚀电流密度为三组平行实验的平均值，误差为平行实验的标准偏差。可以看出，AP65I1 镁合金电极的腐蚀电流密度为(35.4 ±7.0) $\mu A/cm^2$，略大于 AP65 镁合金电极的腐蚀电流密度，但比 AP65Z1(表 4－1)和 AP65S1(表 4－5)的小，表明添加 1% 的铟能加速 AP65 镁合金电极在腐蚀电位下的活化溶解，但效果没有添加 1% 的锌和 1% 的锡明显。相比之下，纯镁的腐蚀电流密度最大，原因在于其腐蚀电位较负，导致外推所得的腐蚀电流密度较大。

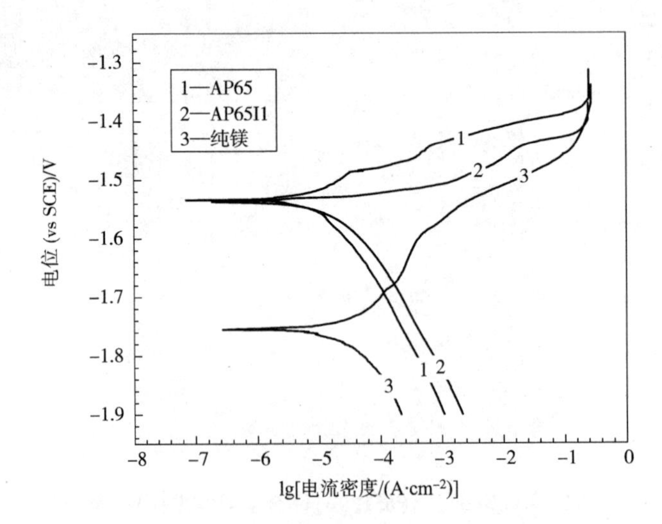

图 4－22　AP65、AP65I1 镁合金和纯镁电极在 25℃的 3.5%氯化钠溶液中的动电位极化曲线

Fig. 4－22　Potentiodynamic polarization curves of AP65, AP65I1 magnesium alloys, and pure magnesium electrodes in 3.5% NaCl solution at 25℃

表 4 -9　AP65、AP65I1 镁合金和纯镁电极的腐蚀电位(E_{corr})和腐蚀电流密度(J_{corr})

Table 4 - 9　Corrosion potentials (E_{corr}) and corrosion current densities (J_{corr}) of AP65, AP65I1 magnesium alloys, and pure magnesium electrodes

镁电极	腐蚀电位 (vs SCE)/V	腐蚀电流密度/(μA · cm^{-2})
AP65	-1.534	23.5 ±6.8
AP65I1	-1.537	35.4 ±7.0
纯镁	-1.755	57.0 ±11.2

4.8.4　恒电流放电

图4 -23(a)、(b)和(c)所示分别为 AP65、AP65I1 镁合金和纯镁电极在 25℃的3.5%氯化钠溶液中于不同电流密度下恒电流放电时的电位 - 时间曲线，内插图为这些电极在前 10 s 的放电行为。表4 -10 所列为这两种镁合金和纯镁电极在不同电流密度下放电 600 s 的平均放电电位。可以看出，在 10 mA/cm^{2}电流密度下 AP65I1 镁合金电极的激活时间比 AP65 的短，且 AP65I1 镁合金电极的平均放电电位为 -1.798 V (vs SCE)，略负于 AP65、AP65Z1(表4 -2)和 AP65S1 (表4 -6)的平均放电电位。这一结果表明添加 1%的铟有利于缩短 AP65 镁合金电极在小电流密度(10 mA/cm^2)下恒电流放电时的激活时间并维持其较强的放电活性。结合内插图可以看出，在 10 mA/cm^{2}电流密度下两种合金放电初期电位下降很快，表明两者都存在一个激活过程。相比之下，纯镁在 10 mA/cm^{2}电流密度下放电平稳[图4 -23(c)]且平均放电电位最正[-1.649 V(vs SCE)]，放电活性较弱。

表 4 -10　AP65 和 AP65I1 镁合金电极在 25℃的 3.5% NaCl
溶液中于不同电流密度下恒电流放电 600 s 的平均放电电位

Table 4 - 10　Average discharge potentials of AP65 and AP65I1 magnesium alloy electrodes during galvanostatic discharge at different current densities for 600 s in 3.5% NaCl solution at 25℃

镁电极	平均放电电位 (vs SCE)/V		
	10 mA/cm^2	180 mA/cm^2	300 mA/cm^2
AP65	-1.797	-1.627	-1.546
AP65I1	-1.798	-1.698	-1.615
纯镁	-1.649	-1.521	-1.433

当外加电流密度为 180 mA/cm^{2}和 300 mA/cm^{2}时，AP65I1 镁合金电极的激活

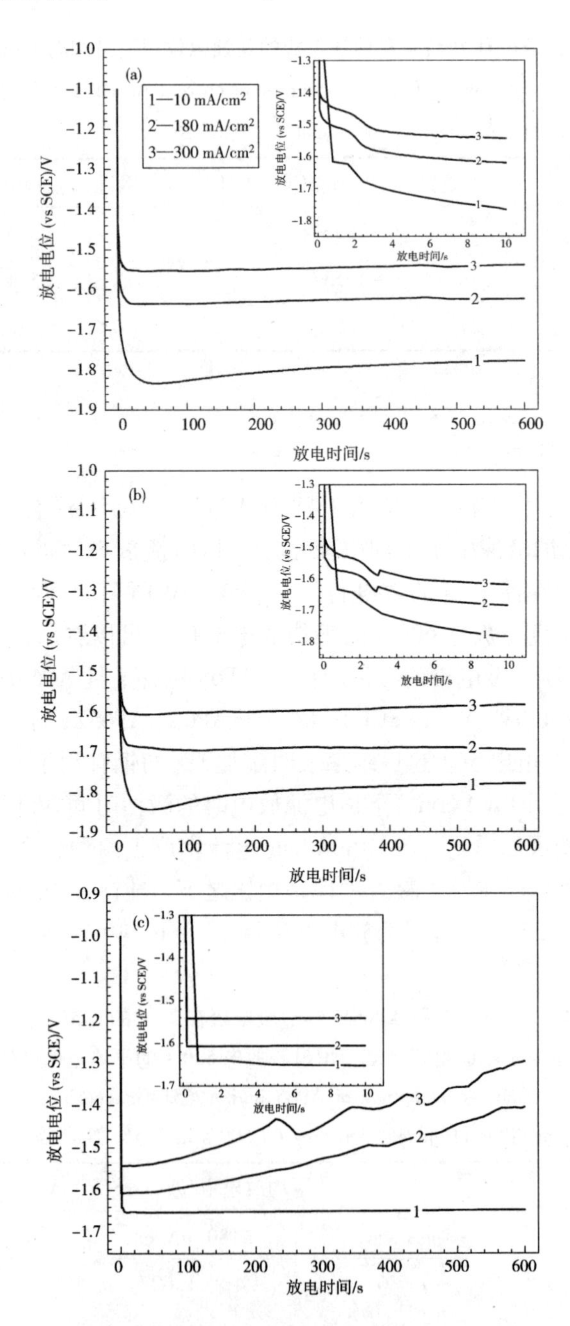

图4-23　AP65(a)、AP65I1(b)镁合金和纯镁(c)电极在25℃的3.5%氯化钠溶液中于不同电流密度下恒电流放电时的电位-时间曲线

Fig. 4-23　Galvanostatic potential - time curves of AP65 (a), AP65I1 (b) magnesium alloy, and pure magnesium (c) electrodes at different current densities in 3.5% NaCl solution at 25℃

时间较短且放电平稳，能提供比AP65更负的放电电位。根据表4-10可知，在180 mA/cm^{2}和300 mA/cm^{2}电流密度下AP65I1镁合金电极的平均放电电位分别为-1.698 V和-1.615 V（vs SCE），比相同条件下AP65的负，表明添加1%的铟有利于增强AP65镁合金电极在大电流密度下(180 mA/cm^{2}和300 mA/cm^2)的放电活性。此外，在180 mA/cm^{2}和300 mA/cm^{2}电流密度下AP65I1镁合金电极的平均放电电位比相同条件下AP65Z1(表4-2)和AP65S1(表4-6)的负，因此在该电流密度下添加1%的铟对AP65镁合金电极的活化效果比添加1%的锌和1%的锡更明显。结合图4-23(a)和(b)中的内插图可知，在大电流密度下AP65I1镁合金电极的电位下降比AP65更快，因此更容易激活。此外，AP65I1在放电初期电位存在跳跃点，可能与点蚀的形成有关。相比之下，纯镁电极在180 mA/cm^{2}和300 mA/cm^{2}电流密度下电位较正且随时间的延长电位逐渐正移[图4-23(c)]，因此其活性较弱。根据图4-23(c)的内插图可以看出纯镁在放电初期的电位很平稳，不存在激活的过程。

关于铟对AP65镁合金电极的活化机理，可能与铟能促进电解液中的Cl^-离子在电极表面吸附有关[108]。吸附的Cl^-离子能将附着在电极表面难溶的放电产物氢氧化镁转变为易溶的氯化镁[44, 110-112]，从而增大电极的活性反应面积并维持其较强的放电活性。图4-24为三种镁电极在180 mA/cm^{2}电流密度下放电5 s后清除产物的表面形貌二次电子像。可以看出，AP65镁合金电极表面存在大量凹坑[图4-24(a)]，结合放大的照片[图4-24(b)]可以发现这些凹坑内部呈棱角状，因而是晶粒脱落所致[99]。根据图4-24(c)可知，AP65I1镁合金放电初期表面存在大量点蚀孔，结合放大的照片[图4-24(d)]可知这些点蚀孔较深，与电极的活化溶解有关[99]，而不是金属颗粒脱落造成的。这一点可以证实铟的添加有利于电解液中Cl^-离子在电极表面吸附，从而促进镁合金电极的点蚀与活化溶解。相比之下，纯镁电极的腐蚀坑较浅[图4-24(e)和(f)]，活化溶解不明显，因此放电过程中表现出较弱的活性。此外，在恒电流放电时固溶在电极中的铟将溶解为In^{3+}离子，该过程的平衡电位比镁的溶解更正[52]，因此溶解的In^{3+}离子很容易夺走镁的电子而发生还原反应沉积在电极表面，从而加速镁电极的活化溶解并增强其放电活性。根据图4-21(b)可知铟的添加能细化AP65镁合金的晶粒，而细小的晶粒有利于放电过程中电位的负移，因而使其活性增强。根据图4-21(c)可知，纯镁的晶粒最大，因此不利于增强电极的放电活性。

图4-25(a)、(b)和(c)所示分别为AP65、AP65I1镁合金和纯镁电极在3.5%氯化钠溶液中于180 mA/cm^{2}电流密度下放电600 s后电极表面形貌的二次电子像。可以看出AP65I1电极的放电产物与AP65S1[图4-14(b)]的类似，也呈龟裂的泥土状且拥有比AP65和AP65Z1[图4-5(b)]更多的裂纹。在放电过程中该产物容易剥落，有利于电解液和电极表面的有效接触，从而增大活性反应

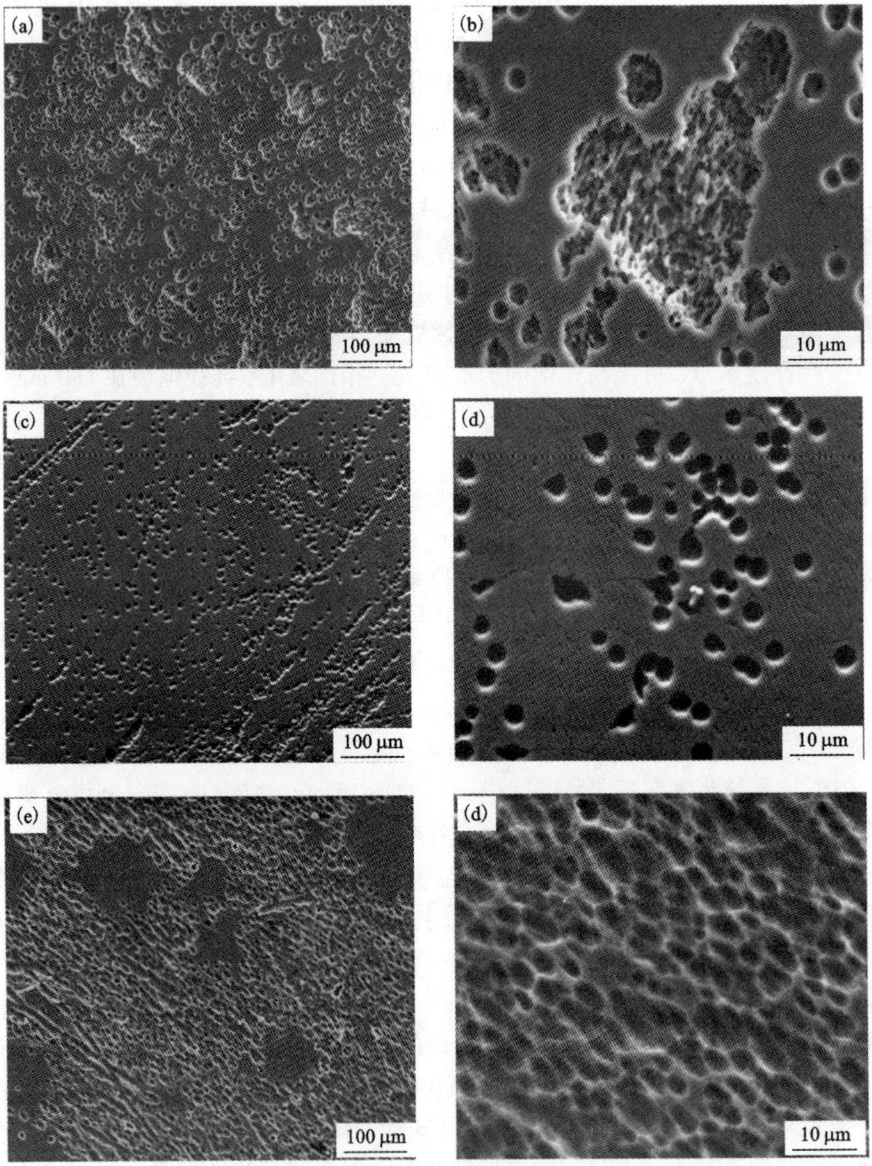

图4－24　不同镁电极在180 mA/cm^{2}电流密度下放电5 s后清除产物的表面形貌二次电子像

(a) AP65镁合金电极；(b) 放大的(a)；(c) AP65I1镁合金电极；

(d) 放大的(c)；(e) 纯镁电极；(f) 放大的(e)

Fig. 4－24　Secondary electron (SE) images of magnesium electrodes discharged at 180 mA/cm^2 for 5 s in 3.5% NaCl solution at 25℃ after removing the discharge products: (a) Mg－Al－Pb alloy, (b) closed－up view of (a), (c) Mg－Al－Pb－In alloy, (d) closed－up view of (c), (e) pure magnesium, and (f) closed－up view of (e)

面积，使其具有较强的放电活性和较平稳的放电电位。而纯镁的放电产物较为致密[图 4－25(c)]，难以从电极表面剥落，导致其活性反应面积较小，在大电流密度下电位随放电时间的延长正移，与图 4－23(c)所示的结果一致。

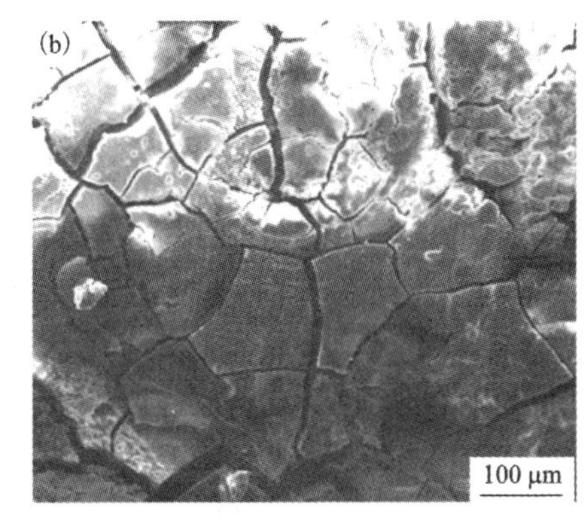

图 4－25　AP65 (a)、AP65I1(b)镁合金和纯镁(c)电极在 25℃的 3.5%氯化钠溶液中于 180 mA/cm² 电流密度下放电 600 s 后电极表面形貌的二次电子像

Fig. 4－25　Secondary electron (SE) images of surface morphologies of AP65 (a), AP65I1 (b) magnesium alloys, and pure magnesium (c) electrodes after galvanostatic discharge at the current density of 180 mA/cm² for 600 s in 3.5% NaCl solution at 25℃

图 4－26 所示为 AP65、AP65I1 镁合金以及纯镁电极在 300 mA/cm² 电流密度下放电 3 h 后产物的 X 射线衍射谱。可以看出，AP65 和 AP65I1 镁合金电极的放电产物主要为 $Mg(OH)_2$ 和 $2Mg(OH)_2 \cdot Al(OH)_3$。此外，氯化钠也存在于放电产物中，且 AP65I1 镁合金电极放电产物的氯化钠峰比 AP65 的强，表明铟的添加有利于放电产物氢氧化镁与氯化钠相结合，从而可以将难溶的氢氧化镁转变为易溶的氯化镁[44, 110－112]，加速放电产物的剥落，导致合金放电活性增强，这一结果与

图4-24(d)和图4-25(b)一致。相比之下，纯镁电极的放电产物仅为氢氧化镁，不含氯化钠的峰。因此，氢氧化镁难以与氯化钠结合而溶解，在电极表面形成致密的放电产物[图4-25(c)]，导致纯镁电极放电活性较弱。

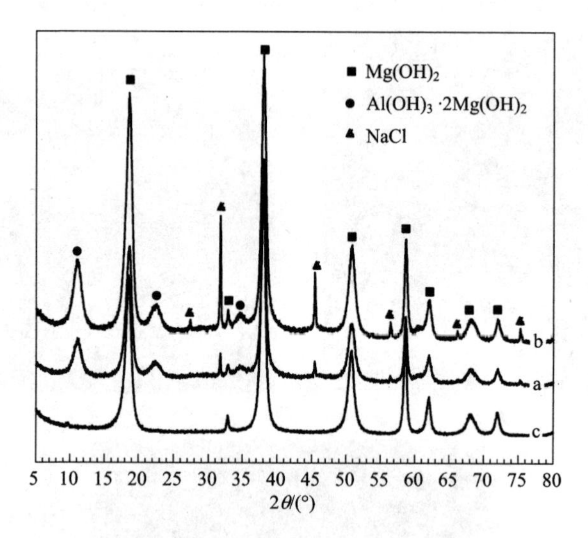

图4-26 AP65(a)、AP65I1(b)镁合金和纯镁(c)电极在25℃的3.5%氯化钠溶液中于300 mA/cm² 电流密度下放电3 h后产物的X射线衍射谱

Fig. 4-26 X-ray diffraction (XRD) patterns for the discharge products of AP65 (a), AP65I1 (b) magnesium alloys, and pure magnesium (c) electrodes after galvanostatic discharge at 300 mA/cm² for 3 h in 3.5% NaCl solution at 25℃

4.8.5 阳极利用率及放电过程中电极的腐蚀行为

表4-11所列为AP65、AP65I1镁合金和纯镁电极在25℃的3.5%氯化钠溶液中于不同电流密度下恒电流放电时的阳极利用率，表中数据为三组平行实验的平均值，误差为平行实验的标准偏差。可以看出，在10 mA/cm² 电流密度下AP65I1镁合金电极的利用率为(41.4±1.1)%，比纯镁、AP65、AP65Z1(表4-3)和AP65S1(表4-7)的都要低。因此，往AP65镁合金电极中添加1%的铟不利于提高电极在小电流密度下(10 mA/cm²)恒电流放电时的阳极利用率。根据图4-23(b)和表4-10可知，铟的添加能维持电极在10 mA/cm² 电流密度下较强的放电活性，放电过程中电极将发生较为迅速地溶解，在电极表面附近的电解液中形成大量In^{3+}离子。由于电极表面在放电过程中的析氢副反应速度和外加电流密度成正比[51]，因此在10 mA/cm² 电流密度下电极表面的析氢速度比在180 mA/cm² 和300 mA/cm² 电流密度下的要小，氢气对电极表面附近电解液的“搅动”

作用不强烈，将导致大量In^{3+}离子在表面附近的电解液中聚集。这些In^{3+}离子由于具有较强的氧化性[52]，能夺走镁电极的电子而自身被还原，这一过程势必导致镁电极利用率降低。此外，根据图4-27(a)所示低倍下AP65I1镁合金电极在10 mA/cm^{2}电流密度下放电10 h后清除产物的电极表面形貌二次电子像可知，AP65I1镁合金电极的表面凹凸不平，表明电极局部溶解较为严重，将导致大块金属颗粒从电极表面脱落。图4-27(b)所示高倍下该电极表面形貌的二次电子像则清晰揭示出大块金属颗粒脱落后在电极表面留下的凹坑。基于以上分析，在10 mA/cm^{2}电流密度下AP65I1镁合金电极具有相对较低的阳极利用率，这一缺陷可以通过往电解液中引入添加剂弥补[8,9]。此外，由于AP65和AP65I1镁合金主要作阳极用于大功率电池，且这些电池在不使用时储存于干燥环境中，只有当使用时电解液才灌入电池体系，因此在小电流密度下这些镁合金的阳极利用率不是十分重要。相比之下，纯镁电极在10 mA/cm^{2}电流密度下溶解相对均匀，无大块金属颗粒脱落[图4-27(c)]，因而具有较高的阳极利用率。

表4-11　AP65和AP65I1镁合金电极在25℃的3.5% NaCl溶液中于不同电流密度下恒电流放电时的阳极利用率

Table 4-11　Utilization efficiencies of AP65 and AP65I1 magnesium alloy electrodes during galvanostatic discharge at different current densities in 3.5% NaCl solution at 25℃

镁电极	阳极利用率 η/%		
	10 mA/cm^2, 10 h	180 mA/cm^2, 1 h	300 mA/cm^2, 1 h
AP65	46.5 ±1.9	82.1 ±1.0	81.7 ±0.9
AP65I1	41.4 ±1.1	87.7 ±1.9	83.3 ±0.5
纯镁	55.6 ±0.1	64.0 ±0.5	62.2 ±0.5

当外加电流密度为180 mA/cm^{2}时，AP65I1镁合金电极的阳极利用率可达(87.7 ±1.9)%，比纯镁、AP65、AP65Z1(表4-3)和AP65S1(表4-7)的都要高，表明往AP65镁合金电极中添加1%的铟有利于提高电极在180 mA/cm^{2}电流密度下放电时的利用率。这是因为在180 mA/cm^{2}电流密度下电极表面的析氢副反应速度比在10 mA/cm^{2}电流密度下的要大，氢气对电极表面附近电解液的"搅动"作用比较剧烈，有利于放电过程中溶解的In^{3+}离子远离电极表面，从而削弱In^{3+}离子对镁电极的氧化作用，提高电极的阳极利用率。而且铟具有较高的析氢过电位[113]，能抑制大电流密度放电时电极表面的析氢副反应，导致电极利用率的提高。此外，根据图4-21(b)所示的金相照片可知铟能细化AP65镁合金的晶粒，导致晶界数量增加，析氢副反应得到抑制因而利用率较高。相比之下，纯镁

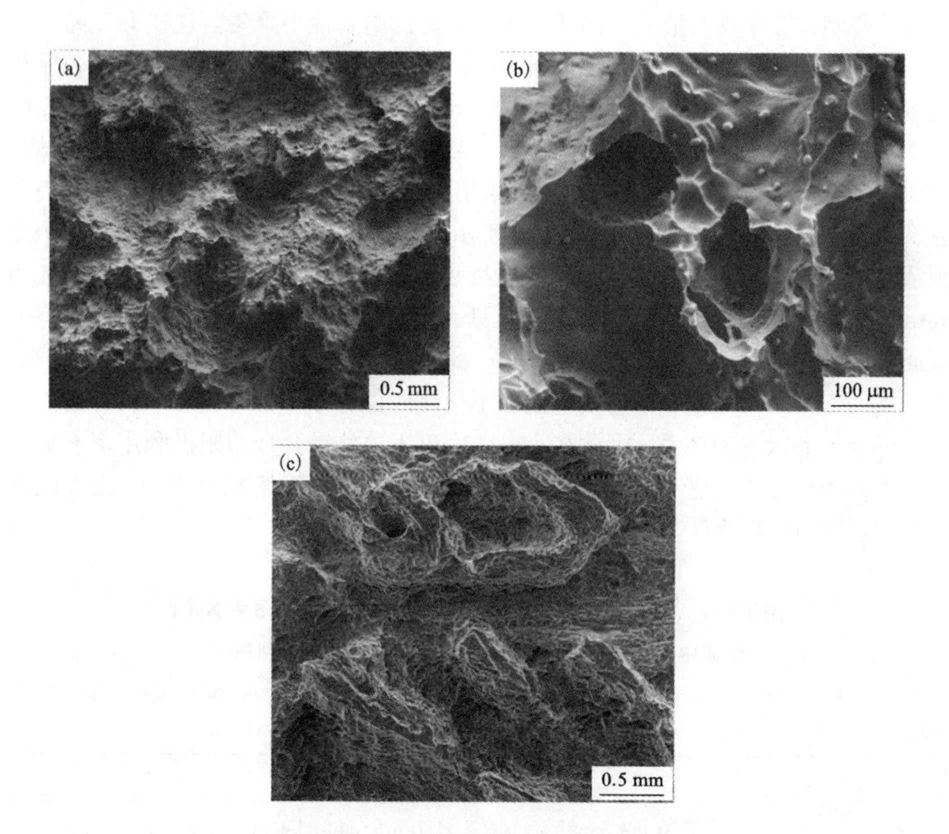

图 4-27 不同镁电极在 25℃的 3.5%氯化钠溶液中于 10 mA/cm² 电流密度下放电 10 h 后清除产物的电极表面形貌二次电子像

(a) 低倍的 AP65I1 电极；(b) 放大的(a)；(c) 低倍的纯镁电极

Fig. 4-27 Secondary electron (SE) images of surface morphologies of magnesium electrodes discharged at the current density of 10 mA/cm² for 10 h in 3.5% NaCl solution at 25℃ after removing the discharge products: (a) macrograph of AP65I1 magnesium alloy, (b) closed-up view of (a), and (c) macrograph of pure magnesium

晶粒较大且无合金元素存在，在大电流密度下不能有效抑制氢气的析出，因而其阳极利用率较低。根据图 4-28(a)所示低倍下 AP65I1 镁合金电极在 180 mA/cm²电流密度下放电 1 h 后清除产物的电极表面形貌二次电子像可知，AP65I1 镁合金电极的表面较为平坦，表明电极在该电流密度下发生均匀溶解，无大块金属颗粒脱落的现象。图 4-28(b)所示高倍下该电极表面形貌的二次电子像则表明在 180 mA/cm²电流密度下放电时 AP65I1 镁合金电极仅有细小的金属颗粒发生脱落(箭头所示)，因此该电极拥有相对较高的阳极利用率。

当外加电流密度为 300 mA/cm²时，AP65I1 镁合金电极的利用率为(83.3 ±

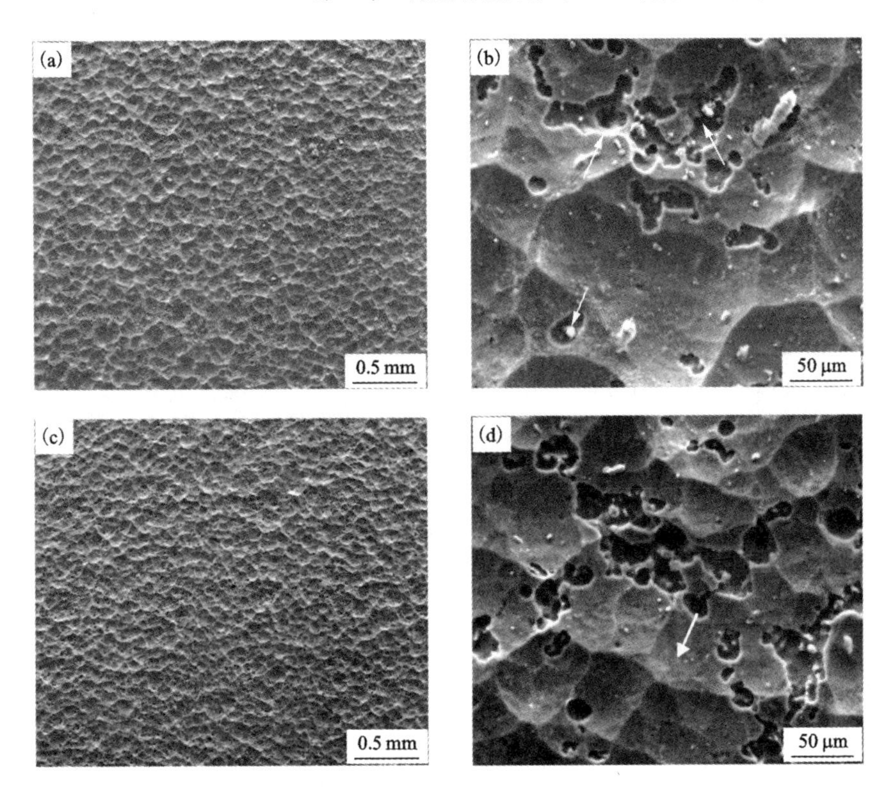

图 4 – 28　AP65I1 镁合金电极在 25℃的 3.5%氯化钠溶液中于不同电流密度下恒电流放电 1 h 后清除产物的电极表面形貌二次电子像

(a) 180 mA/cm^2; (b) 放大的(a); (c) 300 mA/cm^2; (d) 放大的(c)

Fig. 4 – 28　Secondary electron (SE) images of surface morphologies of AP65I1 magnesium alloy electrode discharged at different current densities for 1 h in 3.5% NaCl solution at 25℃ after removing the discharge products: (a) 180 mA/cm^2, (b) closed – up view of (a), (c) 300 mA/cm^2, and (d) closed – up view of (c)

0.5)%，低于该电极在 180 mA/cm^{2}时的利用率，表明往 AP65 镁合金电极中添加 1% 的铟不利于抑制镁电极的负差数效应(NDE)，这一结果与添加 1% 的锌类似。AP65I1 镁合金电极利用率的降低与点蚀孔的形成有关。根据图 4 – 28(c)所示低倍下 AP65I1 镁合金电极在 300 mA/cm^{2}电流密度下放电 1 h 后清除产物的电极表面形貌二次电子像可知，该电极的表面没有在 180 mA/cm^{2}电流密度下放电时[图 4 – 28(a)]的平坦。结合图 4 – 28(d)所示高倍下 AP65I1 镁合金电极表面形貌的二次电子像可以发现，在 300 mA/cm^{2}电流密度下放电时电极已发生明显的点蚀，在电极表面留下很多较深的点蚀孔，与图 4 – 24(d)一致。这一结果势必导致电极利用率降低。尽管如此，AP65I1 镁合金电极在 300 mA/cm^{2}电流密度下仍拥有比纯镁、AP65、AP65Z1(表 4 – 3)和 AP65S1(表 4 – 7)更高的阳极利用率。

4.8.6 电化学阻抗谱

图4-29(a)所示为AP65、AP65I1镁合金和纯镁电极在25℃的3.5%氯化钠溶液中于开路电位下电化学阻抗谱的Nyquist图，图4-29(b)所示为这三种镁电极对应的Bode图。可以看出，三种镁电极在高频和中频区表现出相似的电化学阻抗行为，即均存在一个直径较大的、与电荷转移电阻 R_t 和双电层电容 C_{dl} 相关的容抗弧，该容抗弧对应于Bode图中高频和中频区较大的相位角峰[图4-29(c)]。相比之下，AP65I1镁合金电极的容抗弧直径比AP65和纯镁的小，结合图4-29(c)所示的Bode图可知在整个频率范围内AP65I1镁合金电极的阻抗膜值都小于AP65镁合金和纯镁电极。这一结果表明AP65I1拥有较小的电荷转移电阻和较强的活性，有利于电极在腐蚀电位下的活化溶解，与表4-9所列三种电极的腐蚀电流密度大小关系一致。但在低频区，AP65I1与其他两种镁电极表现出不同的电化学阻抗行为。根据图4-29(a)所示的Nyquist图可知，AP65镁合金和纯镁电极在低频区为一个直径较小的容抗弧，而AP65I1镁合金电极在低频区先是出现一个感抗弧，随频率的继续降低则出现一个直径较小的容抗弧。该容抗弧和感抗弧分别对应于Bode图中AP65I1电极在低频区上凸和下凸的相位角峰。如前所述，低频区的容抗弧与沉积在电极表面的氢氧化镁膜有关，而感抗弧则与电极表面局部腐蚀(如点蚀)的诱导期有关。因此，AP65I1镁合金在氯化钠溶液中的电极过程受活化控制、局部溶解所形成的凹坑(或点蚀孔)控制和沉积在电极表面的氢氧化镁膜控制。

采用Z-view软件并结合图4-30(a)和(b)所示的等效电路分别拟合AP65I1镁合金和纯镁电极的电化学阻抗谱。在图4-30(a)中，等效电阻 R_L 与电感 L 串联，再与电荷转移电阻 R_t 和代表双电层电容的常相位角元件 CPE_{dl} 并联，氢氧化镁膜电阻 R_f 与氢氧化镁膜电容 C_f 并联，然后以上两个并联电路再与溶液电阻 R_s 串联在一起，构成反映整个AP65I1电极过程的等效电路。在图4-30(b)中，氢氧化镁膜电阻 R_f 与代表氢氧化镁膜电容的常相位角元件 CPE_f 并联，电荷转移电阻 R_t 与代表双电层电容的常相位角元件 CPE_{dl} 并联，然后两者再与溶液电阻 R_s 串联在一起，构成反映整个纯镁电极过程的等效电路。表4-12所列为拟合电化学阻抗谱得到的各电化学元件参数值，可以看出AP65I1镁合金电极的 R_L 值为220 $\Omega\cdot cm^2$，比AP65S1的小(表4-8)，表明AP65I1发生点蚀的倾向比AP65S1的大。这一点可从两种电极在300 mA/cm^2 电流密度下放电1 h后清除产物的表面形貌得到证实，AP65I1已发生明显的点蚀[图4-28(d)]，而AP65S1则点蚀不明显[图4-17(d)]。但AP65I1镁合金电极的 R_L 值仍大于其 R_t 值(88 $\Omega\cdot cm^2$)，因此相比电极的活化溶解而言，点蚀仍较难发生。此外，AP65I1镁合金电极拥有比AP65、AP65Z1(表4-4)和AP65S1(表4-8)更小的 R_t 值，表明

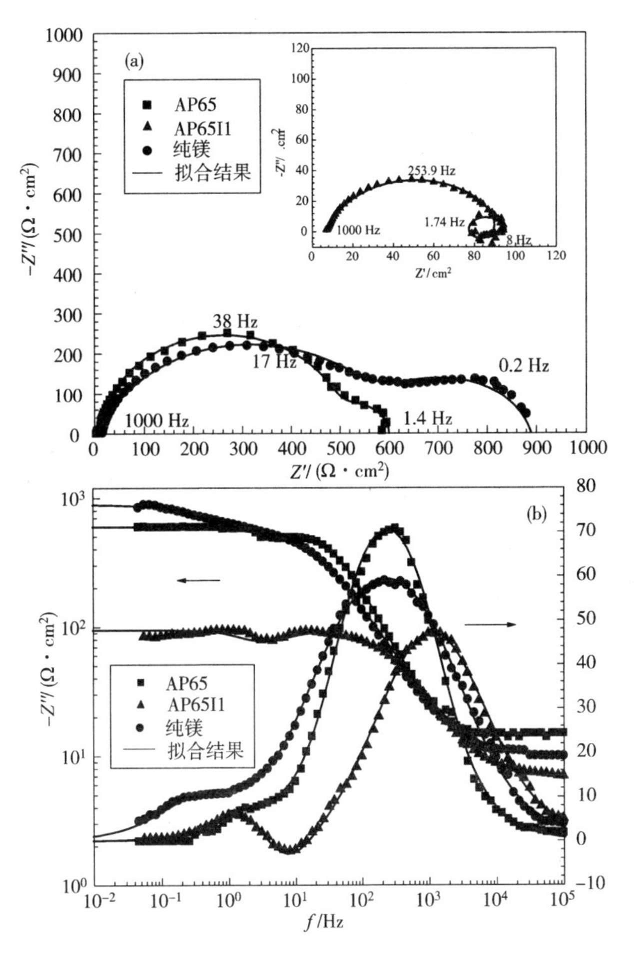

图4－29　AP65、AP65I1镁合金和纯镁电极在25℃的3.5%氯化钠溶液中的电化学阻抗谱

(a) Nyquist 图；(b) Bode 图

Fig. 4 － 29　Electrochemical impedance spectra of AP65, AP65I1 magnesium alloys, and pure magnesium electrodes in 3.5% NaCl solution at 25℃: (a) Nyquist plot, (b) Bode plot

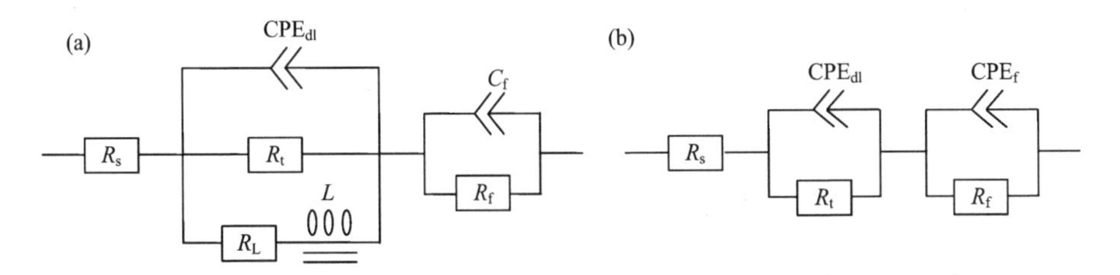

图4－30　根据电化学阻抗谱得到的AP65I1镁合金(a)和纯镁(b)电极的等效电路图

Fig. 4 － 30　Equivalent circuit of AP65I1 magnesium alloy (a) and pure magnesium (b) electrode corresponding to the EIS result

AP65I1 拥有较强的活性。因此，往 AP65 镁合金中添加 1% 的铟有利于减小其电荷转移电阻，促进电极在腐蚀电位下的活化溶解，使其活性得到增强。根据式(4-6)将 AP65I1 镁合金和纯镁电极的 Y_{dl} 值换算成纯电容 C_{dl} 值，然后根据式(4-4)计算两种电极双电层电容的时间常数 τ_{dl}。两者氢氧化镁膜电容的时间常数 τ_f 和感抗弧所对应的时间常数 τ_L 的计算同 AP65S1，以上时间常数列于表 4-12 中。可以看出，AP65I1 镁合金电极的 τ_{dl} 比 AP65 和 AP65S1 的小(表 4-8)，表明该电极表面双电层的建立和充电过程能很快进入稳态，可能有利于电极的迅速激活。此外，AP65I1 的 τ_f 比 AP65 的大，因此 AP65I1 电极表面氢氧化镁膜的形成和溶解达到平衡所需的时间较长，可能与该电极活性较强、表面氢氧化镁膜溶解较快有关。与 AP65S1 镁合金电极相比，AP65I1 的 τ_L 较小，因此 AP65I1 电极表面点蚀的诱发进入稳态所需的时间较短，有利于点蚀的产生。相比之下，纯镁电极的 τ_{dl} 和 τ_f 均最小，表明其电极过程很快进入稳态，无需激活。这一观点与图 4-23(c)内插图所示纯镁放电初期的电位-时间曲线一致。

表 4-12 拟合电化学阻抗谱所得的 AP65 和 AP65I1 镁合金电极的电化学参数

Table 4-12 Electrochemical parameters of AP65 and AP65I1 magnesium alloy electrodes obtained by fitting the electrochemical impedance spectra

镁电极	R_s /(Ω·cm²)	R_t /(Ω·cm²)	Y_{dl} /(Ω⁻¹·cm⁻²·sⁿ)	n_{dl}	R_f /(Ω·cm²)	R_L /(Ω·cm²)
AP65	15	485	8×10^{-6}	1	100	—
AP65I1	7	88	2.7×10^{-5}	0.83	25	220
纯镁	10	580	3.7×10^{-5}	0.81	300	—

镁电极	Y_f /(Ω⁻¹·cm⁻²·s)	L/(Ω·cm²·s)	n_{dl}	τ_{dl} /s	τ_f /s	τ_L /s
AP65	9×10^{-4}	—	1	3.9×10^{-3}	1.1×10^{-1}	—
AP65I1	4.5×10^{-3}	6	0.83	6.8×10^{-4}	0.8×10^{-1}	2.7×10^{-2}
纯镁	2×10^{-3}	—	0.81	1.5×10^{-5}	1.9×10^{-3}	—

4.8.7 镁/空气电池的性能

图 4-31 所示为镁/空气电池的放电性能，包括输出电压和功率密度随外加电流密度变化的关系曲线。这些电池的阳极为 AP65、AP65I1 镁合金和纯镁电极，阴极为商用二氧化锰空气电极，电解液为 3.5% 氯化钠溶液。可以看出，以 AP65 和 AP65I1 镁合金作阳极的电池具有接近的开路电压(1.8 V)，且两者都比以纯镁作阳极的电池高。随着外加电流密度的增大，三个电池的电压均下降，以 AP65I1

镁合金作阳极的镁/空气电池具有最高的输出电压，而以纯镁作阳极的电池则电压最低。此外，在相似的放电条件下，以 AP65 和 AP65I1 作阳极的镁/空气电池均具有比以 AZ31 和 Mg - Li - Al - Ce 合金作阳极的镁/空气电池更高的输出电压[13]。图 4 - 31 同样表明，以 AP65I1 镁合金作阳极的镁/空气电池与其他两种电池相比具有更高的功率密度，尤其是当电流密度超过 50 mA/cm^2 时，这一现象更明显。此外，以 AP65I1 镁合金作阳极的电池其峰值功率密度高达 94.5 mW/cm^2，这一数值接近于以 Mg - Li 基合金作阳极的镁/过氧化氢半燃料电池[8,9]。电池放电性能的提高得益于 AP65I1 镁合金在大电流密度下较强的放电活性和较高的阳极利用率。因此，AP65I1 镁合金是一种理想的用于大功率镁/空气电池阳极的材料。

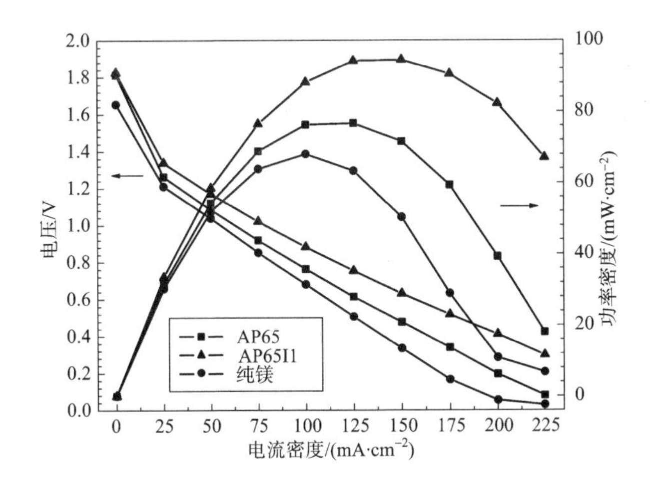

图 4 - 31　镁/空气电池的放电性能

阳极：AP65、AP65I1 镁合金和纯镁；阴极：以 MnO_2 作催化剂的商用空气电极；电解液：3.5% 的氯化钠溶液（25℃）

Fig. 4 - 31　Performance comparison of Mg - air batteries with different anodes. Anode: AP65, AP65I1 magnesium alloys, and pure magnesium. Cathode: commercial air electrode with MnO_2 catalyst. Electrolyte: 3.5% NaCl solution at 25℃

4.9　锰对 AP65 镁合金电化学行为的影响

4.9.1　锰含量对 AP65 镁合金放电活性的影响

在镁合金阳极中，锰也是一种常用的合金元素。锰的一个重要作用就是减小或消除杂质元素铁对镁阳极带来的负面影响[114]。由于铁具有比镁更高的电极电位，可以与镁基体形成腐蚀微电偶而加速基体的腐蚀，导致镁电极在放电过程中析氢严重，阳极利用率降低。在镁阳极的熔炼铸造过程中合金元素锰能将杂质元素铁包裹起来[114]，消除铁对镁的电偶作用；而且锰与铁能形成金属间化合物沉淀到熔体底部而不被带入到铸锭中[114]，从而降低铁在镁中的含量，减小其对镁阳极的危害。此外，适量的锰能增强镁电极的放电活性[5]。图 4 - 32 所示为 AP65 镁合金电极在 25℃的 3.5% 氯化钠溶液中于 180 mA/cm² 电流密度下放电 600 s 的平均放电电位随电极中锰含量的变化关系。可以看出，随锰含量的增加 AP65 镁合金电极的平均放电电位负移，当锰含量达到 0.6% 时电位最负，为 -1.690 V(vs SCE)，与 AP65I1 镁合金电极一样，表现出较强的放电活性。此后随锰含量的增加放电电位正移，放电活性减弱。因此下面具体研究添加 0.6% 锰的 AP65 镁合金电极的电化学行为，将该合金电极命名为 AP65M0，并与未添加锰的 AP65 镁合金进行对比，得出锰对 AP65 镁合金电化学行为的影响。

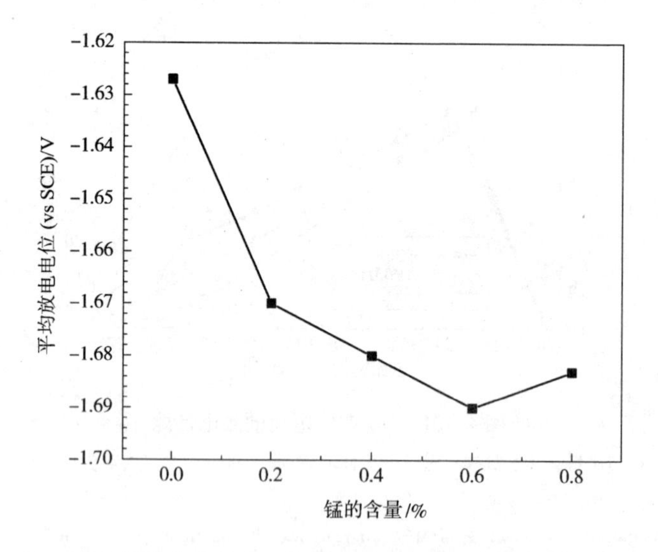

图 4 - 32　AP65 镁合金电极在 25℃的 3.5%氯化钠溶液中于 180 mA/cm² 电流密度下放电 600 s 的平均放电电位随电极中锰含量的变化关系

Fig. 4 - 31　Average discharge potential of AP65 magnesium alloy electrode during galvanostatic discharge at the current density of 180 mA/cm² for 600 s in 3.5% NaCl solution at 25℃ as a function of manganese content in the alloy electrode

4.9.2　显微组织

图 4 - 33(a)和(b)所示分别为 AP65 和 AP65M0 镁合金的金相照片。可以看出，经均匀化退火后这两种镁合金均表现为等轴晶组织，且在该视场下晶粒的大

小差别不明显，此外在 AP65M0 镁合金中分布有一些黑色的第二相颗粒。图 4 -34(a)和(b)所示分别为另一个视场中 AP65 和 AP65M0 镁合金的扫描电镜背散射像，可以看出在该视场下 AP65M0 镁合金的晶粒比 AP65 的小，且在扫描电镜背散射像下这些第二相颗粒呈白色。

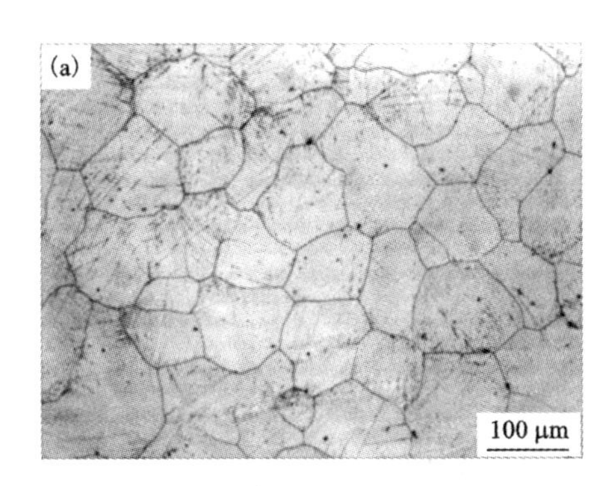

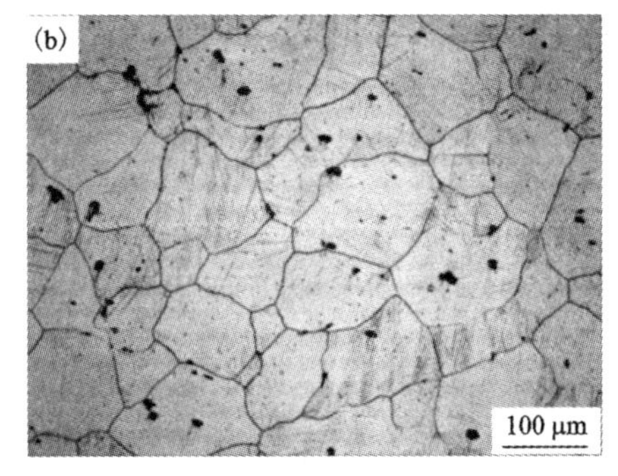

图 4 -33　AP65(a)和 AP65M0(b)镁合金的金相照片

Fig. 4 -32　Optical micrographs of AP65 (a) and AP65M0 (b) magnesium alloys

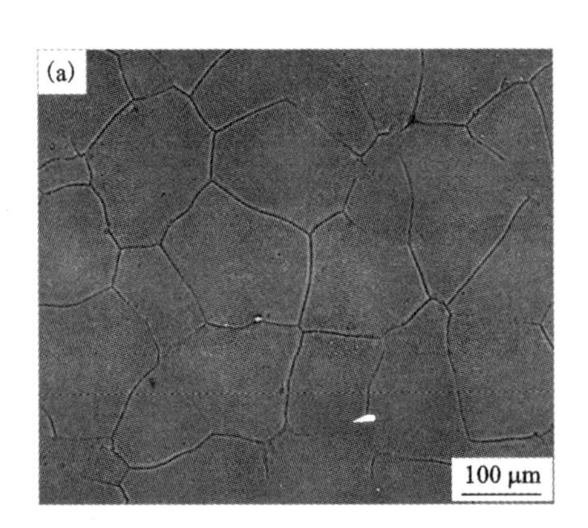

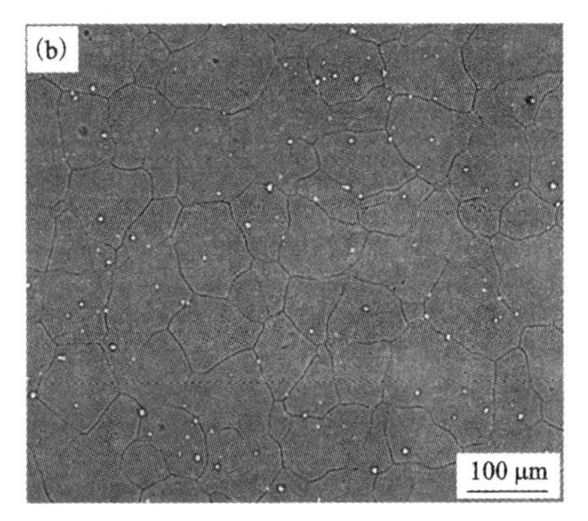

图 4 -34　AP65(a)和 AP65M0(b)镁合金的背散射像

Fig. 4 -33　Backscattered electron (BSE) images of AP65 (a) and AP65M0 (b) magnesium alloys

图 4 -35 所示为 AP65M0 镁合金中的第二相在电子探针下的背散射像，其中图 4 -35(a)和(b)中第二相所在的视场对应于图 4 -33(b)的金相照片，而图 4 -35(c)中第二相所在的视场则对应于图 4 -34(b)的背散射像。可以看出，第二相均为白色，且图 4 -35(a)和(b)中的第二相分别呈杆状和多边形状，而图 4 -35(c)中的第二相则呈球状。结合表 4 -13 所列的第二相电子探针成分分析结果可知，图 4 -35(a)和(b)中杆状和多边形状的第二相为 Al_8Mn_5，而图 4 -35(c)中球状的第二相为 $Al_{11}Mn_4$。根据本章的实验部分可知，在 AP65M0 镁合金中

锰以 Al-30% Mn 中间合金的形式加入，该中间合金本身含一系列的 Al-Mn 相[115]，且这些 Al-Mn 相具有较高的熔点和热稳定性[116]，在熔炼铸造过程中主要以悬浮颗粒的形式存在于镁液中，并随镁液的凝固而存留于镁基体。由于 Al-Mn相的熔点比 β-$Mg_{17}Al_{12}$高[116]，在均匀化退火过程中这些 Al-Mn 相很难发生溶解，因此在 AP65M0 镁合金的基体中分布有许多 Al_8Mn_5和 $Al_{11}Mn_4$相颗粒。此外，从表 4-13 还可以看出在 Al_8Mn_5和 $Al_{11}Mn_4$相颗粒中存在一定含量的杂质元素铁，表明熔炼铸造过程中加入 Al-30% Mn 中间合金确实起到包裹杂质元素铁的作用。

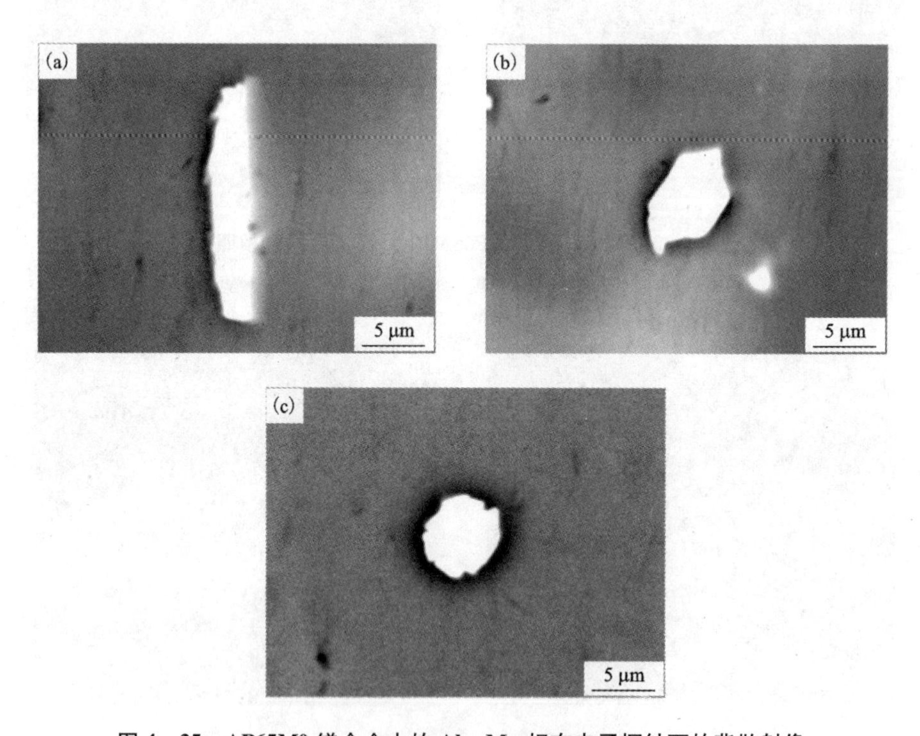

图 4-35　AP65M0 镁合金中的 Al-Mn 相在电子探针下的背散射像

(a) Al_8Mn_5; (b) Al_8Mn_5; (c) $Al_{11}Mn_4$

Fig. 4-34　Backscattered electron (BSE) images of Al-Mn phases in AP65M0 magnesium alloy under EPMA system: (a) Al_8Mn_5, (b) Al_8Mn_5, and (c) $Al_{11}Mn_4$

表 4 - 13　AP65M0 镁合金中各 Al - Mn 相的电子探针成分分析结果（物质的量分数，%）

Table 4 - 13　EPMA analysis results of Al - Mn phases in AP65M0 magnesium alloy (mole fraction, %)

Al - Mn 相	合金元素				
	Mg	Al	Pb	Mn	Fe
$Al_{11}Mn_4$	7.0	67.3	≤0.003	25.5	≤0.2
Al_8Mn_5	0.7	56.8	≤0.006	42.3	≤0.3

根据图 4 - 33 的金相照片和图 4 - 34 的扫描电镜背散射像，并结合表 4 - 13 所列的第二相成分分析结果可知，在 AP65M0 镁合金中 Al_8Mn_5 相对其晶粒的细化起不到明显作用（图 4 - 33），但 $Al_{11}Mn_4$ 相则能细化镁合金的晶粒（图 4 - 34）。这是因为 $Al_{11}Mn_4$ 相是在熔炼铸造过程中由 Al - 30% Mn 中间合金中的 ε - AlMn 相转变而来[115]，该 ε - AlMn 相为亚稳定相，具有密排六方晶格结构和类似镁基体的点阵常数[115, 117]，能作为镁液凝固过程中非均匀形核的核心，导致晶粒的细化。而 Al_8Mn_5 相同样具有密排六方晶格结构，但点阵常数和镁基体差别较大[118]，难以作为镁液非均匀形核的核心，因此对镁合金晶粒的细化起不到明显的作用。此外，在熔炼铸造过程中悬浮于镁液中的 Al - Mn 相颗粒在镁液中分布并不均匀，某些区域 ε - AlMn 相多而其他区域则是 Al_8Mn_5 相多，导致 AP65M0 镁合金晶粒的大小存在局部不均匀现象。

4.9.3　动电位极化

图 4 - 36 所示为 AP65 和 AP65M0 镁合金电极在 25℃ 的 3.5% 氯化钠溶液中的动电位极化曲线。可以看出，AP65M0 镁合金电极的动电位极化过程同样受活化控制，且具有和 AP65 比较接近的腐蚀电位，表明添加 0.6% 的锰对 AP65 镁合金电极的腐蚀电位无明显影响。此外，在整个电压范围内 AP65M0 镁合金电极表现出与 AP65 不同的动电位极化行为。在阴极极化区，AP65M0 镁合金电极的电流密度比 AP65 的大，且大于 AP65Z1（图 4 - 4）、AP65S1（图 4 - 13）和 AP65I1（图 4 - 22）镁合金电极在相同阴极电位下的电流密度，表明添加 0.6% 的锰能促进 AP65 镁合金电极在阴极极化过程中的析氢反应。这是因为在 AP65M0 镁合金电极中存在许多 Al - Mn 相颗粒，如 Al_8Mn_5 和 $Al_{11}Mn_4$，这些 Al - Mn 相颗粒具有比镁基体大约正 300 mV 的电极电位[119]，能作为强阴极相加速阴极极化过程中电极表面的析氢反应[119, 120]，且氢气主要在这些 Al - Mn 相上析出。在阳极极化区，AP65M0 镁合金电极的电流密度同样比 AP65 的大，表明添加 0.6% 的锰能加速 AP65 镁合金电极在阳极极化过程中的活化溶解。但与 AP65Z1（图 4 - 4）、

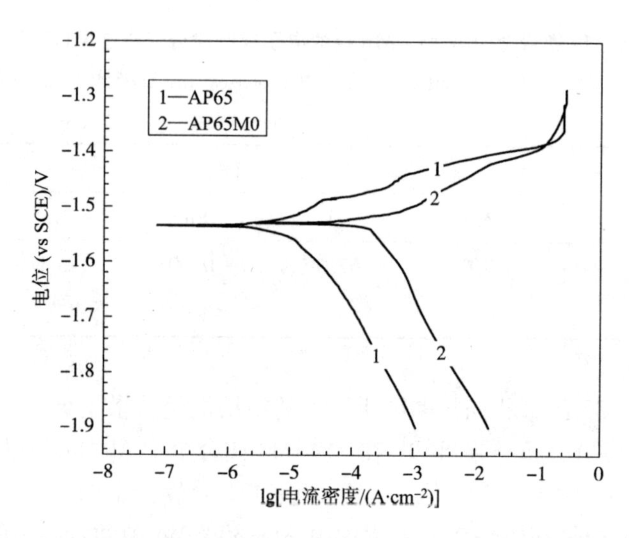

图 4-36　AP65 和 AP65M0 镁合金电极在 25℃的 3.5%氯化钠溶液中的动电位极化曲线

Fig. 4-35　Potentiodynamic polarization curves of AP65 and AP65M0 magnesium alloy electrodes in 3.5% NaCl solution at 25℃

AP65S1(图 4-13)和 AP65I1(图 4-22)镁合金电极相比，AP65M0 在阳极极化时电流密度随电位正移而增大的速度相对较小，可能不利于电极在大电流密度下放电时的迅速激活。根据极化曲线采用 Tafel 外推法得到这两种镁合金电极的腐蚀电流密度，其外推过程同2.4.1，腐蚀电流密度列于表4-14。这些腐蚀电流密度为三组平行实验的平均值，误差为平行实验的标准偏差。可以看出，AP65M0 镁合金电极的腐蚀电流密度为(216.5 ± 21.9) $\mu A/cm^2$，大于 AP65 的腐蚀电流密度，且比前面提到的 AP65Z1(表 4-1)、AP65S1(表 4-5)和 AP65I1(表 4-9)镁合金电极的腐蚀电流密度都要大。这一结果表明添加 0.6% 的锰能促进 AP65 镁合金电极在腐蚀电位下的活化溶解。

表 4-14　AP65 和 AP65M0 镁合金电极的腐蚀电位(E_{corr})和腐蚀电流密度(J_{corr})

Table 4-14　Corrosion potentials (E_{corr}) and corrosion current densities (J_{corr}) of AP65 and AP65M0 magnesium alloy electrodes

镁电极	腐蚀电位 (vs SCE)/V	腐蚀电流密度/($\mu A \cdot cm^{-2}$)
AP65	-1.534	23.5 ± 6.8
AP65M0	-1.529	216.5 ± 21.9

4.9.4　恒电流放电

图 4－37(a)和(b)所示分别为 AP65 和 AP65M0 镁合金电极在 25℃的 3.5%氯化钠溶液中于不同电流密度下恒电流放电时的电位－时间曲线。表 4－15 所列为这两种镁合金电极在不同电流密度下放电 600 s 的平均放电电位。结合图 4－37和表 4－15 可知，这两种镁合金电极表现出不同的恒电流放电行为。在 10 mA/cm^{2}电流密度下，AP65M0 镁合金电极放电平稳且激活时间较短，其平均放电电位为－1.767 V (vs SCE)，比 AP65 的正，表明添加 0.6%的锰不利于增强 AP65 镁合金电极在小电流密度下(10 mA/cm^2)的放电活性。这可能是由于 AP65M0 镁合金电极中的 Al－Mn 相在 10 mA/cm^{2}电流密度下不易发挥其强阴极相的作用而促进放电过程的缘故。

当外加电流密度为 180 mA/cm^{2}和 300 mA/cm^{2}时，AP65M0 镁合金电极放电平稳且放电电位比同一电流密度下 AP65 的负，但激活时间相对较长。结合表 4－15可知，在 180 mA/cm^{2}和 300 mA/cm^{2}电流密度下 AP65M0 镁合金电极的平均放电电位分别达到－1.690 V 和－1.624 V(vs SCE)，表现出较强的放电活性，尤其是在 300 mA/cm^{2}电流密度下，AP65M0 镁合金电极的平均放电电位比同一电流密度下 AP65、AP65Z1(表 4－2)、AP65S1(表 4－6)和 AP65I1(表 4－10)的负，表明往 AP65 镁合金电极中添加 0.6%的锰能提高该电极在大电流密度下(180 mA/cm^{2}和 300 mA/cm^2)恒电流放电时的活性。其原因可能是在大电流密度下有利于发挥 AP65M0 镁合金电极中 Al－Mn 相的强阴极相作用而加速镁基体的溶解，从而增强其放电活性。

表 4－15　AP65 和 AP65M0 镁合金电极在 25℃的 3.5% NaCl 溶液中于不同电流密度下恒电流放电 600 s 的平均放电电位

Table 4－15　Average discharge potentials of AP65 and AP65M0 magnesium alloy electrodes during galvanostatic discharge at different current densities for 600 s in 3.5% NaCl solution at 25℃

镁电极	平均放电电位 (vs SCE)/V		
	10 mA/cm^2	180 mA/cm^2	300 mA/cm^2
AP65	－1.797	－1.627	－1.546
AP65M0	－1.767	－1.690	－1.624

图 4－38(a)和(b)所示分别为 AP65M0 镁合金电极在 25℃的 3.5%氯化钠溶液中于 180 mA/cm^{2}电流密度下放电 5 s 后清除放电产物的电极表面形貌二次电子像和背散射像。根据图 4－38(a)的二次电子像可知 AP65M0 镁合金电极在 180

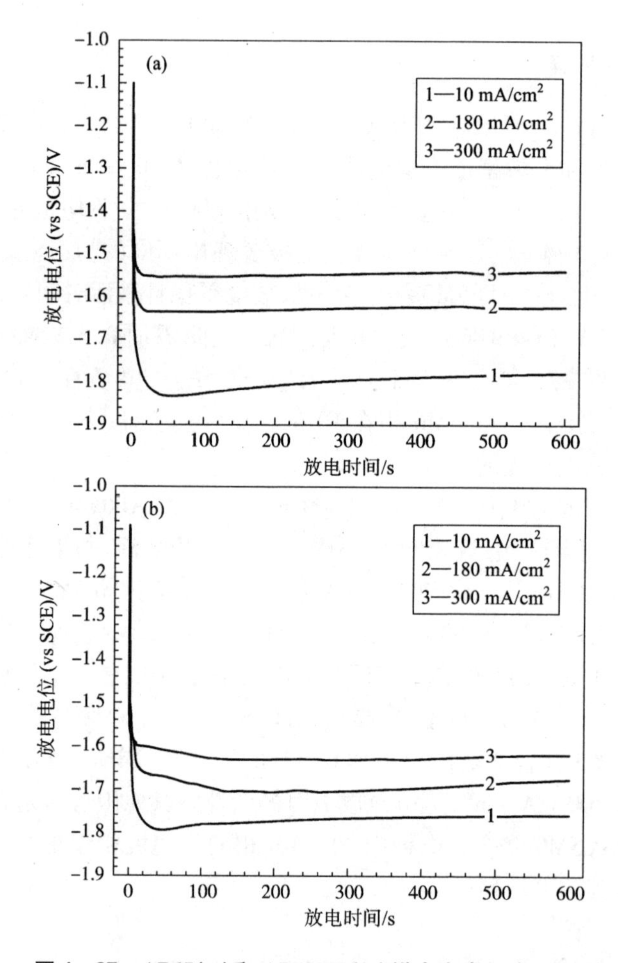

图 4－37　AP65(a)和 AP65M0(b)镁合金电极在 25℃的 3.5%氯化钠溶液中于不同电流密度下恒电流放电时的电位－时间曲线

Fig. 4－36　Galvanostatic potential－time curves of AP65 (a) and AP65M0 (b) magnesium alloy electrodes at different current densities in 3.5% NaCl solution at 25℃

mA/cm^2电流密度下放电时 Al－Mn 相的周围有较深的凹坑，这是由于微电偶作用而导致镁基体优先溶解的缘故。此外，部分 Al－Mn 像在放电过程中已脱落，其余 Al－Mn 相仍存在于电极表面，图 4－38(b)的背散射像则清晰揭示出 Al－Mn 相在电极表面的分布。因此，Al－Mn 相作为一种强阴极相能加速电极在 180 mA/cm^2电流密度下放电时镁基体的溶解，导致有更多的 Al^{3+} 和 Pb^{2+} 离子溶解在电解液中，如第 2 章所述该溶解的 Pb^{2+} 离子容易以铅的氧化物形式在电极表面沉积，这一过程有利于 Al^{3+} 离子以 $Al(OH)_3$的形式沉积，并以 $2Mg(OH)_2·Al(OH)_3$的形式剥落放电产物氢氧化镁，从而增强电极在大电流密度下的放电活性。

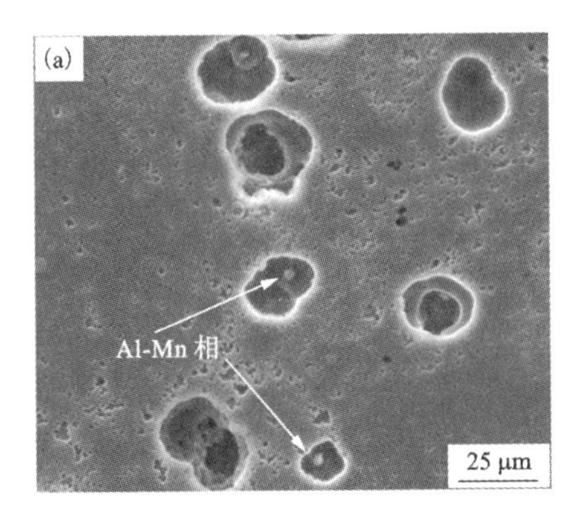

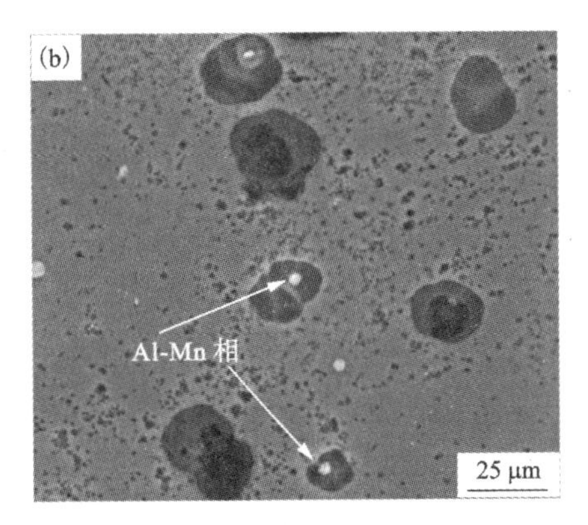

图4-38　AP65M0镁合金电极在25℃的3.5%氯化钠溶液中于180 mA/cm^{2}电流密度下放电5 s后清除产物的电极表面形貌二次电子像(a)和对应的背散射像(b)

Fig.4-37　Secondary electron (SE) image (a) and backscattered electron (BSE) image (b) of AP65M0 magnesium alloy electrode discharged at the current density of 180 mA/cm^2 for 5 s in 3.5% NaCl solution at 25℃ after removing the discharge products

图4-39(a)和(b)所示分别为AP65和AP65M0镁合金电极在3.5%氯化钠溶液中于180 mA/cm^{2}电流密度下放电600 s后电极表面形貌的二次电子像。可以看出，AP65M0镁合金电极表现出与AP65S1(图4-15)相似的表面形貌，即AP65M0的放电产物也呈龟裂的泥土状，且裂纹比AP65、AP65Z1[图4-6(b)]和AP65I1[图4-25(b)]的多，裂纹所围成的区域比AP65S1[图4-15(b)]的更小，部分区域甚至无放电产物覆盖。因此，在放电过程中AP65M0镁合金电极能维持较大的活性反应面积，电解液能和电极表面有效接触，使其具有较强的放电活性。

图4-39　AP65(a)和AP65M0(b)镁合金电极在25℃的3.5%氯化钠溶液中于180 mA/cm^{2}电流密度下放电600 s后电极表面形貌的二次电子像

Fig.4-38　Secondary electron (SE) images of surface morphologies of AP65 (a) and AP65M0 (b) magnesium alloy electrodes discharged at 180 mA/cm^2 for 600 s in 3.5% NaCl solution at 25℃

4.9.5 阳极利用率及放电过程中电极的腐蚀行为

表 4－16 所列为 AP65 和 AP65M0 镁合金电极在 25℃的 3.5% 氯化钠溶液中于不同电流密度下恒电流放电时的阳极利用率，表中数据为三组平行实验的平均值，误差为平行实验的标准偏差。可以看出，AP65M0 镁合金电极在 10 mA/cm² 电流密度下的利用率为(47.3 ±0.2)%，在误差限的范围内和 AP65 的接近，比同一电流密度下 AP65Z1(表 4－3)、AP65S1(表 4－7)和 AP65I1(表 4－11)的高，因此往 AP65 镁合金电极中添加 0.6% 的锰能维持电极在小电流密度下(10 mA/cm²)恒电流放电时的阳极利用率。其原因可能是在 10 mA/cm² 电流密度下 AP65M0 镁合金电极中的 Al－Mn 相难以发挥其强阴极相的作用而加速电极在放电过程中的析氢副反应。此外，根据图 4－40(a)所示低倍下 AP65M0 镁合金电极在 10 mA/cm² 电流密度下放电 10 h 后清除产物的电极表面形貌二次电子像可知，该电极表面凹凸不平的程度和 AP65(图 3－8)接近，高倍下[图 4－40(b)]电极的表面形貌则表明 AP65M0 镁合金电极在 10 mA/cm² 电流密度下放电时已发生丝状腐蚀(箭头所示)，但不存在较深的凹坑，证实放电过程中电极表面大块金属颗粒脱落的现象没有 AP65Z1(图 4－7)、AP65S1(图 4－16)和 AP65I1(图 4－27)明显，因此 AP65M0 镁合金电极在 10 mA/cm² 电流密度下拥有相对较高的阳极利用率。

表 4－16 AP65 和 AP65M0 镁合金电极在 25℃的 3.5% NaCl 溶液中于不同电流密度下恒电流放电时的阳极利用率

Table 4－16 Utilization efficiencies of AP65 and AP65M0 magnesium alloy electrodes during galvanostatic discharge at different current densities in 3.5% NaCl solution at 25℃

镁电极	阳极利用率 η/%		
	10 mA/cm², 10 h	180 mA/cm², 1 h	300 mA/cm², 1 h
AP65	46.5 ±1.9	82.1 ±1.0	81.7 ±0.9
AP65M0	47.3 ±0.2	81.7 ±0.4	77.3 ±1.3

在 180 mA/cm² 和 300 mA/cm² 电流密度下放电时 AP65M0 镁合金电极的利用率分别为(81.7 ±0.4)% 和(77.3 ±1.3)%，表明该电极抑制负差数效应的能力不好，这一点与 AP65Z1(表 4－3)和 AP65I1(表 4－11)类似。此外，在 180 mA/cm² 和 300 mA/cm² 电流密度下 AP65M0 镁合金电极的阳极利用率比同一电流密度下 AP65 的低，尤其是在 300 mA/cm² 电流密度下 AP65M0 镁合金电极的利用率低于该电流密度下 AP65Z1(表 4－3)、AP65S1(表 4－7)和 AP65I1(表 4－11)

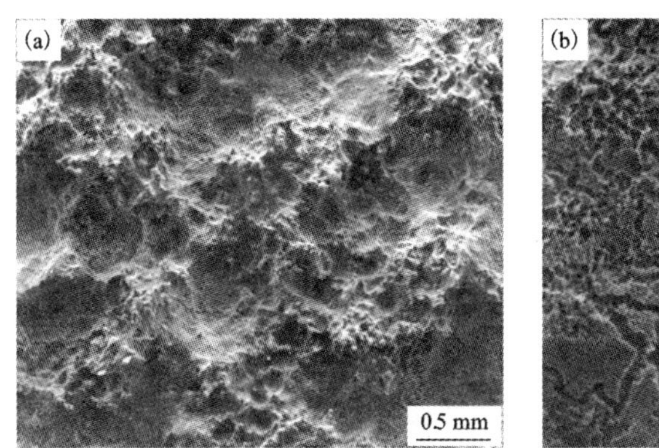

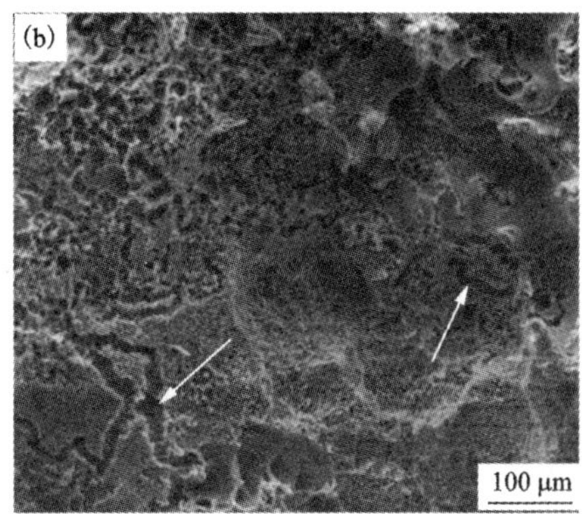

图4-40　AP65M0镁合金电极在25℃的3.5%氯化钠溶液中于10 mA/cm²电流密度下放电10 h后清除产物的电极表面形貌二次电子像

(a) 低倍；(b) 放大的(a)

Fig. 4-39　Secondary electron (SE) images of surface morphologies of AP65M0 magnesium alloy electrode discharged at the current density of 10 mA/cm² for 10 h in 3.5% NaCl solution at 25℃ after removing the discharge products: (a) macrograph and (b) closed-up view of (a)

的利用率，表明往AP65镁合金中添加0.6%的锰不利于提高电极在大电流密度下(180 mA/cm²和300 mA/cm²)恒电流放电时的阳极利用率。原因可能是AP65M0镁合金电极中的Al-Mn相在大电流密度下能发挥其强阴极相的作用而加速电极表面的析氢副反应，从而导致其利用率降低。此外，根据图4-41(a)所示低倍下AP65M0镁合金电极在180 mA/cm²电流密度下放电1 h后清除产物的电极表面形貌二次电子像可知，该电极表面较为平坦，在高倍下[图4-41(b)]可以看出部分细小的金属颗粒发生脱落。但在300 mA/cm²电流密度下AP65M0镁合金电极的表面则存在较多的突起[图4-41(c)]，高倍下电极表面形貌的二次电子像[图4-41(d)]则表明有较多的金属颗粒从电极表面脱落，因此AP65M0镁合金电极在300 mA/cm²电流密度下的阳极利用率比在180 mA/cm²电流密度下的低。

4.9.6　电化学阻抗谱

图4-42所示为AP65和AP65M0镁合金电极在25℃的3.5%氯化钠溶液中于开路电位下的电化学阻抗谱。根据图4-42(a)所示的Nyquist图可知，AP65M0镁合金电极表现出与AP65相似的电化学阻抗行为，即在高频和中频区存在一个直径较大的、与电荷转移电阻R_t和双电层电容C_{dl}有关的容抗弧，在低频区则存在一个直径较小的、与覆盖在电极表面的氢氧化镁膜有关的容抗弧。这两个容抗弧分别对应于图4-42(b)所示的Bode图中AP65M0镁合金电极在高频

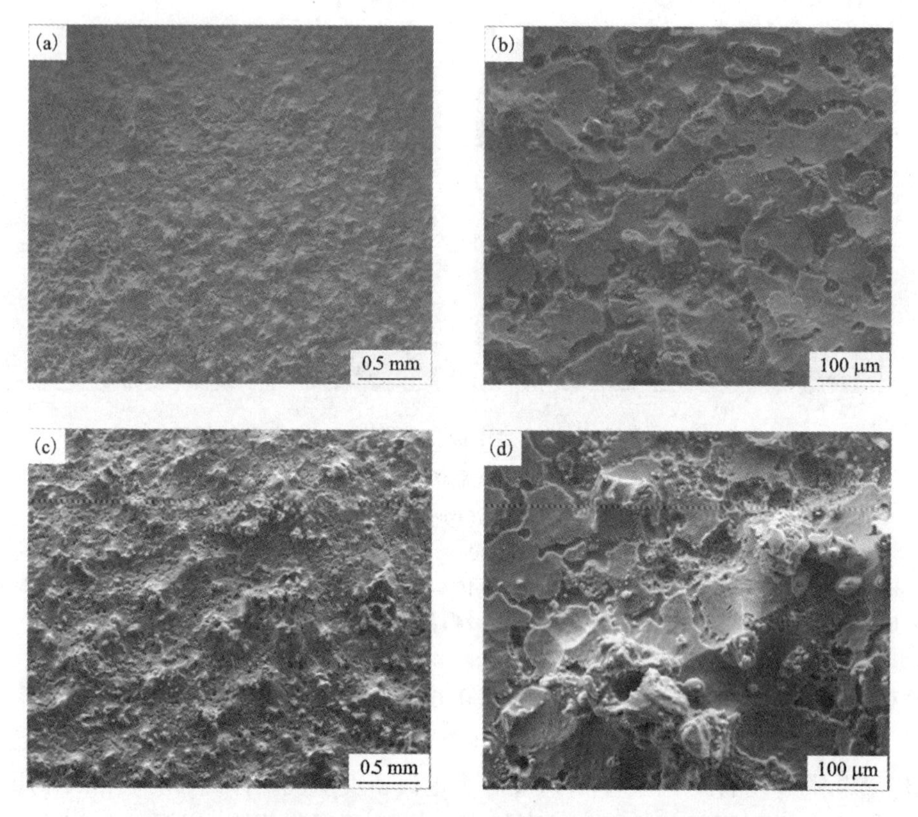

图 4 - 41 AP65M0 镁合金电极在 25℃的 3.5%氯化钠溶液中于不同电流密度下恒电流放电 1 h 后清除产物的电极表面形貌二次电子像

(a) 180 mA/cm^2; (b) 放大的(a); (c) 300 mA/cm^2; (d)放大的(c)

Fig. 4 - 40 Secondary electron (SE) images of surface morphologies of AP65M0 magnesium alloy electrode discharged at different current densities for 1 h in 3.5% NaCl solution at 25℃ after removing the discharge products: (a) 180 mA/cm^2, (b) closed - up view of (a), (c) 300 mA/cm^2, and (d) closed - up view of (c)

和中频区较大的相位角峰和低频区较小的相位角峰。此外，AP65M0 镁合金电极在高频和中频区，以及低频区的容抗弧直径均比对应的 AP65 镁合金电极的容抗弧直径小，表明往 AP65 镁合金中添加 0.6% 的锰能减小该电极的电荷转移电阻 R_t并抑制电极表面氢氧化镁膜的形成，使电极具备较强的活性。根据图 4 - 42 (b)所示的 Bode 图可知，在整个频率范围内 AP65M0 镁合金电极的阻抗膜值均比 AP65 的小，因此在开路电位下 AP65M0 具有较快的溶解速度，这一结果与表 4 - 14所列两种电极的腐蚀电流密度大小关系一致。

采用 Z-view 软件并结合图 4 - 43 所示的等效电路拟合 AP65M0 镁合金电极的电化学阻抗谱。在图 4 - 43 中，电荷转移电阻 R_t和代表双电层电容的常相位角元件 CPE_{dl}并联，氢氧化镁膜电阻 R_f与氢氧化镁膜电容 C_f并联，然后以上两个并联

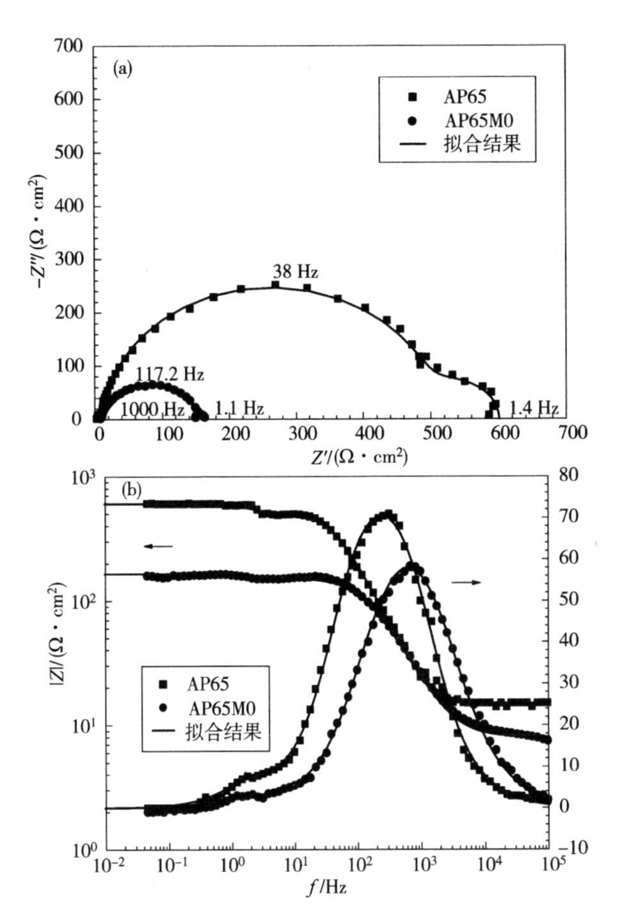

图 4-42　AP65 和 AP65M0 镁合金电极在 25℃的 3.5%氯化钠溶液中的电化学阻抗谱

(a) Nyquist 图；(b) Bode 图

Fig. 4-41　Electrochemical impedance spectra of AP65 and AP65M0 magnesium alloy electrodes in 3.5% NaCl solution at 25℃: (a) Nyquist plot and (b) Bode plot

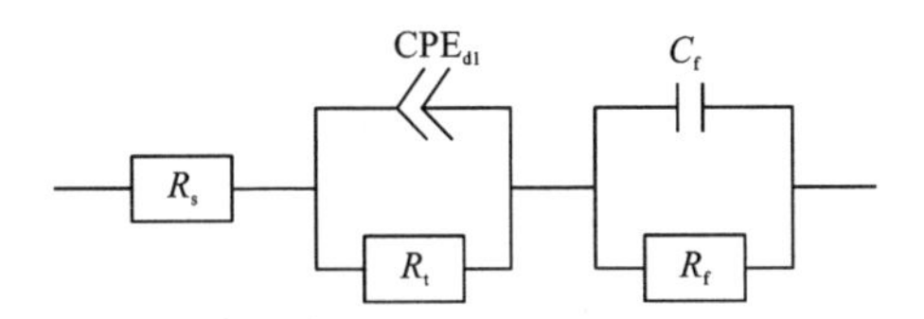

图 4-43　根据电化学阻抗谱得到的 AP65M0 镁合金电极的等效电路图

Fig. 4-42　Equivalent circuit of AP65M0 magnesium alloy electrode corresponding to the EIS results

电路再与溶液电阻 R_s 串联在一起，构成反映整个电极过程的等效电路。表 4 – 17 所列为拟合电化学阻抗谱得到的各电化学元件参数值，可以看出 AP65M0 镁合金电极的电荷转移电阻 R_t 值为 145 $\Omega \cdot cm^2$，比 AP65I1 的大（表 4 – 12），但小于 AP65、AP65Z1（表 4 – 4）和 AP65S1（表 4 – 8）的电荷转移电阻；此外，AP65M0 镁合金电极的氢氧化镁膜电阻 R_f 值为 12 $\Omega \cdot cm^2$，比 AP65、AP65Z1（表 4 – 4）和 AP65I1（表 4 – 12）的氢氧化镁膜电阻小。以上结果表明添加 0.6% 的锰对减小 AP65 镁合金电极电荷转移电阻和氢氧化镁膜电阻的作用较为明显，是增强其活性的有效途径。根据式 4 – 6 将 AP65M0 镁合金电极的 Y_{dl} 值换算成纯电容 C_{dl} 值，然后根据式 4 – 4 计算该电极双电层电容的时间常数 τ_{dl} 以及氢氧化镁膜电容的时间常数 τ_f，结果列于表 4 – 17 中。可以看出，AP65M0 镁合金电极的 τ_{dl} 比 AP65 的小，表明电极表面双电层的建立和充电过程能更快进入稳态。此外，AP65M0 镁合金电极的 τ_f 比 AP65 的大，因此 AP65M0 电极表面氢氧化镁膜的形成和溶解达到稳态所需的时间更长，可能与该电极在开路电位下活性较强、氢氧化镁膜的溶解较为迅速有关。

表 4 – 17　拟合电化学阻抗谱所得的 AP65 和 AP65M0 镁合金电极的电化学参数

Table 4 – 17　Electrochemical parameters of AP65 and AP65M0 magnesium alloy electrodes obtained by fitting the electrochemical impedance spectra

镁电极	R_s /($\Omega \cdot cm^2$)	R_t /($\Omega \cdot cm^2$)	Y_{dl} /($\Omega^{-1} \cdot cm^{-2} \cdot s^n$)	n_{dl}
AP65	15	485	8×10^{-6}	1
AP65M0	8	145	1.5×10^{-5}	0.92
镁电极	R_f /($\Omega \cdot cm^2$)	C_f /($\Omega^{-1} \cdot cm^{-2} \cdot s$)	τ_{dl} /s	τ_f /s
AP65	100	9×10^{-4}	3.88×10^{-3}	9×10^{-2}
AP65M0	12	1×10^{-2}	1.28×10^{-3}	1.2×10^{-1}

4.10　本章小结

本章研究了微量合金元素锌、锡、铟和锰对均匀化退火态 AP65 镁合金电化学行为的影响。采用熔炼铸造法制备 Mg – 6% Al – 5% Pb – (0.5% ~ 2.0%) Zn、Mg – 6% Al – 5% Pb – (0.5% ~ 2.0%) Sn、Mg – 6% Al – 5% Pb – (0.5% ~ 2.0%) In 以及 Mg – 6% Al – 5% Pb – (0.2% ~ 0.8%) Mn 合金，并将这些合金在 400℃ 均

匀化退火 24 h 后水淬，采用金相显微镜和环境扫描电子显微镜的背散射像观察这些镁合金的显微组织，采用电子探针分析镁合金中第二相的化学成分，采用动电位极化扫描法、不同电流密度下的恒电流放电法以及电化学阻抗谱法研究添加不同合金元素的各 AP65 镁合金电极在 3.5% 氯化钠溶液中的电化学行为，采用环境扫描电子显微镜的二次电子像观察各镁合金电极经恒电流放电后未清除和已清除产物的表面形貌。结果表明：

（1）添加 1% 的锌能细化 AP65 镁合金的晶粒且锌全部固溶在镁基体中。锌的添加不利于提高 AP65 镁合金电极在 10 mA/cm^2 电流密度下的放电性能，但能使电极在 180 mA/cm^2 和 300 mA/cm^2 电流密度下迅速激活且放电电位负移、阳极利用率提高。

（2）添加 1% 的锡能细化 AP65 镁合金的晶粒并使晶粒尺寸趋于均匀，锡全部固溶在镁基体中。锡的添加导致 AP65 镁合金电极在各电流密度下阳极利用率降低和 10 mA/cm^2 电流密度下放电电位正移，但能使电极在 180 mA/cm^2 和 300 mA/cm^2 电流密度下放电活性增强且激活时间缩短。

（3）添加 1% 的铟能细化 AP65 镁合金的晶粒，且铟全部固溶在镁基体中。铟的添加有利于维持 AP65 镁合金电极在 10 mA/cm^2 电流密度下较强的放电活性，但使其阳极利用率明显降低。添加铟后 AP65 镁合金电极在 180 mA/cm^2 和 300 mA/cm^2 电流密度下的放电活性增强、阳极利用率提高，当电流密度为 180 mA/cm^2 时其利用率可达(87.7 ± 1.9)%，高于添加其他合金元素的 AP65 镁合金电极。以添加 1% 铟的 AP65 镁合金作阳极的镁/空气电池具有 94.5 mW/cm^2 的峰值功率，接近于以 Mg – Li 基合金作阳极的镁/过氧化氢半燃料电池。

（4）添加 0.6% 的锰能在 AP65 镁合金中形成 Al_8Mn_5 和 $Al_{11}Mn_4$ 相，这些相不能增强电极在 10 mA/cm^2 电流密度下的放电活性，但能维持电极相对较高的阳极利用率。在 180 mA/cm^2 和 300 mA/cm^2 电流密度下，Al_8Mn_5 和 $Al_{11}Mn_4$ 相使电极的激活时间延长但放电电位明显负移，在 300 mA/cm^2 电流密度下该电极的平均放电电位可达 –1.624 V（vs SCE），表现出比添加其他合金元素的 AP65 镁合金电极更强的放电活性。但这些第二相同样可加速电极在 180 mA/cm^2 和 300 mA/cm^2 电流密度下放电时的析氢副反应，使其利用率降低。

第 5 章　塑性变形对 AP65 镁合金电化学行为的影响

5.1　引言

AP65 作为一种用于大功率海水电池阳极的镁合金，其最重要的性能指标是在大电流密度下放电时拥有较负的放电电位和较短的激活时间，表现出较强的放电活性。在第 4 章已指出，添加 0.6% 的锰导致 AP65 镁合金电极在 180 mA/cm^2 和 300 mA/cm^2 电流密度下的平均放电电位负移，尤其是在 300 mA/cm^2 电流密度下其平均放电电位可达 -1.624 V（vs SCE），表现出比添加其他合金元素的 AP65 镁合金电极更强的放电活性。但不足之处是该镁合金电极在大电流密度下放电时的激活时间相对较长且阳极利用率较低，综合放电性能较差。因此本章的目的是在维持含 0.6% 锰的 AP65 镁合金电极较强放电活性的同时缩短其激活时间并提高其利用率，使其综合放电性能得到提高。

镁合金阳极的放电性能在很大程度上取决于其显微组织，而塑性变形（或压力加工）是改变镁合金阳极显微组织的一种有效途径。镁合金特殊的密排六方晶体结构导致其室温下压力加工困难，因此一般采用热加工的方法（如热轧、热挤压等）对其进行塑性变形。目前关于塑性变形对镁合金阳极电化学行为的影响报道较少[53, 54, 60]。本章在上一章的基础上，以含 0.6% 锰的 AP65 镁合金电极作为研究对象，研究多道次热轧和单道次热挤压对该合金电极显微组织和电化学行为的影响，目的在于维持电极在大电流密度下较强的放电活性、缩短电极在放电过程中的激活时间并提高电极的阳极利用率，使其具有优良的综合放电性能。

5.2　镁合金的塑性变形

用于塑性变形的含 0.6% 锰的 AP65 镁合金采用熔炼铸造的方法制备（与上章一样将该合金命名为 AP65M0），其中用于多道次热轧的 AP65M0 镁合金通过在井式炉中进行熔炼而获得，具体过程同 2.2.1。在熔炼过程中待纯镁熔化后将纯度为 99.99% 的铝和 Al - 30% Mn 中间合金按一定的配比加入到镁液中，同时将熔炼温度由 730℃ 升高到 760℃，在该温度下保温 15 min 后加入一定质量配比的纯度为 99.99% 的铅，待其熔化后用石墨棒搅拌熔体 5 min。将经过搅拌的熔体在 760℃静置 5 min 后浇铸于尺寸为 200 mm×150 mm×20 mm 的预热铁模中，该铁模内壁已除锈且涂上氧化锌。用于单道次热挤压的 AP65M0 镁合金则通过在感应炉中进行熔炼而获得，具体过程同 4.2。在熔炼结束后将液态合金浇铸于尺寸为 ϕ120 mm×600 mm 的圆柱形预热铁模中，该铁模内壁的处理同上。将各铸锭在箱式炉中于 400℃均匀化退火 24 h 后水淬，然后对铸锭进行铣面以便于后续的热加工。采用电感耦合等离子体原子发射光谱仪(ICP - AES)分析以上镁合金的化学成分，发现主要合金元素的相对偏差不超过 0.5%，且各杂质的含量不超过 0.04%。

对于 AP65M0 镁合金的热轧，先将经过均匀化退火和铣面的铸锭在箱式炉中于 400℃预热 45 min，然后在热轧机上进行多道次热轧，其道次压下量控制在 15%～20%。为维持镁合金较好的塑性变形能力，在各道次轧制前需要对轧辊进行加热，同时在各道次之间对镁合金板材进行中间退火，退火温度为 400℃，时间为 30 min。经多道次热轧后得到厚度为 4 mm 的 AP65M0 镁合金板材，最后将该板材在箱式炉中于 150℃和 350℃后续退火 4 h，得到本章所研究的镁合金。

对于 AP65M0 镁合金的热挤压，先将经过均匀化退火和铣面的铸锭在箱式炉中于 450℃预热 6 h，然后在挤压机上对镁合金铸锭进行热挤压，挤压比为 24.5∶1。在挤压过程中，为维持镁合金较好的塑性变形能力，挤压杆的运行速度控制在 10～11 mm/s，挤压温度为 450℃。经热挤压后得到厚度为 5 mm，宽度为 100 mm 的带材，即为本章所研究的镁合金。

此外，本章将经过塑性变形的 AP65M0 镁合金电极的电化学行为与纯镁和 AZ31 镁合金电极进行对比。其中，纯镁电极为 99.99% 纯度的镁锭，AZ31 镁合金电极则来自商用 AZ31 镁合金板材。

5.3　不同状态镁合金的电化学行为测试

铸态、均匀化退火态、热轧态、热轧后不同温度下退火态和热挤压态的 AP65M0 镁合金电极以及纯镁和 AZ31 镁合金电极的制备过程同 2.2.2。其中热轧态、热轧后不同温度下退火态以及热挤压态镁合金电极的电化学测试面平行于轧面和挤压带材的平面。采用 CHI660D 电化学工作站和 CHI680 电流放大器并结合三电极体系测试各镁合金电极在 3.5% 氯化钠溶液中的电化学行为，其中工作电极为各 AP65M0 镁合金以及纯镁和 AZ31 镁合金电极，铂片和饱和甘汞电极分别充当辅助电极和参比电极。各镁合金电极的动电位极化曲线测试同 2.2.2，恒电流放电过程中电位 - 时间曲线的测试以及电极利用率的测试同 3.3，电化学阻抗谱的测试同 4.3。

5.4 塑性变形前后镁合金的显微组织分析

采用 XJP－6A 金相显微镜(OM)观察铸态、均匀化退火态、热轧态、热轧后不同温度下退火态和热挤压态的 AP65M0 镁合金以及纯镁和 AZ31 镁合金的显微组织，其金相试样的制备同 3.4。采用 Quanta－200 环境扫描电子显微镜(SEM)的背散射像(BSE)研究 AP65M0 镁合金在塑性变形前后镁基体成分和第二相形貌及分布的变化，其观察面的打磨和抛光同金相试样，但未经金相腐蚀液侵蚀。采用 Tecnai G2 20 透射电子显微镜(TEM)观察塑性变形和后续退火对 AP65M0 镁合金晶体缺陷(如位错)的数量和分布的影响，在透射电镜的制样过程中先将试样在砂纸上打磨至厚度为 0.08 mm，然后用离子束轰击试样得到观察所需的薄区。采用 Sirion200 场发射扫描电子显微镜结合 OIM 电子背散射衍射系统(EBSD)研究塑性变形和后续退火对 AP65M0 镁合金晶粒取向的影响，在制样过程中先将试样在砂纸上打磨至厚度为 0.1 mm，然后用离子束轰击试样除去其表面应力层。经塑性变形和后续退火的各镁合金试样的显微组织观察面平行于轧面或挤压带材的平面。采用 Quanta－200 环境扫描电子显微镜(SEM)的二次电子像(SE)观察放电后各镁合金电极的表面形貌。

5.5 热轧和后续退火对 AP65 镁合金显微组织及电化学行为的影响

5.5.1 热轧及后续退火过程中显微组织的演变

镁合金阳极的放电行为在很大程度上取决于其显微组织，因此首先应对不同状态下 AP65M0 镁合金的显微组织进行分析，才能理解不同显微组织和对应放电行为之间的关系。图 5－1 的金相照片揭示出铸态、均匀化退火态、热轧态和热轧后不同温度下退火态的 AP65M0 镁合金的显微组织。可以看出，铸态 AP65M0 镁合金在晶界处存在不连续分布的第二相 $\beta-Mg_{17}Al_{12}$[图 5－1(a)]，其显微组织类似于铸态 AP65 镁合金[图 3－3(a)]。此外，许多 Al－Mn 相颗粒(黑点)也分布在镁基体中，根据 4.9.2 的电子探针成分分析结果可知这些 Al－Mn 相颗粒为 $Al_{11}Mn_4$ 和 $A_{18}Mn_5$。经均匀化退火后[图 5－1(b)]，$\beta-Mg_{17}Al_{12}$ 相溶入镁基体，AP65M0 镁合金呈现出等轴晶组织，Al－Mn 相颗粒(黑点)由于具有较好的热稳定性而得以继续留在镁基体中[116]。根据图 5－1(c)所示的热轧态金相照片可知，热轧能促进 AP65M0 镁合金晶粒的细化，且在热轧过程中该镁合金已发生动态再结晶，因而呈现出比均匀化退火态合金更为细小的等轴晶组织。但热轧过程中镁合金的动态再结晶并不彻底，根据热轧态放大的金相照片[图 5 -1(d)]可以看出在 AP65M0 镁合金中存在拉长的晶粒，且在其周围有很多尺寸非常细小的等轴晶，表明动态再结晶首先在变形量大的区域发生。热轧后在 150℃退火 4 h 不能改变轧制态 AP65M0 镁合金的金相组织[图 5 -1(e)]，但 350℃退火 4 h 则使晶粒发生长大[图 5 -1(f)]。

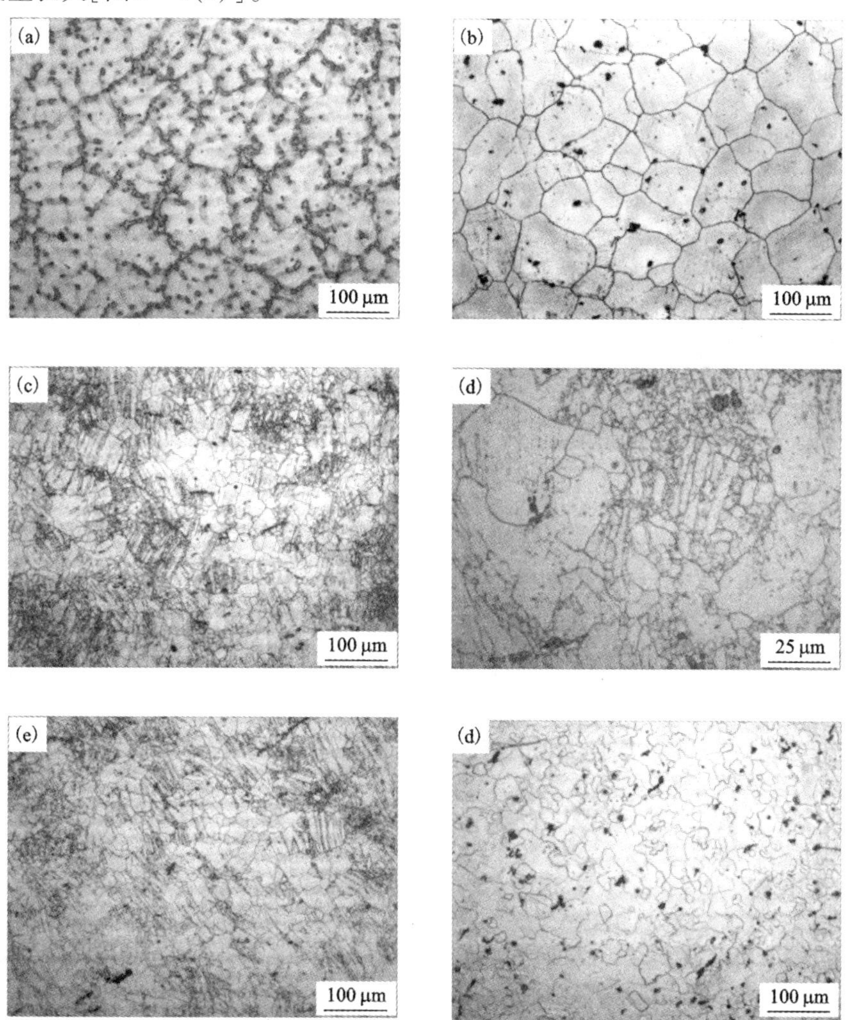

图 5 -1　不同状态下 AP65M0 镁合金的金相照片

(a) 铸态；(b) 均匀化退火态；(c) 轧制态；(d) 放大的(c)；(e) 150℃退火态；(f) 350℃退火态

Fig. 5 -1　Optical micrographs of AP65M0 magnesium alloys under different conditions: (a) as - cast alloy, (b) homogenized alloy, (c) as - rolled alloy, (d) closed - up view of (c), (e) 150℃ annealed alloy, and (f) 350℃ annealed alloy

热轧除能细化 AP65M0 镁合金的晶粒外，还能促进镁基体成分的均匀化。根据图 5 - 2(a)所示均匀化退火态 AP65M0 镁合金的扫描电镜背散射像可知，该镁合金基体的颜色不均匀，部分区域较亮、部分区域则较暗，表明合金元素在镁基体中的分布不均匀[88]。经热轧后[图 5 - 2(b)]，镁基体的颜色趋于均匀，表明热轧能促进镁基体成分的均匀化。此外，根据图 5 - 2(c)所示高倍下的轧制态背散射像还可以看出热轧导致 AP65M0 镁合金中部分 Al - Mn 相颗粒发生破碎。

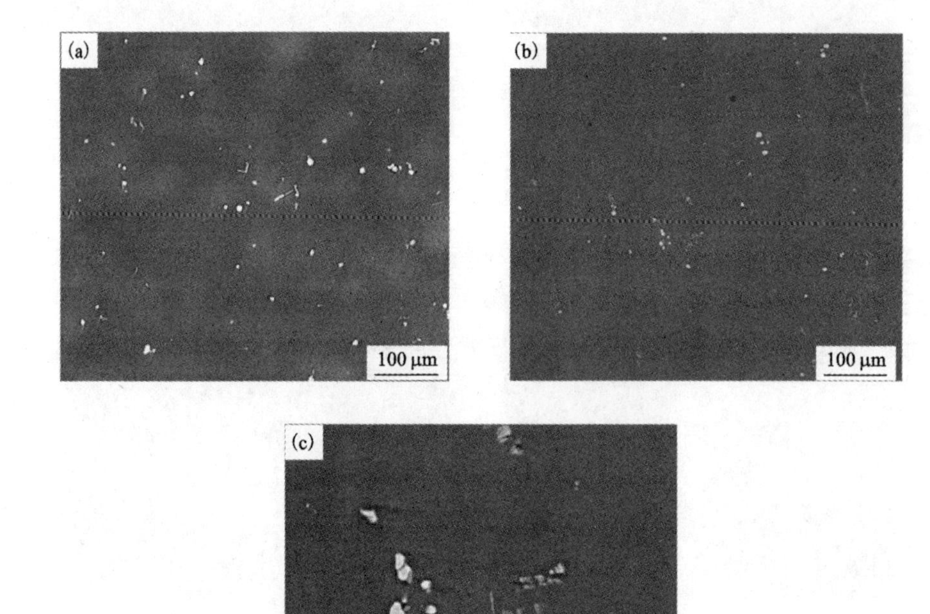

图 5 - 2　不同状态下 AP65M0 镁合金的扫描电镜背散射像

(a) 均匀化退火态；(b) 热轧态；(c) 放大的(b)

Fig. 5 - 2　Backscattered electron (BSE) images of AP65M0 magnesium alloys under different conditions: (a) homogenized alloy, (b) as - rolled alloy, and (c) closed - up view of (b)

热轧后 150℃退火 4 h 虽不能改变轧制态 AP65M0 镁合金的金相组织，但能减少热轧造成的晶体缺陷数量。根据图 5 - 3(a)所示热轧态 AP65M0 镁合金的透射电镜明场像可知，该合金在晶界附近囤积有大量位错。此外，根据图 5 - 3(b)可知部分孪晶也存在于热轧态 AP65M0 镁合金中(箭头所示)，且在孪晶附近同样存在大量位错。该孪晶在透射电镜明场像下的形貌与 Chang 等[121]报道的热轧态

AZ31 镁合金轧面上晶粒的择优取向一致。根据图 5－1 所示的金相照片可知，热轧后 150℃退火 4 h 不能改变轧制态合金的金相组织，因此对其晶粒的择优取向无明显影响。但热轧态合金在 350℃ 退火 4 h 后则导致静态再结晶的发生（图 5－4(b)），晶粒已长大且全部呈现为等轴晶，轧面上晶粒的{0001}基面织构已减弱。

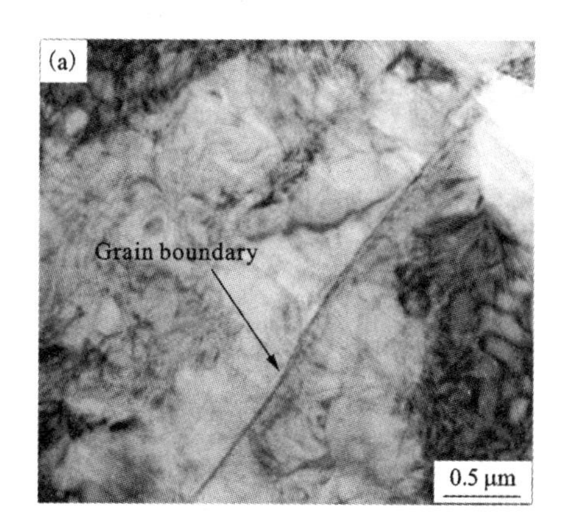

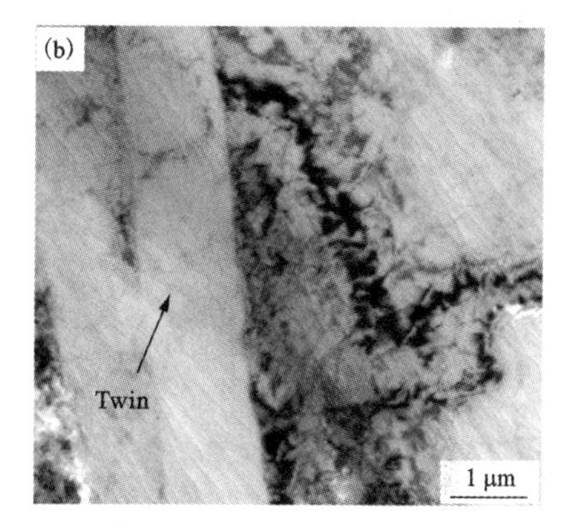

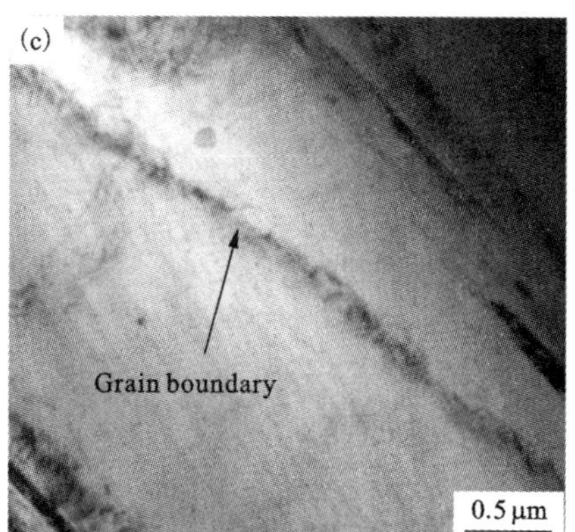

图 5－3　热轧态 AP65M0 镁合金[(a)、(b)]和热轧后 150℃退火 4 h 的 AP65M0 镁合金(c)的透射电镜明场像

Fig. 5－3　TEM bright field images of hot rolled AP65M0 magnesium alloys before [(a), (b)] and after (c) subsequent annealing at 150℃ for 4 h

5.5.2　动电位极化

动电位极化是研究镁合金电极放电行为的一种有效手段，根据动电位极化测

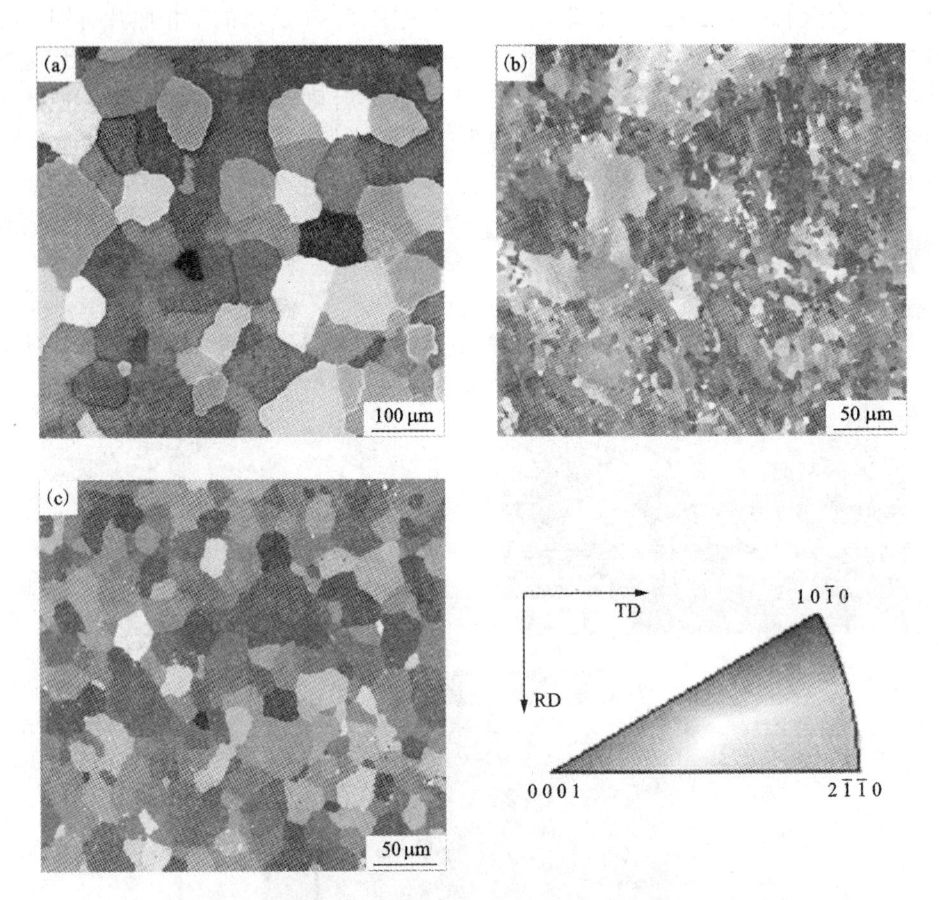

图 5－4　均匀化退火态(a)、轧制态(b)和 350℃退火态(c) AP65M0 镁合金的晶粒取向成像图

Fig. 5－4　Grain orientation maps of homogenized (a), as－rolled (b), and 350℃ annealed AP65M0 magnesium alloys (c)

得的极化曲线能在较宽的电压范围内反映出镁合金电极的放电行为。图 5－5(a)所示为不同状态下 AP65M0 镁合金电极在 25℃的 3.5% 氯化钠溶液中的动电位极化曲线。可以看出，各 AP65M0 镁合金电极的动电位极化过程在整个扫描电压范围内均受活化控制，且经热轧和后续退火后 AP65M0 镁合金电极的腐蚀电位负移，表明热轧和后续退火能增大 AP65M0 镁合金电极的腐蚀驱动力。此外，除铸态合金电极在阴极极化过程中的电流密度相对较小以外，其他状态的合金电极都具有相对较大的阴极电流密度且在阴极极化区表现出相似的动电位极化行为，说明这些电极表面的析氢反应在阴极极化过程中都很剧烈。但在阳极极化区不同状态的 AP65M0 镁合金电极具有不同的动电位极化行为，轧制态和 150℃退火态合金电极的电流密度随电位正移而增大的速度比其他状态的合金电极的大，表明这两种合金电极在阳极极化过程中拥有较强的活性。

根据极化曲线采用Tafel外推法得到不同状态AP65M0镁合金电极的腐蚀电流密度，其外推过程同2.4.1，腐蚀电流密度列于表5-1。这些腐蚀电流密度为三组平行实验的平均值，误差为平行实验的标准偏差。可以看出，铸态合金电极拥有相对其他状态电极较小的腐蚀电流密度，但比第三章中提到的铸态AP65镁合金电极的腐蚀电流密度大(表3-3)。这是因为在铸态AP65M0镁合金电极中存在两种性质的第二相，分别为β-$Mg_{17}Al_{12}$相和Al-Mn相($Al_{11}Mn_4$和Al_8Mn_5)。其中β-$Mg_{17}Al_{12}$相为弱阴极相[89]，在和强阴极相$Al_{11}Mn_4$和Al_8Mn_5共存的情况下该β-$Mg_{17}Al_{12}$相能作为腐蚀屏障抑制镁合金电极的腐蚀[67]；而在其他状态的AP65M0镁合金电极中则仅存在Al-Mn相，该Al-Mn相能作为强阴极相加速镁基体的腐蚀[119, 120]，因此铸态AP65M0镁合金电极的腐蚀电流密度比其他状态的AP65M0镁合金电极的小。但由于强阴极相$Al_{11}Mn_4$和Al_8Mn_5的存在，导致铸态AP65M0镁合金电极拥有比铸态AP65镁合金电极更大的腐蚀电流密度。此外，轧制态和轧制后退火态AP65M0镁合金电极的腐蚀电流密度比铸态和均匀化退火态电极的腐蚀电流密度大，表明热轧和后续退火能加速AP65M0镁合金电极在腐蚀电位下的活化溶解，有可能缩短电极在放电过程中的激活时间。

表5-1　不同状态下AP65M0镁合金电极的腐蚀电位(E_{corr})和腐蚀电流密度(J_{corr})

Table 5-1　Corrosion potentials (E_{corr}) and corrosion current densities (J_{corr}) of AP65M0 magnesium alloy electrodes under different conditions

AP65M0镁电极	腐蚀电位(vs SCE)/V	腐蚀电流密度/(μA·cm^{-2})
铸态合金	-1.536	70.1±3.3
均匀化退火态合金	-1.511	154.6±3.9
轧制态合金	-1.576	215.3±2.5
150℃退火态合金	-1.586	240.4±4.6
350℃退火态合金	-1.636	357.3±6.9

图5-5(b)将150℃退火态AP65M0镁合金电极的动电位极化曲线与纯镁以及AZ31镁合金电极进行对比。可以看出这三种镁电极表现出不同的动电位极化行为，纯镁电极的腐蚀电位最负，其次是150℃退火态AP65M0镁合金电极，AZ31镁合金电极则拥有最正的腐蚀电位。此外，在阳极极化区150℃退火态AP65M0镁合金电极的电流密度随电位正移而增大的速度比纯镁和AZ31镁合金电极的大，因此在阳极极化过程中150℃退火态AP65M0镁合金电极表现出较强的活性。根据表5-2所列的腐蚀电流密度可知，150℃退火态AP65M0镁合金电

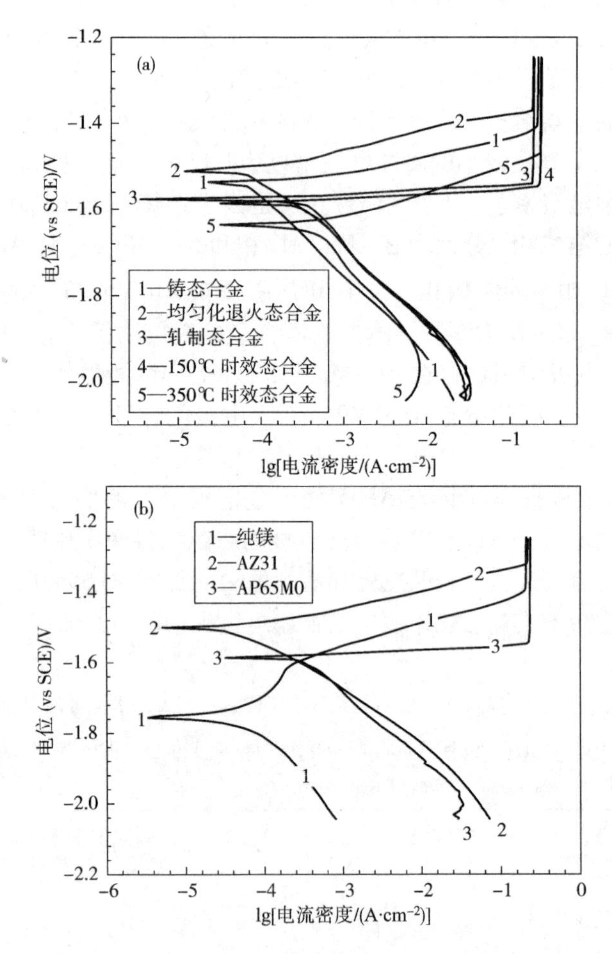

图 5-5 不同状态下 AP65M0 镁合金电极(a)和纯镁、AZ31 镁合金以及 150℃退火态 AP65M0 镁合金电极(b)在 25℃的 3.5%氯化钠溶液中的动电位极化曲线

Fig. 5-5 Potentiodynamic polarization curves of AP65M0 magnesium alloy electrodes under different conditions (a) and pure magnesium, AZ31 magnesium alloy, and 150℃ annealed AP65M0 magnesium alloy electrodes (b) in 3.5% NaCl solution at 25℃

极的腐蚀电流密度为(240.4 ±4.6) $\mu A/cm^2$，大于纯镁和 AZ31 的腐蚀电流密度，表明在腐蚀电位下 150℃退火态 AP65M0 镁合金电极具有较快的活化溶解速度。因此，该 150℃退火态电极不仅在腐蚀电位下表现出较强的活性，在阳极极化过程中同样拥有较强的活性，适合作阳极用于大功率海水电池。

表 5-2　纯镁、AZ31 镁合金和 150℃退火态 AP65M0 镁合金电极的腐蚀电位(E_{corr})和腐蚀电流密度(J_{corr})

Table 5-2　Corrosion potentials (E_{corr}) and corrosion current densities (J_{corr}) of pure magnesium, AZ31 magnesium alloy, and 150℃ annealed AP65M0 magnesium alloy electrodes

镁电极	腐蚀电位 (vs SCE)/V	腐蚀电流密度/(μA · cm^{-2})
纯镁	-1.756	87.5 ±2.8
AZ31 合金	-1.506	78.0 ±6.3
AP65M0 合金	-1.586	240.4 ±4.6

5.5.3　恒电流放电、阳极利用率和放电后电极的表面形貌

镁合金阳极放电性能的好坏可以从恒电流放电过程中的电位-时间曲线上反映出来，一般来说放电性能好的镁合金阳极通常具有较负且平稳的放电电位和较短的激活时间。图 5-6(a)所示为不同状态下 AP65M0 镁合金电极在 25℃的 3.5%氯化钠溶液中于 10 mA/cm^{2}电流密度下放电时的电位-时间曲线，可以看出这些合金电极表现出相似的恒电流放电行为，且在该外加电流密度下的激活时间较短。各电极在 10 mA/cm^2 电流密度下放电 600 s 的平均放电电位列于表 5-3，可以看出各电极具有比较接近的平均放电电位。

但在 180 mA/cm^{2}的外加电流密度下，不同状态的 AP65M0 镁合金电极表现出不同的放电行为[图 5-6(b)]，其平均放电电位列于表 5-3。根据图 5-6(b)

表 5-3　不同状态下 AP65M0 镁合金电极在 25℃的 3.5%氯化钠溶液中于不同电流密度下恒电流放电 600 s 的平均放电电位

Table 5-3　Average discharge potentials of AP65M0 magnesium alloy electrodes under different conditions during galvanostatic discharge at different current densities for 600 s in 3.5% NaCl solution at 25℃

AP65M0 镁电极	平均放电电位 (vs SCE)/V	
	10 mA/cm^2	180 mA/cm^2
铸态合金	-1.769	-1.592
均匀化退火态合金	-1.767	-1.662
轧制态合金	-1.770	-1.641
150℃退火态合金	-1.780	-1.686
350℃退火态合金	-1.778	-1.620

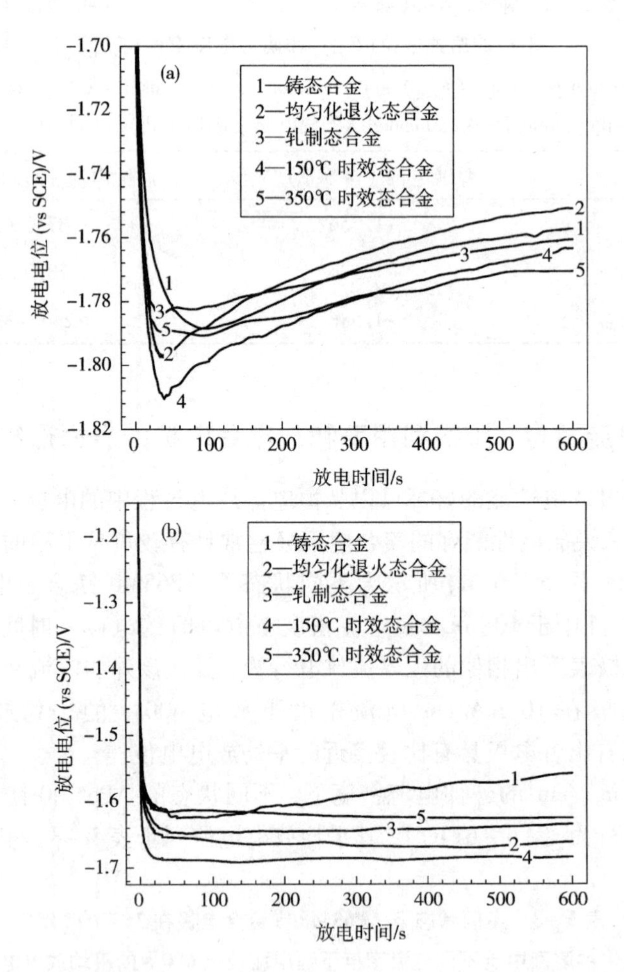

图 5-6　不同状态下 AP65M0 镁合金电极在 25℃的 3.5%氯化钠溶液中于 10 mA/cm²(a)和 180 mA/cm²(b)电流密度下放电时的电位-时间曲线

Fig. 5-6　Galvanostatic potential - time curves of AP65M0 magnesium alloy electrodes under different conditions at the current densities of 10 mA/cm²(a) and 180 mA/cm²(b) in 3.5% NaCl solution at 25℃

可知铸态电极的放电电位比其他状态的电极更正，且随放电时间的延长电位逐渐正移，表明放电产物在电极表面附着且难以剥落，电极表现出较弱的放电活性。如第 3 章所述，铸态电极在 180 mA/cm^2 电流密度下较弱的放电活性源于电极中的 β-$Mg_{17}Al_{12}$ 相，该相能作为一种屏障抑制电极在大电流密度下的放电过程[53,54]。均匀化退火态电极则拥有比铸态电极更负且相对平稳的放电电位，表现出较强的放电活性。这是因为经均匀化退火后 β-$Mg_{17}Al_{12}$ 相溶解，仅有

Al－Mn相存在于电极中[图 5－1(b)]。如第 4 章所述，这些 Al－Mn 相($Al_{11}Mn_4$ 和 Al_8Mn_5)能作为强阴极相促进电极在大电流密度下的放电过程[119, 120]。但均匀化退火态电极的激活时间相对较长，即需要经过较长的时间电位才能进入稳态。轧制态电极则能提供较为平稳的放电电位且激活时间相对较短，表明在放电过程中电极表面放电产物的形成和剥落之间很快就能达到一个动态平衡。该轧制态电极较为平稳的放电电位源于其镁基体较为均匀的化学成分[图 5－2(b)]，该均匀的化学成分能促进电极在放电过程中的均匀溶解，有利于维持电极的平稳放电。此外，轧制态电极中存在大量的位错和孪晶[图 5－3(a)和(b)]，这些位错和孪晶拥有较大的变形能[95－97, 123]，可加速放电过程中镁电极的活化溶解。但这些位错同样可以作为放电过程中氢氧化镁的形成中心而加速氢氧化镁膜在电极表面形成[123]，导致电极的活性反应面积减小，因此轧制态电极的放电电位比均匀化退火态电极的正(表 5－3)。轧制后在 150℃退火 4 h 能减少电极中位错的数量同时维持电极较为细小的晶粒[图 5－3(c)和图 5－1(e)]，因此 150℃退火态电极能提供比其他状态电极更负且平稳的放电电位，同时拥有较短的激活时间，表现出较强的放电活性。Zhao 等[60]认为细小的晶粒和均匀的晶界有利于维持 AZ31 镁合金阳极在恒压放电过程中较大的放电电流，本章的结果则表明细小的晶粒和较少的位错能使 AP65M0 镁合金电极在大电流密度下的放电电位负移、激活时间缩短。轧制后在 350℃退火 4 h 导致晶粒长大，因此放电电位正移且放电活性减弱。但 350℃退火态电极的镁基体成分较为均匀，因而在 180 mA/cm^2 电流密度下电极仍然能提供较为平稳的放电电位。

恒电流放电过程中电极的阳极利用率同样是十分重要的性能指标，表 5－4 所列为不同状态下 AP65M0 镁合金电极在 25℃ 的 3.5% 氯化钠溶液中于 180 mA/cm^2 电流密度下放电 1 h 的利用率，表中数据为三组平行实验的平均值，误差为平行实验的标准偏差。可以看出，铸态电极的阳极利用率比均匀化退火态电极的高，这一结果不同于第 3 章提到的铸态和均匀化退火态 AP65 镁合金电极在 180 mA/cm^2 电流密度下的利用率(表 3－5)。这是因为在铸态 AP65M0 镁合金电极中存在 β－$Mg_{17}Al_{12}$ 相和 Al－Mn 相($Al_{11}Mn_4$ 和 Al_8Mn_5)，其中 β－$Mg_{17}Al_{12}$ 相作为一种弱阴极相能抑制电极表面的析氢副反应[72, 89]，尽管该 β－$Mg_{17}Al_{12}$ 相在大电流密度放电过程中部分发生脱落。而均匀化退火态 AP65M0 镁合金电极则仅存在 Al－Mn 相，该 Al－Mn 相作为强阴极相能加速电极在大电流密度下放电时的析氢副反应[119, 120]，导致电极利用率降低。此外，该均匀化退火态 AP65M0 镁合金电极的阳极利用率和第 4 章提到的 AP65M0 镁合金电极的利用率之间存在偏差，可能是由于熔炼铸造方式的不同造成的。均匀化退火态 AP65M0 镁合金电极的利用率可通过热轧来提高(表 5－4)，这是因为热轧能发挥以下三方面作用：第一，热轧导致部分 Al－Mn 相发生破碎[图 5－2(c)]，从而减小 Al－Mn 相和镁基体之间的微电偶效应；第二，热轧能细化 AP65M0 镁合金的晶粒[图 5-1(c)]，从而在镁合金电极中形成更多的晶界，一些文献表明晶界能作为屏障抑制镁合金在开路电位下的自腐蚀[95-98]，而本章的结果则表明经热轧后镁电极利用率的提高可能是由于较多的晶界能抑制放电过程中电极表面的析氢副反应所致，这一点与 Cao 等[8, 9]得出的结论一致；第三，热轧能在镁合金电极中形成{0001}基面织构[图 5-4(b)]，一些文献表明该{0001}基面原子排列紧凑且具有较低的表面能[75, 122, 124]，可抑制放电过程中水合质子夺走电极上的电子而还原生成氢气[75]。因此，轧制态 AP65M0 镁合金电极的阳极利用率比均匀化退火态电极的高。但在轧制态电极中存在较多的位错和孪晶[图 5-3(a)和(b)]，这些位错和孪晶具有较高的活化能[95-97, 123]，可加速放电过程中电极表面的析氢副反应，不利于其利用率的提高。轧制后在 150℃退火 4 h 能减少电极中位错的数量同时维持电极在轧制态下的金相显微组织[图 5-3(c)和图 5-1(e)]，因此 150℃退火态电极表现出比其他状态电极更高的阳极利用率。轧制后在 350℃退火 4 h 则导致静态再结晶的发生，晶粒已长大且{0001}基面织构已削弱[图 5-1(f)和图 5-4(c)]，因此 350℃退火态电极的利用率比 150℃退火态电极的低。

表 5-4　不同状态下 AP65M0 镁合金电极在 25℃的 3.5%氯化钠溶液中于 180 mA/cm² 电流密度下放电 1 h 的阳极利用率

Table 5-4　Utilization efficiencies of AP65M0 magnesium alloy electrodes under different conditions during galvanostatic discharge at the current density of 180 mA/cm² for 1 h in 3.5% NaCl solution at 25℃

AP65M0 镁电极	阳极利用率 η/%
铸态合金	78.8 ± 1.1
均匀化退火态合金	73.6 ± 2.8
轧制态合金	81.5 ± 0.7
150℃退火态合金	84.7 ± 1.0
350℃退火态合金	79.2 ± 1.1

以上结果表明热轧和后续退火能提高 AP65M0 镁合金电极在恒电流放电过程中的阳极利用率，尽管轧制态和轧制后退火态电极的腐蚀电流密度比铸态和均匀化退火态电极的大。如第 3 章所述，电极的腐蚀电流密度和阳极利用率之间并无必然的联系，这是因为两者所处的状态不同：腐蚀电流密度对应电极在腐蚀电位下的溶解速度，而阳极利用率则与电极的阳极极化有关，此时电极上有较大的外加阳极电流流过，导致电极的表面状态发生变化。利用率高的电极能有效抑制阳

极极化过程中电极表面的析氢副反应和金属颗粒的脱落，而腐蚀电流密度大的电极则在腐蚀电位下溶解迅速，有可能缩短电极在放电过程中的激活时间。

图 5 - 7 将 150℃退火态 AP65M0 镁合金电极在恒电流放电过程中的电位 - 时间曲线与纯镁和 AZ31 镁合金电极进行对比。该纯镁电极为 99.99% 纯度的镁锭，AZ31 镁合金电极则来自商用 AZ31 镁合金板材。可以看出，无论是在 10 mA/cm^2[图 5 - 7(a)]还是在 180 mA/cm^2[图 5 - 7(b)]电流密度下，150℃退火态 AP65M0 镁合金电极均表现出与纯镁和 AZ31 镁合金电极不同的放电行为。AZ31 镁合金电极在以上两个外加电流密度下都具有最正的放电电位，其次是纯镁电极，而 150℃退火态 AP65M0 镁合金电极则具有最负的放电电位。这一结果表明与纯镁和 AZ31 镁合金电极相比，150℃退火态 AP65M0 镁合金电极表现出较强的放电活性。根据图 5 - 7(b)可知，纯镁在 180 mA/cm^2 电流密度下当放电时间超过 400 s 时电位逐渐正移，表明放电产物氢氧化镁在电极表面沉积且难以剥落。表 5 - 5 所列为纯镁、AZ31 镁合金和 150℃退火态 AP65M0 镁合金电极在不同电流密度下恒电流放电 600 s 的平均放电电位。可以看出，在 180 mA/cm^2 电流密度下 150℃退火态 AP65M0 镁合金电极的平均放电电位为 - 1.686 V(vs SCE)，接近于相似放电条件下的 Mg - Ga - Hg 合金电极[53, 74]，表明该 150℃退火态 AP65M0 镁合金电极已具备较强的放电活性。

表 5 - 5　纯镁、AZ31 镁合金和 150℃退火态 AP65M0 镁合金电极在 25℃的 3.5%氯化钠溶液中于不同电流密度下恒电流放电 600 s 的平均放电电位

Table 5 - 5　Average discharge potentials of pure magnesium, AZ31 magnesium alloy, and 150℃ annealed AP65M0 magnesium alloy electrodes during galvanostatic discharge at different current densities for 600 s in 3.5% NaCl solution at 25℃

镁电极	平均放电电位 (vs SCE)/V	
	10 mA/cm^2	180 mA/cm^2
纯镁	- 1.627	- 1.501
AZ31 合金	- 1.583	- 1.336
AP65M0 合金	- 1.780	- 1.686

表 5 - 6 所列为以上三种镁电极在 180 mA/cm^2 电流密度下放电 1 h 的阳极利用率。可以看出，纯镁电极的利用率最低，其次是 AZ31 镁合金电极，而 150℃退火态 AP65M0 镁合金电极则拥有最高的利用率。这一结果表明纯镁电极在放电过程中的析氢副反应比较剧烈，这是由纯镁本身较强的负差数效应决定的[46, 50, 51]，尽管纯镁电极拥有相对较小的腐蚀电流密度(表 5 - 2)。150℃退火态 AP65M0 镁

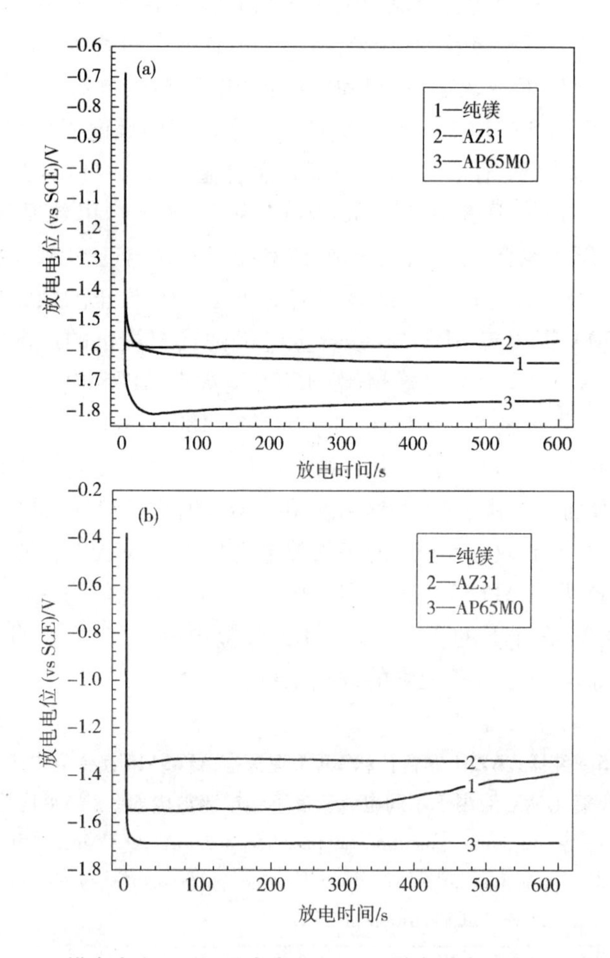

图5-7 纯镁、AZ31镁合金和150℃退火态AP65M0镁合金电极在25℃的3.5%氯化钠溶液中于10 mA/cm²(a)和180 mA/cm²(b)电流密度下放电时的电位-时间曲线

Fig. 5-7 Galvanostatic potential - time curves of pure magnesium, AZ31 magnesium alloy, and 150℃ annealed AP65M0 magnesium alloy electrodes at the current densities of 10 mA/cm²(a) and 180 mA/cm²(b) in 3.5% NaCl solution at 25℃

合金电极较高的阳极利用率除与其自身有利的显微组织有关以外，还与电极中的合金元素铝和铅有关，这两种合金元素具有较高的析氢过电位[75]，能抑制放电过程中电极表面的析氢副反应，从而提高电极的利用率。150℃退火态AP65M0镁合金电极由于具有较强的放电活性和较高的阳极利用率，是一种可用于大功率海水电池阳极的理想材料。

表5-6　纯镁、AZ31镁合金和150℃退火态AP65M0镁合金电极在25℃的3.5%氯化钠溶液中于180 mA/cm² 电流密度下放电1 h的阳极利用率

Table 5-6　Utilization efficiencies of pure magnesium, AZ31 magnesium alloy, and 150℃ annealed AP65M0 magnesium alloy electrodes during galvanostatic discharge at the current density of 180 mA/cm² for 1 h in 3.5% NaCl solution at 25℃

镁电极	阳极利用率 η/%
纯镁	64.0 ±0.5
AZ31 合金	69.8 ±2.8
AP65M0 合金	84.7 ±1.0

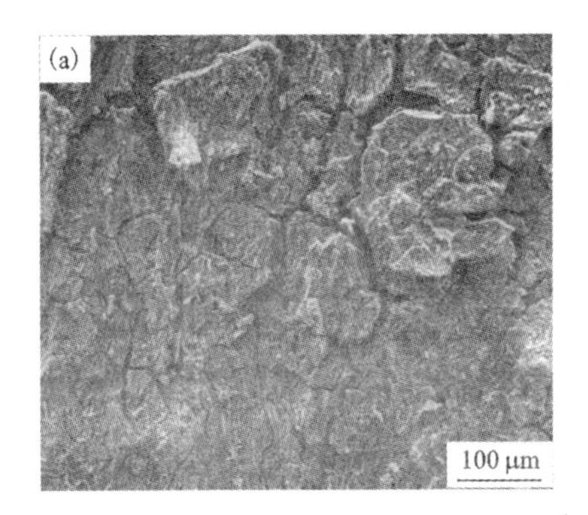

图5-8　纯镁(a)、AZ31镁合金(b)和150℃退火态AP65M0镁合金(c)电极在25℃的3.5%氯化钠溶液中于180 mA/cm² 电流密度下放电600 s后电极表面形貌的二次电子像

Fig. 5-8　Secondary electron (SE) images of surface morphologies of pure magnesium (a), AZ31 magnesium alloy (b), and 150℃ annealed AP65M0 magnesium alloy (c) electrodes after galvanostatic discharge at the current density of 180 mA/cm² for 600 s in 3.5% NaCl solution at 25℃

镁合金电极放电活性的强弱也可以从放电后电极的表面形貌反映出来。

图5－8所示为纯镁、AZ31镁合金和150℃退火态AP65M0镁合金电极在3.5%氯化钠溶液中于180 mA/cm^2电流密度下放电600 s后电极表面形貌的二次电子像。可以看出，纯镁[图5－8(a)]和AZ31镁合金[图5－8(b)]电极的放电产物较为致密且裂纹较少，在恒电流放电结束后也观察到电极表面附着有较厚的放电产物，表明放电过程中这两种电极的活性反应面积较小、放电活性较弱，与图5－7(b)所示纯镁和AZ31镁合金电极的电位－时间曲线一致。而150℃退火态AP65M0镁合金电极的放电产物呈龟裂的泥土状且裂纹较多[图5－8(c)]，在恒电流放电结束后也观察到电极表面附着的放电产物较薄，部分区域甚至无放电产物覆盖。因此，在放电过程中该电极的表面能和电解液有效接触，从而维持电极较大的活性反应面积和较强的放电活性，使其具有较负的放电电位[图5－7(b)]。

5.5.4 电化学阻抗谱

电化学阻抗谱是研究镁合金电极腐蚀电化学机理的重要手段。图5－9所示为纯镁、AZ31镁合金和150℃退火态AP65M0镁合金电极在25℃的3.5%氯化钠溶液中于开路电位下电化学阻抗谱的Nyquist图。可以看出，这三种电极表现出相似的电化学阻抗行为，即均是在高频和中频区存在一个直径较大的、与电荷转移电阻R_t和双电层电容C_{dl}有关的容抗弧，在低频区则存在一个直径较小的、与覆盖在电极表面的氢氧化镁膜有关的容抗弧。不同之处是这些容抗弧的直径存在差异，在高频和中频区AZ31镁合金电极的容抗弧直径最大，其次是纯镁电极，150℃退火态AP65M0镁合金电极则具有最小的容抗弧直径。因此，该150℃退火态AP65M0镁合金电极拥有最小的电荷转移电阻，有利于电极在开路电位下的活化溶解，这一结果与表5－2所列各镁电极腐蚀电流密度的大小关系一致。

采用Z-view软件并结合图4－30(b)所示的等效电路拟合以上三种镁电极的电化学阻抗谱，表5－7所列为拟合电化学阻抗谱得到的各电化学元件参数值，可以看出150℃退火态AP65M0镁合金电极的氢氧化镁膜电阻值(R_f)为4 $\Omega\cdot cm^2$，明显小于纯镁和AZ31镁合金电极。因此，在开路电位下该150℃退火态AP65M0镁合金电极不仅具有较小的电荷转移电阻，而且能抑制氢氧化镁膜在电极表面的形成，从而维持电极较大的活性反应面积，有利于电极在开路电位下的活化溶解。根据式4－6将以上三种镁电极的Y_{dl}和Y_f值分别换算成纯电容C_{dl}和C_f值，然后根据式4－4计算这些电极双电层电容的时间常数τ_{dl}以及氢氧化镁膜电容的时间常数τ_f，结果列于表5－7中。可以看出，150℃退火态AP65M0镁合金电极的τ_{dl}比纯镁和AZ31的小，表明在AP65M0电极表面双电层的形成和充电过程较容易进入稳态，可能有利于电极在放电过程中的迅速激活。此外，纯镁和AZ31镁合金电极拥有比AP65M0电极更大的τ_f值，因此在AP65M0电极表面氢氧化镁膜的形成和溶解过程能较快进入稳态，而纯镁和AZ31镁合金电极则进入稳态较

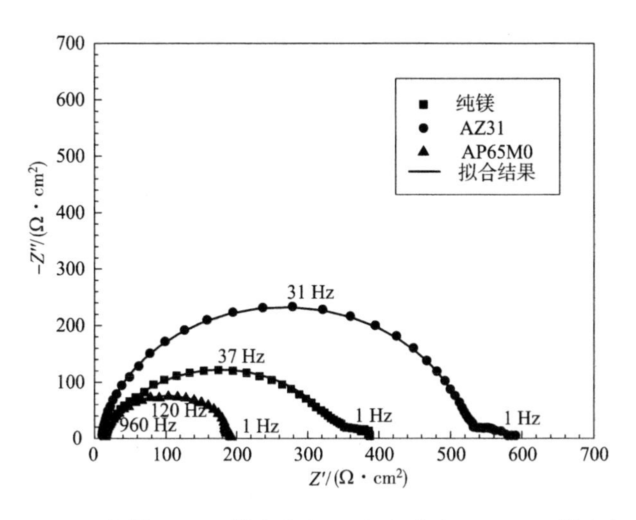

图 5 - 9　纯镁、AZ31 镁合金和 150℃退火态 AP65M0 镁合金电极在 25℃的 3.5%氯化钠溶液中电化学阻抗谱的 Nyquist 图

Fig. 5 - 9　Electrochemical impedance spectra (Nyquist plots) of pure magnesium, AZ31 magnesium alloy, and 150℃ annealed AP65M0 magnesium alloy electrodes in 3.5% NaCl solution at 25℃

慢，可能与这两个电极表面氢氧化镁膜的形成较为容易但溶解相对困难有关。

表 5 - 7　拟合电化学阻抗谱所得的纯镁、AZ31 镁合金和 150℃退火态 AP65M0 镁合金电极的电化学参数

Table 5 - 7　Electrochemical parameters of pure magnesium, AZ31 magnesium alloy, and 150℃ annealed AP65M0 magnesium alloy electrodes obtained by fitting the electrochemical impedance spectra

镁电极	R_s /(Ω·cm²)	R_t /(Ω·cm²)	Y_{dl} /(Ω⁻¹·cm⁻²·sⁿ)	n_{dl}	R_f /(Ω·cm²)
纯镁	12	328	3.7×10^{-5}	0.81	50
AZ31 合金	10	508	1.3×10^{-5}	0.94	75
AP65M0 合金	14	175	1.4×10^{-5}	0.91	4

镁电极	Y_f /($\Omega^{-1}\cdot cm^{-2}\cdot s^n$)	n_f	τ_{dl} /s	τ_f /s
纯镁	2.0×10^{-2}	0.7	4.3×10^{-3}	1.03
AZ31 合金	2.0×10^{-2}	0.6	4.8×10^{-3}	1.25
AP65M0 合金	1.0×10^{-2}	1	1.3×10^{-3}	0.04

5.6 热挤压对 AP65 镁合金显微组织及电化学行为的影响

5.6.1 热挤压过程中显微组织的演变

和热轧一样，热挤压也是改变镁合金阳极显微组织的重要途径。在热挤压过程中 AP65M0 镁合金显微组织的改变可总结如下：

第一，热挤压能促进 AP65M0 镁合金的动态再结晶过程并显著细化其晶粒。图 5－10(a)所示为均匀化退火态 AP65M0 镁合金的金相照片，将该状态下的镁合金定义为热挤压前的镁合金。可以看出在热挤压前 AP65M0 镁合金呈现出晶粒较大的等轴晶组织，且在镁基体中分布有黑色的 Al－Mn 相，如前所述该 Al－Mn 相为 $Al_{11}Mn_4$和 Al_8Mn_5。经热挤压后[图 5－10(b)]，AP65M0 镁合金的晶粒得到显著细化且仍呈现等轴晶组织，这一结果类似于 Haroush 等[95]报道的高温下热挤压态 AZ80 镁合金的金相显微组织。与热轧态合金相比[图 5－1(c)]，热挤压态 AP65M0 镁合金的晶粒更细小且尺寸较为均匀，表明在热挤压过程中 AP65M0 镁合金已发生较为彻底的动态再结晶，在其金相照片中看不到类似轧制态合金拉长的晶粒和非常细小的等轴晶晶粒[图 5－1(d)]。这一结果可归因于热挤压过程中较高的温度(450℃)和较大的挤压比(24.5∶1)，因此能促进 AP65M0 镁合金在塑性变形过程中发生较为彻底的动态再结晶。热挤压前后镁合金的晶粒尺寸采用线性截距法求得，对于挤压前的合金在不同视场下选择 200 个晶粒用于计算平均晶粒尺寸，而挤压后的合金则选择 1000 个晶粒计算其平均晶粒尺寸。经过计算发现挤压前 AP65M0 镁合金的平均晶粒尺寸为(320 ± 101) μm，挤压后平均晶粒尺寸则减小为(60 ± 23) μm。图 5－11(a)和(b)所示分别为热挤压前后 AP65M0 镁合金的晶粒尺寸分布，可以看出在挤压前晶粒尺寸分布很均匀，呈正

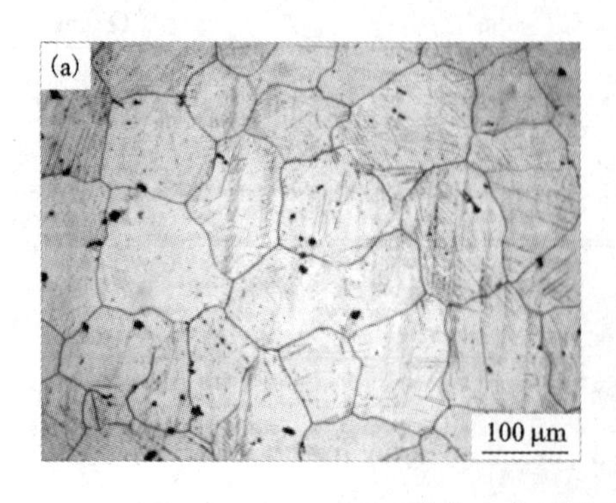

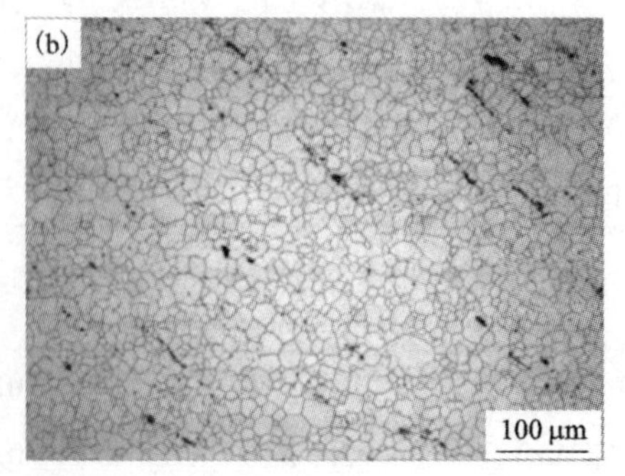

图 5－10 AP65M0 镁合金在热挤压前(a)和热挤压后(b)的金相照片

Fig. 5－10 Optical micrographs of AP65M0 magnesium alloys before (a) and after (b) hot extrusion

态分布；经过挤压后晶粒尺寸的均匀程度有所降低，但与热轧后的 AP65M0 镁合金相比仍较为均匀。

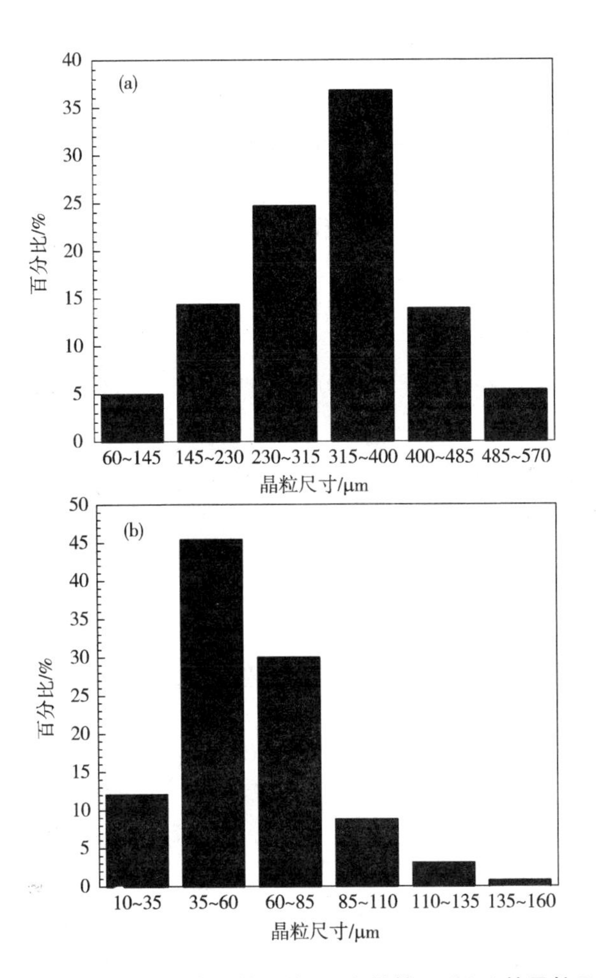

图 5 - 11　AP65M0 镁合金在热挤压前(a)和热挤压后(b)的晶粒尺寸分布

Fig. 5 - 11　Distribution of grain sizes of AP65M0 magnesium alloys before (a) and after (b) hot extrusion

第二，热挤压能促进 AP65M0 镁合金基体成分的均匀化并显著破碎 Al - Mn 相颗粒。图 5 - 12 所示为热挤压前后 AP65M0 镁合金的扫描电镜背散射像。可以看出，在热挤压前 AP65M0 镁合金基体颜色不均匀[图 5 - 12(a)]，部分区域较亮、部分区域则较暗，表明合金元素在镁基体中的分布不均匀[88]。此外，在该镁合金的基体中分布有白色的 Al - Mn 相($Al_{11}Mn_4$和 Al_8Mn_5)颗粒，图 5 - 12(b)所示放大的背散射像则清晰揭示出该 Al - Mn 相颗粒在热挤压前的形貌。经热挤压后[图 5 - 12(c)]，镁合金基体的颜色趋于均匀，表明热挤压能促进镁基体成分的均匀化，这一结果与热轧类似[图 5 - 2(b)]。此外，白色的 Al - Mn 相在热挤压后已显著破碎并沿挤压方向分布，表明热挤压对 Al - Mn 相破碎的效果比热轧更明显，这是因为在热挤压过程中采用较大挤压比(24.5∶1)的缘故。图 5 - 12(d)所示放大的背散射像则清晰揭示出经热挤压后已破碎的 Al - Mn 相颗粒形貌。借助于透射电镜能更好地分析 Al - Mn 相在挤压过程中形貌的变化。图 5 - 13(a)和(b)所示分别为挤压前后 Al - Mn 相在透射电镜明场像下的形貌，可以看出在挤压前该相尺寸较大，经过挤压后 Al - Mn 相破碎而导致其尺寸变小。结合选取衍射斑分析可知[图 5 - 13(c)]，破碎的该相具有密排六方晶格结构，因而是 Al_8Mn_5 相[118]。

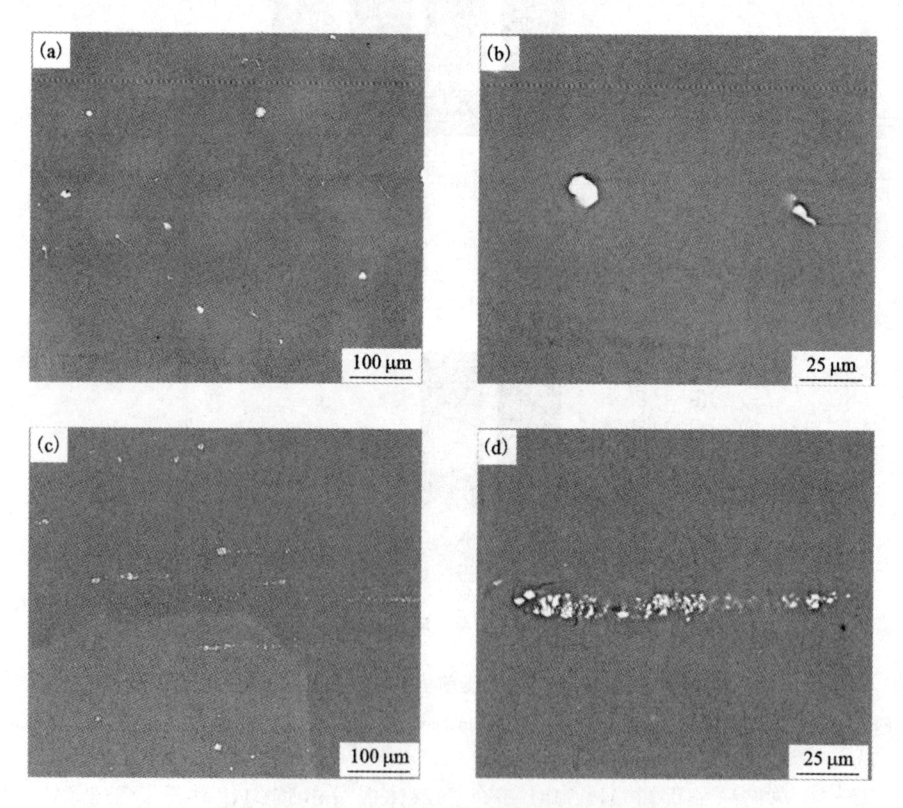

图 5 - 12　AP65M0 镁合金的扫描电镜背散射像

(a) 热挤压前；(b) 放大的(a)；(c) 热挤压后；(d)放大的(c)

Fig. 5 - 12　Backscattered electron (BSE) images of AP65M0 magnesium alloys: (a) alloy before hot extrusion, (b) closed - up view of (a), (c) alloy after hot extrusion, and (d) closed - up view of (c)

第三，热挤压并没有明显增加 AP65M0 镁合金中位错的密度，也没有在镁合金中形成亚晶粒。图 5 - 14 所示为热挤压前后 AP65M0 镁合金的透射电镜明场

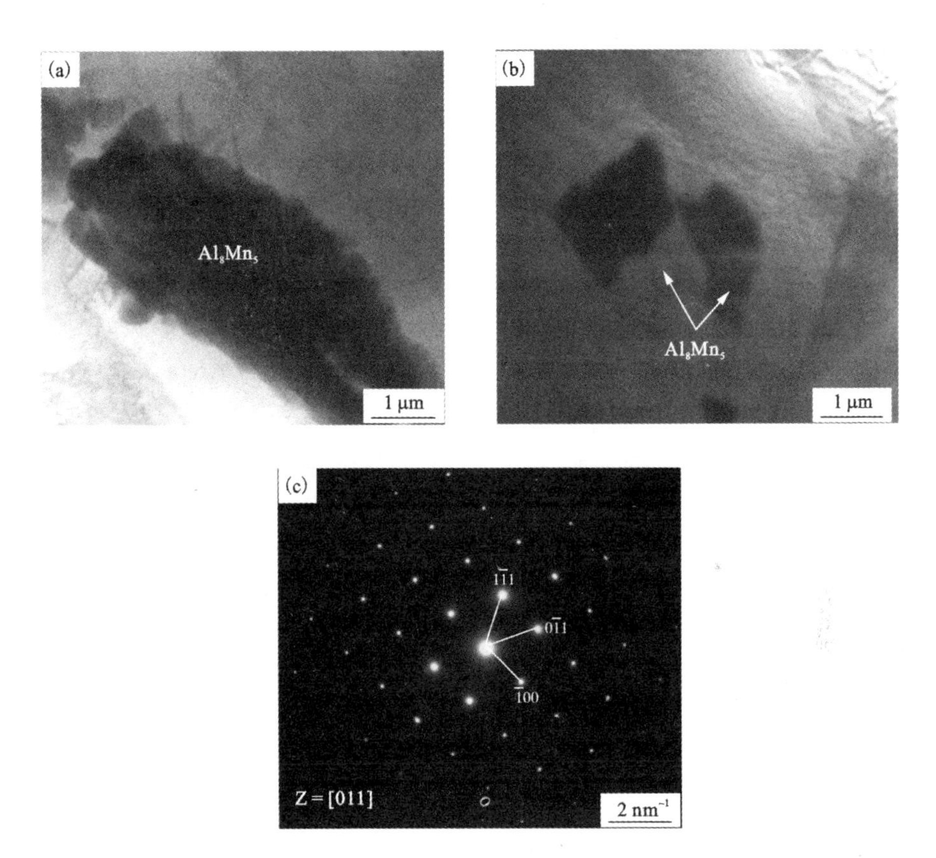

图 5 - 13　热挤压前(a)与热挤压后(b)AP65M0 镁合金中 Al_8Mn_5 相在透射电镜明场像下的形貌和对应的选取衍射斑(c)

Fig. 5 - 13　TEM bright field images of Al_8Mn_5 particles in AP65M0 magnesium alloys before (a) and after (b) hot extrusion, and the corresponding electron diffraction pattern of the Al_8Mn_5 particle (c)

像，可以看出在热挤压前合金中晶粒内部[图 5 - 14(a)]和晶界[图 5 - 14(b)]的位错密度较小，经热挤压后位错密度并没有明显增多，合金的显微组织主要表现为三叉晶界[图 5 - 14(c)]而无亚晶粒形成。主要原因在于挤压温度较高且挤压比较大，导致动态再结晶较为彻底。这一结果不同于 Haroush 等[95]报道的 350℃ 下热挤压态 AZ80 镁合金中位错的密度和分布。此外，与轧制态 AP65M0 镁合金相比[图 5 - 3(b)]，热挤压态 AP65M0 镁合金中不存在孪晶，不同于 Zhang 等[125]报道的热挤压态 AZ91 镁合金在透射电镜明场像下的显微组织，该热挤压态 AZ91 镁合金因挤压温度相对较低(240℃)和挤压比相对较小(18∶1)而导致热挤压过程中大量孪晶的形成。由于本实验所采用的挤压温度高达 450℃ 且挤压比达到 24.5∶1，因此有利于 AP65M0 镁合金在热挤压过程中发生较为彻底的动态再结晶，导致其位错密度的减小以及孪晶和亚晶粒的消失。

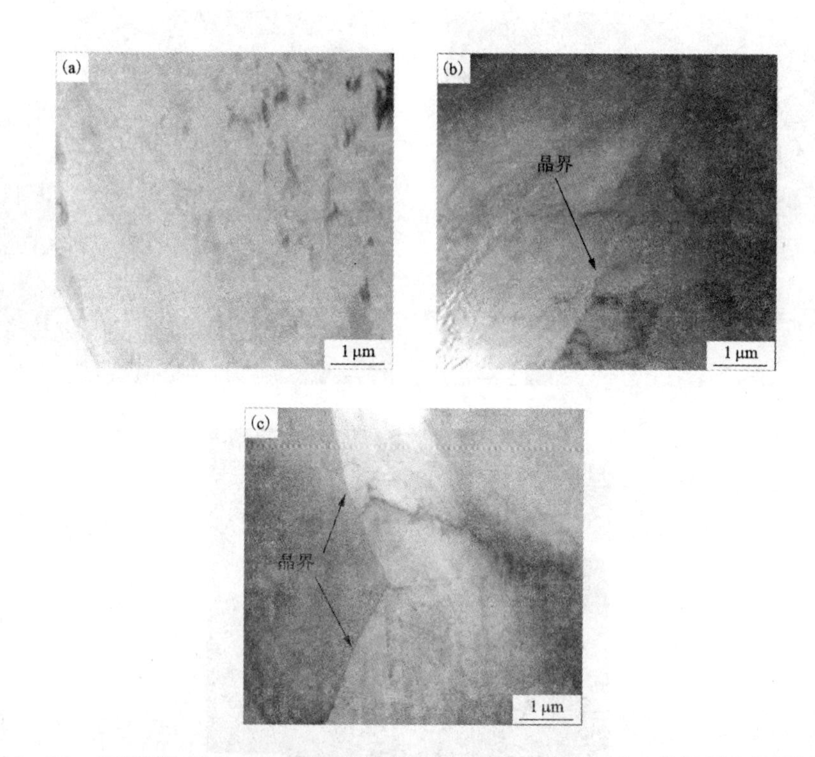

图 5－14　AP65M0 镁合金在热挤压前[（a)、(b)]和热挤压后(c)的透射电镜明场像

Fig. 5－14　TEM bright field images of AP65M0 magnesium alloys before [(a), (b)] and after (c) hot extrusion

第四，热挤压能改变 AP65M0 镁合金的晶粒取向，并在该镁合金中形成{0001}基面织构。图 5－15 所示为热挤压前后 AP65M0 镁合金的晶粒取向成像图，可以看出在热挤压前该镁合金的晶粒无明显的择优取向[图 5－15(a)]，但经热挤压后镁合金的{0001}晶面平行于挤压带材的平面[图 5－15(b)]，表明热挤压导致 AP65M0 镁合金晶粒的取向发生改变并形成{0001}基面织构。与轧制态 AP65M0 镁合金相比[图 5－4(b)]，热挤压态合金由于动态再结晶的发生导致其晶粒全部呈等轴晶且{0001}基面织构的强度已减弱、再结晶织构增强，但该热挤压态 AP65M0 镁合金{0001}基面织构的强度仍大于轧制后 350℃ 退火 4 h 的 AP65M0 镁合金[图 5－4(c)]。

5.6.2　动电位极化

图 5－16 所示为热挤压前后的 AP65M0 镁合金电极在 25℃ 的 3.5% 氯化钠溶液中的动电位极化曲线，可以看出两者均无钝化。经热挤压后 AP65M0 镁合金电

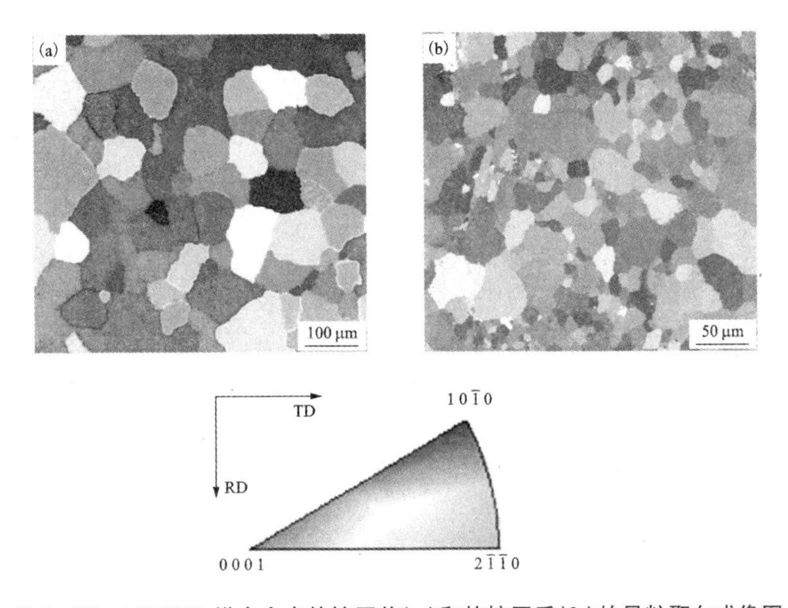

图 5－15　AP65M0 镁合金在热挤压前(a)和热挤压后(b)的晶粒取向成像图

Fig. 5－15　Grain orientation maps of AP65M0 magnesium alloys before (a) and after (b) hot extrusion

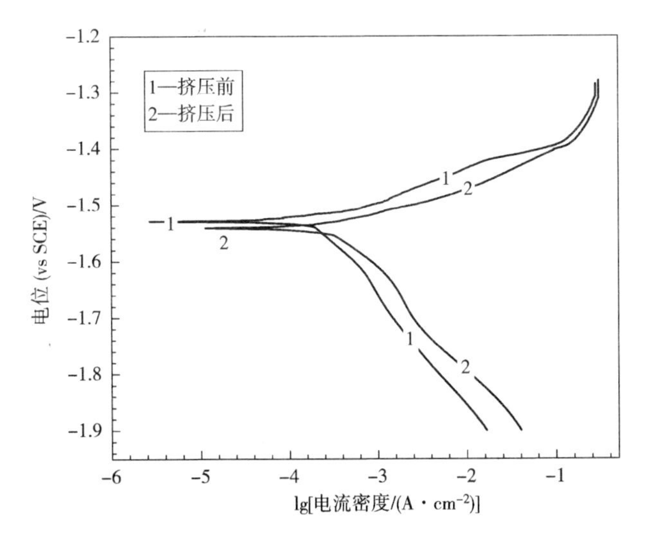

图 5－16　热挤压前后的 AP65M0 镁合金电极在 25℃的 3.5%氯化钠溶液中的动电位极化曲线

Fig. 5－16　Potentiodynamic polarization curves of AP65M0 magnesium alloy electrodes before and after hot extrusion in 3.5% NaCl solution at 25℃

极的腐蚀电位略有负移，且在整个扫描电压范围内表现出与挤压前不同的动电位极化行为。在阴极极化区热挤压态 AP65M0 镁合金电极的电流密度比挤压前的大，表明热挤压能促进阴极极化过程中电极表面的析氢反应速度；在阳极极化区经热挤压的 AP65M0 镁合金电极的电流密度同样大于挤压前的电极，且热挤压态电极的电流密度随电位正移而增大的速度比挤压前的大，表明热挤压能促进 AP65M0 镁合金电极在阳极极化过程中的活化溶解并增强其放电活性。

根据极化曲线采用 Tafel 外推法得到挤压前后镁合金电极的腐蚀电流密度，其外推过程同 2.4.1，腐蚀电流密度列于表 5-8。表中数据为三组平行实验的平均值，误差为平行实验的标准偏差。可以看出，经热挤压后 AP65M0 镁合金电极的腐蚀电流密度增大，且该热挤压态 AP65M0 镁合金电极的腐蚀电流密度大于轧制态电极(表 5-1)。这一结果表明热挤压与热轧相比更能促进 AP65M0 镁合金电极在腐蚀电位下的活化溶解，可能有利于缩短电极在放电过程中的激活时间。热挤压导致合金电极腐蚀电流密度增大可从其显微组织的改变得到解释。根据图 5-10 的金相照片可知，经热挤压后 AP65M0 镁合金的晶粒显著细化，晶界的数量则明显增多。Zhang 等[125]认为当电极反应过程仅受活化控制而无钝化时，晶界能加速镁合金在腐蚀电位处和阳极极化过程中的活化溶解。因此，挤压态合金因晶界较多而具有较大的腐蚀电流密度和阳极极化电流密度。

表 5-8　热挤压前后 AP65M0 镁合金电极的腐蚀电位(E_{corr})和腐蚀电流密度(J_{corr})

Table 5-8　Corrosion potentials (E_{corr}) and corrosion current densities (J_{corr}) of AP65M0 magnesium alloy electrodes before and after hot extrusion

镁电极	腐蚀电位 (vs SCE)/V	腐蚀电流密度/(μA·cm^{-2})
挤压前的 AP65M0 合金	-1.529	216.5 ± 21.9
挤压后的 AP65M0 合金	-1.541	311.5 ± 16.3

5.6.3　恒电流放电和放电后电极的表面形貌

图 5-17 所示为热挤压前后 AP65M0 镁合金电极在 25℃ 的 3.5% 氯化钠溶液中于不同电流密度下恒电流放电时的电位-时间曲线。可以看出，在热挤压前 AP65M0 镁合金电极在不同外加电流密度下放电时均具有比较平稳的放电电位，但在 180 mA/cm^2 和 300 mA/cm^2 电流密度下该电极的激活时间相对较长[图 5-17(a)]。经热挤压后[图 5-17(b)]，AP65M0 镁合金电极仍然保持平稳的放电电位，但在 180 mA/cm^2 和 300 mA/cm^2 电流密度下放电时电极的激活时间比热挤压前缩短，表明热挤压有利于 AP65M0 镁合金电极在大电流密度下放电时的迅速激

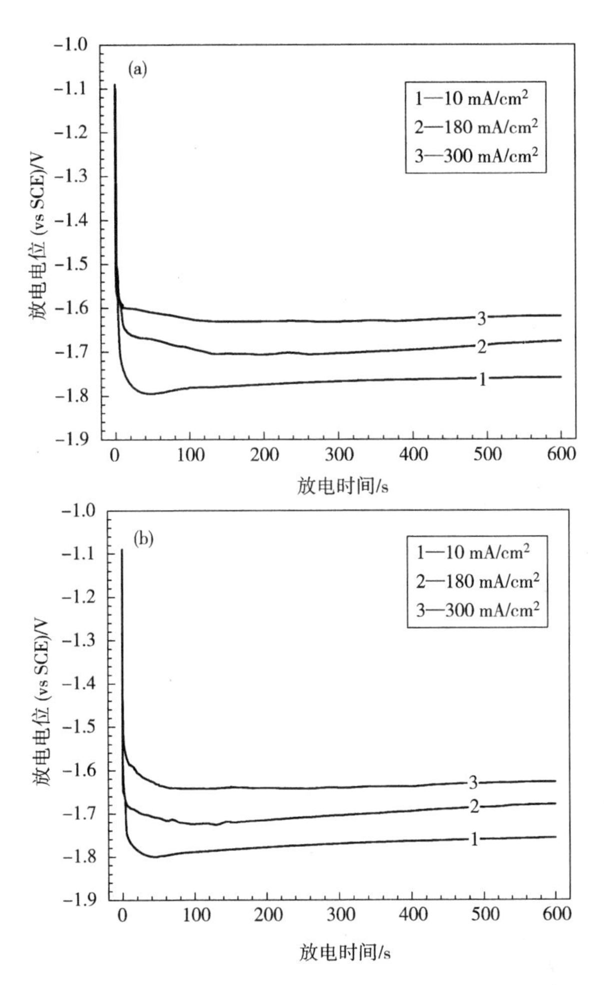

图 5－17　热挤压前(a)和热挤压后(b)的 AP65M0 镁合金电极在 25℃的 3.5%氯化钠溶液中于不同电流密度下恒电流放电时的电位－时间曲线

Fig. 5－17　Galvanostatic potential－time curves of AP65M0 magnesium alloy electrodes before (a) and after (b) hot extrusion at different current densities in 3.5% NaCl solution at 25℃

活。这一结果与表 5－8 所列热挤压前后 AP65M0 镁合金电极腐蚀电流密度的大小关系一致。表 5－9 所列为这些电极在不同电流密度下恒电流放电 600 s 的平均放电电位，可以看出经热挤压后 AP65M0 镁合金电极的平均放电电位相比挤压前略有负移，且该热挤压态电极在 180 mA/cm^2 电流密度下的平均放电电位可达 －1.701 V (vs SCE)，比热轧态和热轧后 150℃退火 4 h 的电极更负(表 5－3)。这一结果表明热挤压能维持电极较强的放电活性，且效果比热轧和后续退火更明显。此外，在 180 mA/cm^2 电流密度下热挤压前的 AP65M0 镁合金电极的平均放电电位比5.5节中均匀化退火态AP65M0镁合金电极的更负(表5-3)，这主要是由于两种合金的熔炼铸造方式不同造成的。

表5-9　热挤压前后AP65M0镁合金电极在25℃的3.5%氯化钠溶液中于不同电流密度下恒电流放电600 s的平均放电电位

Table 5-9　Average discharge potentials of AP65M0 magnesium alloy electrodes before and after hot extrusion during galvanostatic discharge at different current densities for 600 s in 3.5% NaCl solution at 25℃

镁电极	平均放电电位（vs SCE）/V		
	10 mA/cm^2	180 mA/cm^2	300 mA/cm^2
挤压前的AP65M0合金	-1.767	-1.690	-1.624
挤压后的AP65M0合金	-1.772	-1.701	-1.634

热挤压态AP65M0镁合金电极较短的激活时间和较强的放电活性源于其相对有利的显微组织。根据图5-10(a)和(b)所示的金相照片可知在热挤压过程中AP65M0镁合金能发生较为彻底的动态再结晶，晶粒得到显著细化且晶粒尺寸比轧制态更小更均匀[图5-1(c)]，该细小的晶粒和均匀的晶界有利于电极激活时间的缩短和放电活性的增强[60]。此外，热挤压能促进AP65M0镁合金基体成分均匀化[图5-12(c)]，因而能维持电极较为平稳的放电电位。根据图5-14所示热挤压前后AP65M0镁合金的透射电镜明场像可知，热挤压并没有明显增加位错密度，而这些位错可作为放电过程中氢氧化镁的形成中心而加速放电产物氢氧化镁在电极表面形成[123]，因此经热挤压后AP65M0镁合金电极能维持较强的放电活性。根据表5-9可知该热挤压态AP65M0镁合金电极在180 mA/cm^2电流密度下的平均放电电位为-1.701 V（vs SCE），接近于相似放电条件下的Mg-Ga-Hg合金电极[53, 74]，因而具有较强的放电活性。

图5-18所示为热挤压前后AP65M0镁合金电极在25℃的3.5%氯化钠溶液中于300 mA/cm^2电流密度下放电600 s后电极表面形貌的二次电子像。可以看出，在热挤压前后AP65M0镁合金电极的放电产物都呈龟裂的泥土状，且经热挤压后[图5-18(b)]放电产物上裂纹所围成的区域比热挤压前的[图5-18(a)]小，因此产物裂纹数量较多，有利于放电过程中电极表面和电解液的有效接触，从而维持电极较强的放电活性。这一结果与图5-17(a)和(b)所示热挤压前后AP65M0镁合金电极在大电流密度下恒电流放电时的电位-时间曲线一致。

5.6.4　阳极利用率

表5-10所列为热挤压前后的AP65M0镁合金电极在25℃的3.5%氯化钠溶液中于不同电流密度下恒电流放电时的阳极利用率。这些利用率为三组平行实验

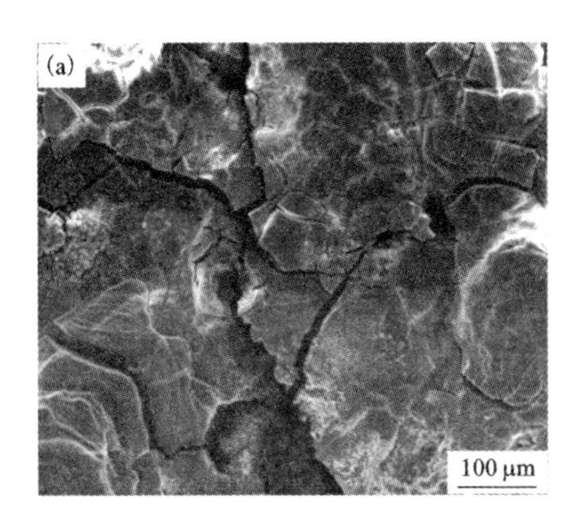

图 5-18　热挤压前(a)和热挤压后(b)的 AP65M0 镁合金电极在 25℃的 3.5%氯化钠溶液中于 300 mA/cm² 电流密度下放电 600 s 后电极表面形貌的二次电子像

Fig. 5-18　Secondary electron (SE) images of surface morphologies of AP65M0 magnesium alloy electrodes before (a) and after (b) hot extrusion after galvanostatic discharge at the current density of 300 mA/cm² for 600 s in 3.5% NaCl solution at 25℃

的平均值，误差为平行实验的标准偏差。可以看出，在 10 mA/cm² 电流密度下热挤压态 AP65M0 镁合金电极的阳极利用率略低于未热挤压的 AP65M0 镁合金电极，表明热挤压不利于提高电极在小电流密度下(10 mA/cm²)放电时的利用率。但在 180 mA/cm² 和 300 mA/cm² 电流密度下热挤压态 AP65M0 镁合金电极的阳极利用率则高于未经热经挤压的 AP65M0 镁合金电极，尤其是在 300 mA/cm² 电流密度下热挤压态电极的利用率可达(84.5 ±1.2)%，接近于该电极在 180 mA/cm² 电流密度下的利用率。这一结果表明热挤压能提高 AP65M0 镁合金电极在 180 mA/cm² 和 300 mA/cm² 电流密度下恒电流放电时的阳极利用率并有效抑制电极的负差数效应。此外，热挤压态电极在 180 mA/cm² 电流密度下的阳极利用率为(85.3 ±1.0)%，比热轧态电极高(表 5-4)，接近于热轧后 150℃退火 4 h 的电极(表 5-4)和第 4 章提到的 AP65Z1 镁合金电极(表 4-3)。

表 5-10　热挤压前后的 AP65M0 镁合金电极在 25℃的 3.5%氯化钠溶液中于不同电流密度下恒电流放电时的阳极利用率

Table 5-10　Utilization efficiencies of AP65M0 magnesium alloy electrodes before and after hot extrusion during galvanostatic discharge at different current densities in 3.5% NaCl solution at 25℃

镁电极	阳极利用率 η/%		
	10 mA/cm², 10 h	180 mA/cm², 1 h	300 mA/cm², 1 h
挤压前的 AP65M0 合金	47.3 ±0.2	81.7 ±0.4	77.3 ±1.3
挤压后的 AP65M0 合金	46.4 ±0.7	85.3 ±1.0	84.5 ±1.2

热挤压态 AP65M0 镁合金电极在大电流密度下较高的利用率源于其较为有利的显微组织。根据图 5－10(a)和(b)所示的金相照片可知热挤压能促进 AP65M0 镁合金的动态再结晶并显著细化其晶粒，该晶粒细化的效果比热轧更明显，且晶粒的尺寸比热轧后更均匀[图 5－1(c)]。因此在热挤压态电极的内部存在较多的晶界，如前所述这些晶界能作为一种屏障抑制电极在大电流密度下放电时的析氢副反应，从而使其阳极利用率得到提高。根据图 5－12 所示的背散射像和图 5－13所示的透射电镜明场像可知热挤压能破碎 AP65M0 镁合金中的 Al－Mn 相颗粒，且该热挤压对 Al－Mn 相颗粒破碎的效果比热轧更明显[图 5－2(c)]。因此经热挤压后电极中 Al－Mn 相与镁基体之间的微电偶作用减弱，有利于抑制放电过程中电极表面的析氢副反应并提高电极的利用率。根据图 5－14 所示的透射电镜明场像可知热挤压并没有明显增加 AP65M0 镁合金中的位错密度，且在该热挤压态合金中不存在孪晶和亚晶粒。一些文献认为位错、孪晶和亚晶粒具有较高的活化能[95－97, 123]，可加速放电过程中电极表面的析氢副反应从而降低电极的利用率，因此热挤压有利于电极在大电流密度下放电时利用率的提高。此外，根据图 5－15 所示的晶粒取向成像图可知热挤压能在 AP65M0 镁合金中形成{0001}基面织构，该{0001}基面原子排列紧凑且具有较低的表面能[75, 122, 124]，可抑制放电过程中水合质子夺走电极上的电子而发生还原反应生成氢气[75]，因此能提高电极在大电流密度下放电时的阳极利用率。

5.6.5 电化学阻抗谱

图 5－19 所示为热挤压前后的 AP65M0 镁合金电极在 25℃的 3.5% 氯化钠溶液中于 300 mA/cm^{2}电流密度下放电 600 s 后在开路电位下电化学阻抗谱的 Nyquist 图。此时电极的表面状态已发生改变，不同于前面提到的用于测试电化学阻抗谱的电极。可以看出，热挤压前后的 AP65M0 镁合金电极在高频和中频区存在一个直径较大的、与电荷转移电阻 R_t和双电层电容 C_{dl}有关的容抗弧，且经过挤压的合金容抗弧直径较小；在低频区热挤压前后的 AP65M0 镁合金电极则存在一个直径较小的容抗弧，该容抗弧与放电结束后覆盖在电极表面的放电产物氢氧化镁有关，且经过挤压的镁合金同样表现出较小的容抗弧直径。采用 Z-view 软件并结合图 4－30(b)所示的等效电路拟合以上镁合金电极的电化学阻抗谱，各电化学元件的参数值列于表 5－11。可以看出，经热挤压后 AP65M0 镁合金电极的电荷转移电阻 R_t和放电产物氢氧化镁膜电阻 R_f均减小，表明热挤压不仅能维持 AP65M0 镁合金电极较小的电荷转移电阻，同时能加速放电产物氢氧化镁的剥落，使其具有较强的放电活性。这一结果与图 5－17 所示的电位－时间曲线和图 5－18 所示的放电产物形貌一致。相比前面提到的电化学阻抗谱，在 300 mA/cm^{2}电流密度下放电 600 s 后电极的电荷转移电阻明显减小，因此恒电流放电有利于促进电极的活化溶解。

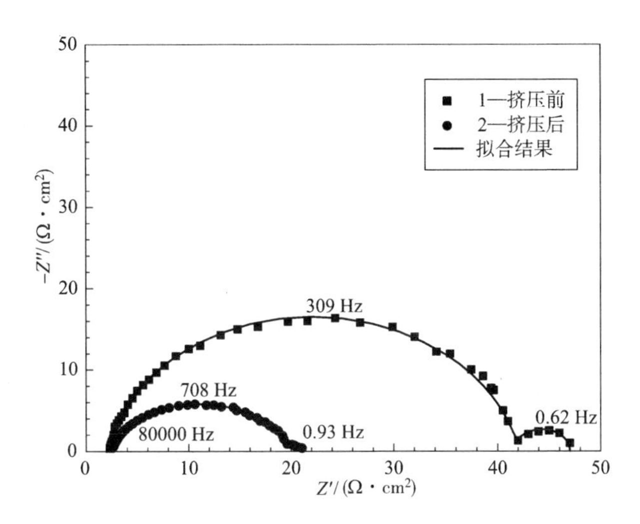

图 5-19　热挤压前后的 AP65M0 镁合金电极在 25℃的 3.5%氯化钠溶液中于 300 mA/cm² 电流密度下放电 600 s 后电化学阻抗谱的 Nyquist 图

Fig. 5-19　Electrochemical impedance spectra (Nyquist plots) of AP65M0 magnesium alloy electrodes before and after hot extrusion after galvanostatic discharge at the current density of 300 mA/cm² for 600 s in 3.5% NaCl solution at 25℃

表 5-11　拟合电化学阻抗谱所得的热挤压前后 AP65M0 镁合金电极的电化学参数

Table 5-11　Electrochemical parameters of AP65M0 magnesium alloy electrodes before and after hot extrusion obtained by fitting the electrochemical impedance spectra

镁电极	R_s /(Ω·cm²)	R_t /(Ω·cm²)	Y_{dl} /($\Omega^{-1}\cdot cm^{-2}\cdot s^n$)	n_{dl}	R_f /(Ω·cm²)	Y_f /($\Omega^{-1}\cdot cm^{-2}\cdot s^n$)	n_f
挤压前的 AP65M0 合金	2	40	3.2×10^{-5}	0.88	5	5×10^{-2}	1
挤压后的 AP65M0 合金	1	18	1.2×10^{-4}	0.73	1	2×10^{-1}	1

5.7　本章小结

本章研究多道次热轧及后续退火和单道次热挤压过程中 AP65M0 镁合金显微组织的演变及其对放电行为的影响。采用金相显微镜、环境扫描电子显微镜的背散射像、透射电镜明场像以及电子背散射衍射成像分析技术研究多道次热轧及后续退火和单道次热挤压过程中 AP65M0 镁合金显微组织的演变，采用动电位极化扫描、不同电流密度下的恒电流放电以及电化学阻抗谱研究多道次热轧及后续退火和单道次热挤压对 AP65M0 镁合金电极在 3.5%氯化钠溶液中电化学行为的影响，并与纯镁和 AZ31 镁合金电极进行对比。采用环境扫描电子显微镜的二次电子像观察各镁电极经恒电流放电后的表面形貌。结果表明：

（1）铸态 AP65M0 镁合金中的第二相 $\beta-Mg_{17}Al_{12}$ 导致电极在 180 mA/cm^2 电流密度下放电活性减弱，但能提高电极的阳极利用率。经均匀化退火后，铸态电极中的 $\beta-Mg_{17}Al_{12}$ 相溶解，在电极中仅剩下 Al－Mn 相，该 Al－Mn 相能作为强阴极相促进电极在 180 mA/cm^2 电流密度下的放电过程并增强其放电活性，但导致电极的利用率降低。经 400℃ 多道次热轧后，AP65M0 镁合金电极的晶粒细化、Al－Mn 相部分破碎、镁基体的成分均匀且在轧面上形成{0001}基面织构，从而使电极放电平稳、激活时间缩短且阳极利用率提高。热轧后在 150℃ 退火 4 h 能降低位错密度同时维持电极较小的晶粒和{0001}基面织构，因此 150℃ 退火态电极具有比其他状态电极以及纯镁和 AZ31 镁合金电极更强放电活性和更高的阳极利用率。这一结果表明细小的晶粒和较低的位错密度有利于提高 AP65M0 镁合金电极的放电活性并缩短其激活时间，镁基体均匀的成分能维持电极平稳的放电，而细小的晶粒、较少的位错、破碎的 Al－Mn 相以及{0001}基面织构则有利于提高电极在大电流密度下放电时的阳极利用率。热轧后在 350℃ 退火 4 h 使晶粒发生长大且{0001}基面织构被削弱，因此电极的放电活性减弱且利用率降低。

（2）与 400℃ 多道次热轧相比，450℃ 单道次热挤压更能促进 AP65M0 镁合金电极的动态再结晶过程并显著细化其晶粒，同时使晶粒的尺寸趋于均匀。此外，单道次热挤压能显著破碎电极中的 Al－Mn 相并使镁基体的成分得到均匀化。而且该热挤压没有明显增加位错密度，但在挤压带材平面上形成{0001}基面织构。经热挤压后 AP65M0 镁合金电极在 10 mA/cm^2 电流密度下放电时阳极利用率略有降低，但在 180 mA/cm^2 和 300 mA/cm^2 电流密度下热挤压态电极则具有较高的利用率，这一结果表明细小而尺寸均匀的晶粒、较低的位错密度、破碎的 Al－Mn 相以及{0001}基面织构有利于提高电极在大电流密度下放电时的阳极利用率。此外，热挤压能维持 AP65M0 镁合金电极在 180 mA/cm^2 和 300 mA/cm^2 电流密度下较强的放电活性并缩短电极的激活时间，使其具有较负且平稳的放电电位，表明细小而均匀的晶粒、较低的位错密度和成分均匀的镁基体能维持电极在大电流密度下较强的放电活性和较为平稳的放电过程，并使电极迅速激活。热挤压态 AP65M0 镁合金电极与热轧后 150℃ 退火 4 h 的电极相比具有较好的综合放电性能，更适合作阳极材料用于大功率海水激活电池。

第 6 章　电解液的盐度和温度对 AP65 镁合金电化学行为的影响

6.1 引　言

大多数镁合金阳极材料在电解液中电极过程主要受活化控制，因此电解液的盐度和温度对电化学行为有重要影响，这一点在绪论部分已提及。对于用在水下设备且以镁合金作阳极的化学电源而言，在放电过程中充当电解液的通常是海水或氯化钠等中性溶液。由于不同海域的海水具有不同的盐度和温度，将导致作电池阳极的镁合金在不同海域中表现出不同的电化学行为。因此，研究电解液的盐度和温度对镁合金阳极材料电化学行为的影响具有重要意义。

本章在上一章的基础上，以添加 0.6% 锰的热挤压态 AP65 镁合金（AP65M0）作为研究对象，研究其在不同盐度的氯化钠溶液中和不同温度的模拟海水中的电化学行为。在研究过程中，氯化钠溶液的盐度设置三个水平，分别为 1.5%、3.5% 和 5.5%，其中 1.5% 的氯化钠溶液用来模拟盐度较低的电解液，3.5% 的氯化钠溶液代表海水的平均盐度，5.5% 的氯化钠溶液则相当于高盐度的卤水[16, 65]；模拟海水的温度同样设置三个水平，分别为 0℃、20℃ 和 35℃，这一温度的设置主要是基于海水的温度范围通常在 0 ~ 35℃ 之间，因此选择 0℃ 作为海水的温度下限、选择 35℃ 作为海水的温度上限[16, 65]。本章的研究目的在于探讨电解液的盐度和温度对 AP65 镁合金电化学行为的影响。

6.2 不同盐度和温度电解液中镁合金阳极的电化学行为测试

热挤压态 AP65M0 镁合金电化学行为的测试分别在 25℃ 的 1.5%、3.5% 和 5.5% 的氯化钠溶液以及 0℃、20℃ 和 35℃ 的模拟海水中进行。其中，模拟海水的配方为 23.476 g NaCl、3.917 g Na_2SO_4、10.61 g $MgCl_2 \cdot 6H_2O$、0.664 g KCl、0.192 g $NaHCO_3$、1.469 g $CaCl_2 \cdot 2H_2O$、0.096 g KBr、0.026 g H_3BO_3、0.04 g $SrCl_2 \cdot 6H_2O$[126]。该模拟海水和氯化钠溶液的配置同 2.2.2。采用 HH 恒温水浴锅控制电解液的温度，其中 0℃ 电解液通过往水浴锅中加入大量冰块（冰水混合物）、并将电解液放

入冰箱的冷藏室中冷藏一段时间。采用 CHI660D 电化学工作站和 CHI680 电流放大器并结合三电极体系测试热挤压态 AP65M0 镁合金电极在不同电解液中的电化学行为，各电极的动电位极化曲线测试同 2.2.2，恒电流放电过程中电位 - 时间曲线的测试以及电极利用率的测试同 3.3，电化学阻抗谱的测试同 4.3。采用 Quanta - 200 环境扫描电子显微镜(SEM)的二次电子像(SE)观察在不同盐度和温度的电解液中放电后已清除产物的热挤压态 AP65M0 镁合金电极的表面形貌，其中放电产物的清除过程同 3.3。

6.3 AP65 镁合金在不同盐度氯化钠溶液中的电化学行为

6.3.1 盐度对动电位极化行为的影响

图 6 - 1 所示为热挤压态 AP65M0 镁合金电极在 25℃ 的不同盐度氯化钠溶液中的动电位极化曲线。可以看出，在 1.5% 氯化钠溶液中电极的腐蚀电位最正，当盐度升高到 3.5% 时电极的腐蚀电位负移，表明盐度的升高能增大热挤压态 AP65M0 镁合金电极的腐蚀驱动力。当盐度达到 5.5% 时，电极的腐蚀电位则与 3.5% 时的接近，因此进一步增大盐度对热挤压态 AP65M0 镁合金电极的腐蚀电位已无明显影响。此外，在整个扫描电压范围内盐度对热挤压态 AP65M0 镁合金电极的动电位极化行为有重要影响。在阴极极化区，当盐度为 1.5% 时电极的电流密度最小，表明此时在阴极极化过程中电极表面的析氢速度很小。当盐度升高到 3.5% 时阴极电流密度增大，因此盐度的升高有利于促进阴极极化过程中电极表面的析氢反应。当盐度达到 5.5% 时，电极的阴极电流密度则与 3.5% 时的接近，说明进一步增大盐度对阴极极化过程中电极表面的析氢反应已无明显影响。在阳极极化区，当盐度为 1.5% 时电极的电流密度最小，表明此时电极在阳极极化过程中的放电活性较弱。当盐度提高到 3.5% 时阳极电流密度增大，因此盐度的升高有利于促进阳极极化过程中电极的活化溶解，使其具有较强的放电活性。当盐度达到 5.5% 时，电极的阳极电流密度则进一步增大，且电流密度随电位正移而增大的速度比该电极在 3.5% 氯化钠溶液中的大，说明热挤压态 AP65M0 镁合金电极在阳极极化过程中的放电活性随氯化钠溶液盐度的进一步升高而增强。这一结果与 Ambat 等[112]报道的 AZ91D 镁合金以及 Zhao 等[82]报道的 ZE41 镁合金在不同盐度氯化钠溶液中的动电位极化行为一致。

根据极化曲线采用 Tafel 外推法得到热挤压态 AP65M0 镁合金电极在不同盐度氯化钠溶液中的腐蚀电流密度，其外推过程同 2.4.1，腐蚀电流密度列于表 6 - 1。表中数据为三组平行实验的平均值，误差为平行实验的标准偏差。可以看出，当盐度为 1.5% 时电极的腐蚀电流密度最小，当盐度升高到 3.5% 时电极的腐蚀电流密度则明显增大，表明盐度的升高有利于促进热挤压态 AP65M0 镁合金电极在腐蚀电位下的活化溶解。这是因为随盐度的升高电解液中 Cl^- 离子浓度增大，该 Cl^- 离子能将覆盖在电极表面难溶的氢氧化镁转变为易溶的氯化镁[44, 110-112]，从而增大电极的活性反应面积，使其在腐蚀电位下具有较大的溶解速度。但当盐度达到 5.5% 时电极的腐蚀电流密度相比 3.5% 时略有降低，因此进一步升高盐度对增大电极的腐蚀电流密度已无意义，这一结果与 Altun 等[110]报道的 AZ63 镁合金在不同盐度氯化钠溶液中的腐蚀行为一致。

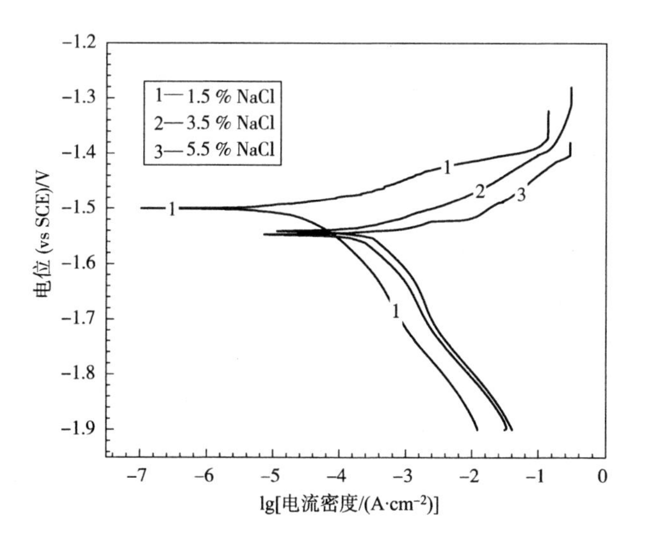

图 6-1　热挤压态 AP65M0 镁合金电极在 25℃的不同盐度氯化钠溶液中的动电位极化曲线

Fig. 6-1　Potentiodynamic polarization curves of hot extruded AP65M0 magnesium alloy electrode in solutions with different salinities of NaCl at 25℃

表 6-1　热挤压态 AP65M0 镁合金电极在 25℃的不同盐度氯化钠溶液中的腐蚀电位(E_{corr})和腐蚀电流密度(J_{corr})

Table 6-1　Corrosion potentials (E_{corr}) and corrosion current densities (J_{corr}) of hot extruded AP65M0 magnesium alloy electrode in solutions with different salinities of NaCl at 25℃

NaCl 盐度	腐蚀电位 (vs SCE)/V	腐蚀电流密度/(μA · cm⁻²)
1.5%	-1.500	88.7 ±4.7
3.5%	-1.541	311.5 ±16.3
5.5%	-1.547	248 ±22.8

6.3.2 盐度对恒电流放电行为的影响

图 6－2 所示为热挤压态 AP65M0 镁合金电极在 25℃ 的不同盐度氯化钠溶液中于不同电流密度下恒电流放电时的电位－时间曲线，表 6－2 所列为该电极在不同盐度氯化钠溶液中于不同电流密度下恒电流放电 600 s 的平均放电电位。结合图 6－2 和表 6－2 可知，氯化钠溶液的盐度对热挤压态 AP65M0 镁合金电极的恒电流放电行为有重要影响。当盐度为 1.5% 时[图 6－2(a)]，电极在不同电流密度下的放电电位都比该电极在其他盐度电解液中于同一电流密度下的放电电位正。此外，根据图 6－2(a) 可知在 1.5% 氯化钠溶液中电极的放电电位不平稳，且随放电时间的延长电位略有正移，表明覆盖在电极表面的放电产物氢氧化镁剥落相对困难从而导致电极的活性反应面积较小，因此热挤压态 AP65M0 镁合金电极在 1.5% 氯化钠溶液中放电活性较弱。

表 6－2 热挤压态 AP65M0 镁合金电极在 25℃的不同盐度氯化钠溶液中于不同电流密度下恒电流放电 600 s 的平均放电电位

Table 6－2 Average discharge potentials of hot extruded AP65M0 magnesium alloy electrode during galvanostatic discharge at different current densities for 600 s in solutions with different salinities of NaCl at 25℃

镁电极	平均放电电位 (vs SCE)/V		
	10 mA/cm^2	180 mA/cm^2	300 mA/cm^2
1.5%	－1.715	－1.602	－1.498
3.5%	－1.772	－1.701	－1.634
5.5%	－1.789	－1.723	－1.656

当盐度升高到 3.5% 时[图 6－2(b)]，在不同电流密度下热挤压态 AP65M0 镁合金电极的放电电位与在 1.5% 氯化钠溶液中相比均发生负移且放电更为平稳，表明该电极的放电活性随盐度的升高而增强。这是因为电解液中 Cl^- 离子浓度随氯化钠溶液盐度的升高而增大，该 Cl^- 离子能将覆盖在电极表面难溶的放电产物氢氧化镁转变为易溶的氯化镁[44, 110－112]，从而增大电极的活性反应面积，使其恢复较强的活性。当盐度达到 5.5% 时[图 6－2(c)]，电极在放电过程中的激活时间比在 3.5% 氯化钠溶液中的短，但在 180 mA/cm^2 电流密度下电极的电位随放电时间的延长略有正移。此外，根据表 6－2 可知，在 5.5% 的氯化钠溶液中电极在不同电流密度下的平均放电电位均比该电极在 3.5% 氯化钠溶液中于同一电流密度下的平均放电电位更负，因此随盐度的进一步升高，热挤压态 AP65M0 镁

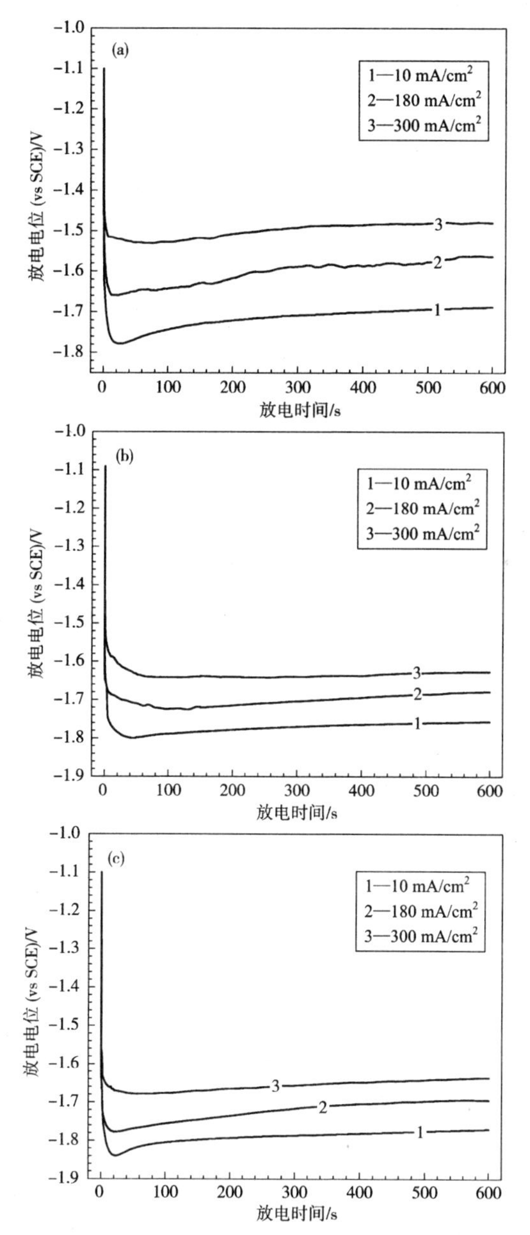

图6-2 热挤压态AP65M0镁合金电极在25℃的不同盐度氯化钠溶液中于不同电流密度下恒电流放电时的电位-时间曲线

(a) 1.5% NaCl; (b) 3.5% NaCl; (c) 5.5% NaCl

Fig.6-2 Galvanostatic potential-time curves of hot extruded AP65M0 magnesium alloy electrode at different current densities in solutions with different salinities of NaCl at 25℃: (a) 1.5% NaCl, (b) 3.5% NaCl, and (c) 5.5% NaCl

合金电极的放电活性得到进一步增强。这一结果与图 6 - 1 所示该电极在不同盐度氯化钠溶液中极化曲线的阳极支变化规律一致。

6.3.3 盐度对阳极利用率和放电过程中电极腐蚀行为的影响

表 6 - 3 所列为热挤压态 AP65M0 镁合金电极在 25℃ 的不同盐度氯化钠溶液中于不同电流密度下恒电流放电时的阳极利用率。表中数据为三组平行实验的平均值，误差为平行实验的标准偏差。可以看出，在 10 mA/cm^2 电流密度下电极的利用率随氯化钠溶液盐度的升高而降低。根据图 6 - 3 所示低倍下热挤压态 AP65M0 镁合金电极在 25℃ 的不同盐度氯化钠溶液中于 10 mA/cm^2 电流密度下放电 10 h 后清除产物的电极表面形貌二次电子像可知，各电极的表面都凹凸不平，表明在放电过程中大块金属颗粒从电极表面脱落，导致电极利用率降低。因此，在 10 mA/cm^2 电流密度下电极的利用率随氯化钠溶液盐度的升高而降低主要与电极表面析氢副反应速度随氯化钠溶液盐度的升高而增大有关。如前所述，在高盐度的氯化钠溶液中存在浓度较高的 Cl^- 离子，该 Cl^- 离子能破坏覆盖在电极表面的氢氧化镁膜而使电极裸露于电解液中，从而加速放电过程中电极表面的析氢副反应[50, 63]，导致电极利用率降低。

表 6 - 3 热挤压态 AP65M0 镁合金电极在 25℃的
不同盐度氯化钠溶液中于不同电流密度下恒电流放电时的阳极利用率

Table 6 - 3 Utilization efficiencies of hot extruded AP65M0 magnesium alloy electrode discharged at different current densities in solutions with different salinities of NaCl at 25℃

NaCl 盐度	阳极利用率 η/%		
	10 mA/cm^2, 10 h	180 mA/cm^2, 1 h	300 mA/cm^2, 1 h
1.5%	48.3 ±0.7	88.2 ±1.5	74.7 ±0.8
3.5%	46.4 ±0.7	85.3 ±1.0	84.5 ±1.2
5.5%	44.8 ±0.5	81.4 ±2.0	82.0 ±0.5

当外加电流密度为 180 mA/cm^2 时，热挤压态 AP65M0 镁合金电极在同一盐度电解液中的阳极利用率均比该电极在 10 mA/cm^2 电流密度下的高，且在 180 mA/cm^2 电流密度下电极的利用率随盐度的升高而降低，这一结果与 10 mA/cm^2 电流密度下的类似。根据图 6 - 4(a) 至图 6 - 4(c) 所示低倍下热挤压态 AP65M0 镁合金电极在 25℃ 的不同盐度氯化钠溶液中于 180 mA/cm^2 电流密度下放电 1 h 后清除产物的电极表面形貌二次电子像可知，随盐度的升高电极表面在放电后逐渐趋于平坦，表明盐度的升高有利于促进电极在 180 mA/cm^2 电流密度下放电时

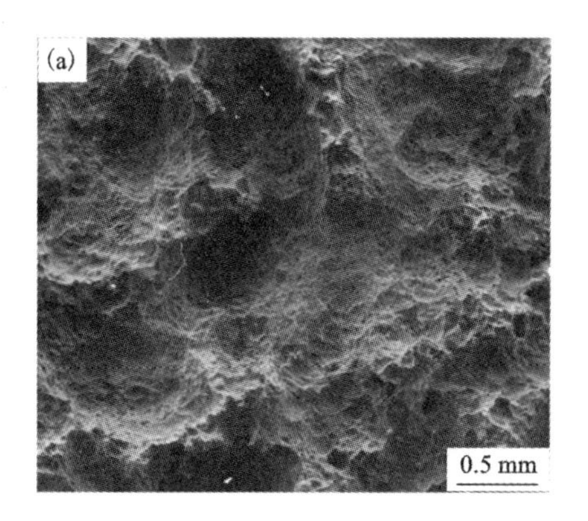

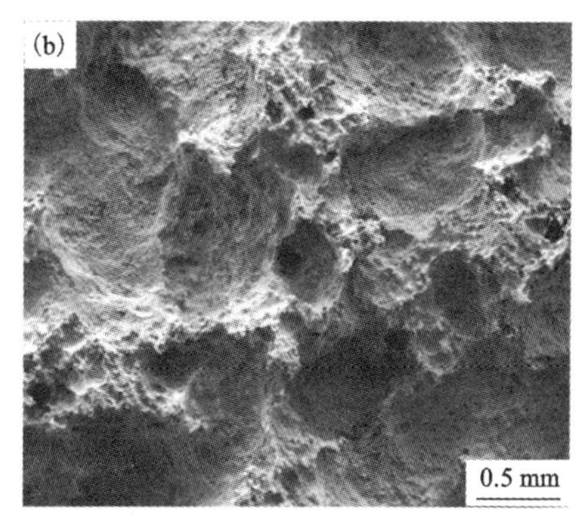

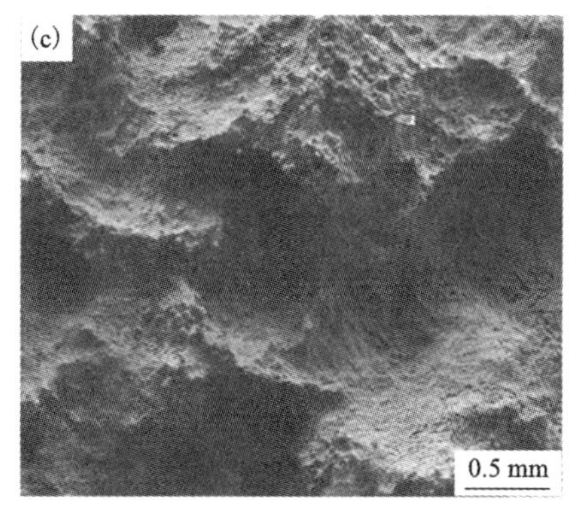

图 6－3　热挤压态 AP65M0 镁合金电极在 25℃的不同盐度氯化钠溶液中于 10 mA/cm² 电流密度下放电 10 h 后清除产物的电极表面形貌二次电子像

(a) 1.5% NaCl; (b) 3.5% NaCl; (c) 5.5% NaCl

Fig. 6－3　Secondary electron (SE) images of surface morphologies of hot extruded AP65M0 magnesium alloy electrode discharged at 10 mA/cm² for 10 h in solutions with different salinities of NaCl at 25℃ after removing the discharge products: (a) 1.5% NaCl, (b) 3.5% NaCl, and (c) 5.5% NaCl

的均匀溶解。此外，根据图 6－4(d)所示电极在 5.5% 氯化钠溶液中于 180 mA/cm²电流密度下放电 1 h 后放大的电极表面形貌二次电子像可知，该电极已发生丝状腐蚀，其腐蚀类型与电极在 1.5% 和 3.5% 氯化钠中的不同。以上实验结果表明在 180 mA/cm²电流密度下电极的利用率随盐度的升高而降低同样与电极表面的析氢副反应有关，该析氢副反应的速度随氯化钠溶液盐度的升高而增大。

当外加电流密度为 300 mA/cm²时，热挤压态 AP65M0 镁合金电极在 1.5% 氯化钠溶液中的阳极利用率为(74.7 ±0.8)%，低于该电极在其他盐度电解液中的利用率。这是因为 1.5% 氯化钠溶液由于盐度较低而具有较大的电阻，在 300 mA/cm²电流密度下放电时电解液温度急剧升高，从而导致电极表面的析氢副反

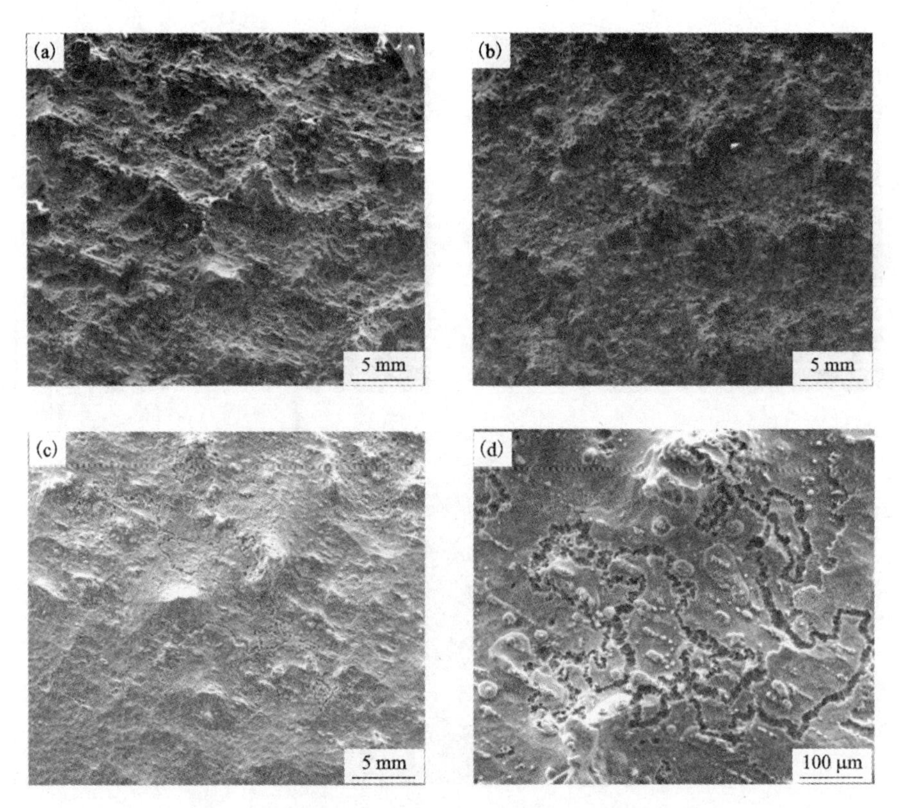

图 6-4　热挤压态 AP65M0 镁合金电极在 25℃的不同盐度氯化钠溶液中于 180 mA/cm² 电流密度下放电 1 h 后清除产物的电极表面形貌二次电子像

(a) 1.5% NaCl；(b) 3.5% NaCl；(c) 5.5% NaCl；(d) 放大的(c)

Fig. 6-4　Secondary electron (SE) images of surface morphologies of hot extruded AP65M0 magnesium alloy electrode discharged at the current density of 180 mA/cm² for 1 h in solutions with different salinities of NaCl at 25℃ after removing the discharge products: (a) 1.5% NaCl, (b) 3.5% NaCl, (c) 5.5% NaCl, and (d) closed-up view of (c)

应较为剧烈，因而其阳极利用率较低。此外，根据图 6-5(a)所示低倍下热挤压态 AP65M0 镁合金电极在 25℃的 1.5% 氯化钠溶液中于 300 mA/cm² 电流密度下放电 1 h后清除产物的电极表面形貌二次电子像可知，该电极的表面凹凸不平，表明在放电过程中金属颗粒的脱落比较严重，同样导致利用率降低。在 3.5% 氯化钠溶液中电极的溶解则较为均匀[图 6-5(b)]，因此其阳极利用率较高，(84.5±1.2)%。根据图 6-5(c)所示高倍下的电极表面形貌二次电子像可知该电极已发生丝状腐蚀，其腐蚀类型与电极在 3.5% 氯化钠溶液中于 180 mA/cm² 电流密度下放电时的不同[图 6-4(b)]。当电解液的盐度达到 5.5% 时，在 300 mA/cm² 电流密度下放电时

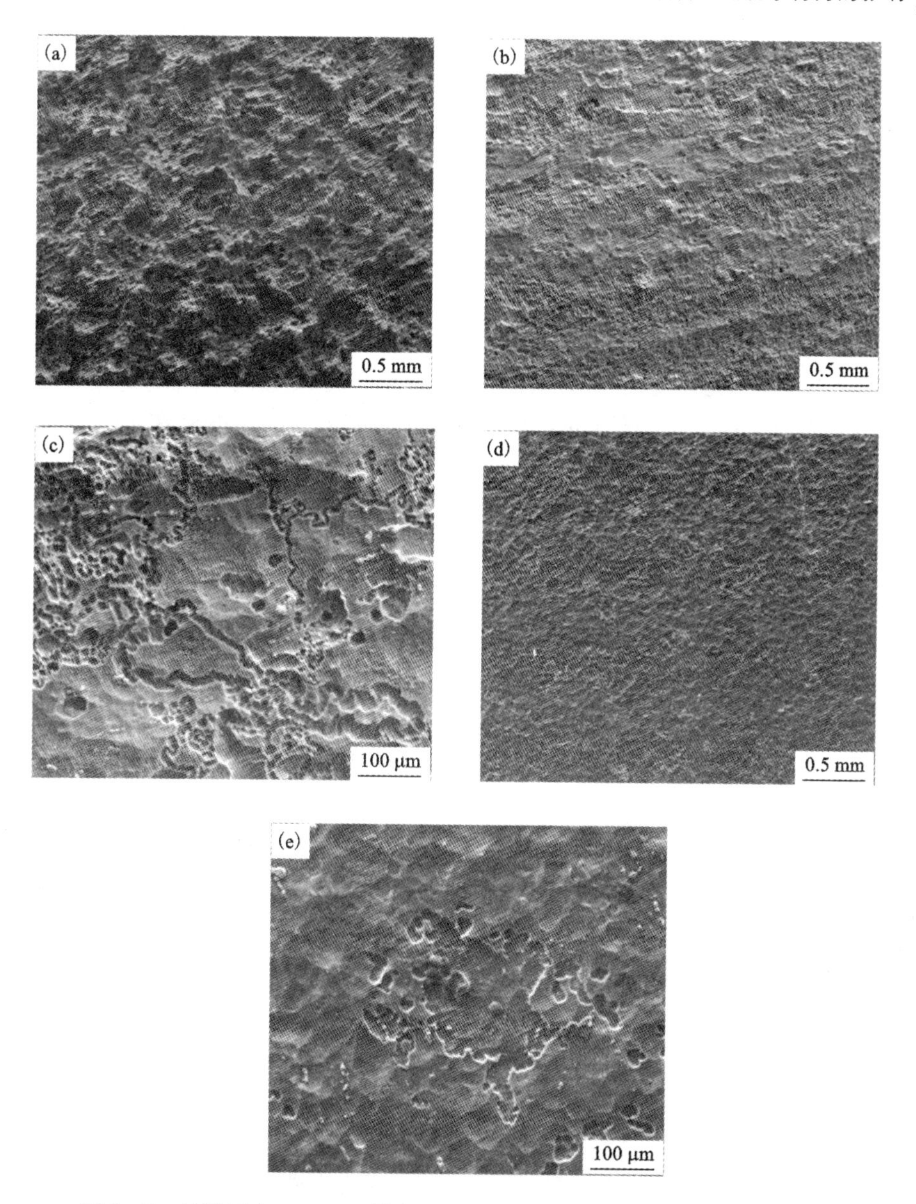

图 6－5　热挤压态 AP65M0 镁合金电极在 25℃的不同盐度氯化钠溶液中于 300 mA/cm² 电流密度下放电 1 h 后清除产物的电极表面形貌二次电子像

(a) 1.5% NaCl; (b) 3.5% NaCl; (c) 放大的(b); (d) 5.5% NaCl; (e) 放大的(d)

Fig. 6－5　Secondary electron (SE) images of surface morphologies of hot extruded AP65M0 magnesium alloy electrode discharged at the current density of 300 mA/cm² for 1 h in solutions with different salinities of NaCl at 25℃ after removing the discharge products: (a) 1.5% NaCl, (b) 3.5% NaCl, (c) closed－up view of (b), (d) 5.5% NaCl, and (e) closed－up view of (d)

电极的溶解则更为均匀[图 6 -5(d)]，根据图 6 -5(e)所示高倍下的电极表面形貌二次电子像可知该电极在放电过程中仅有细小的金属颗粒脱落。这一结果表明在 5.5% 氯化钠溶液中电极的利用率比在 3.5% 氯化钠溶液中的低，这可能与电极表面较为剧烈的析氢副反应有关。因此，在电解液温度维持相对稳定(25℃)的情况下，在不同电流密度恒电流放电过程中电极表面的析氢副反应速度通常是随氯化钠溶液盐度的升高而增大，从而导致电极的利用率降低。

6.3.4 盐度对电化学阻抗谱的影响

图 6 -6 所示为热挤压态 AP65M0 镁合金电极在 25℃的不同盐度氯化钠溶液中于开路电位下电化学阻抗谱的 Nyquist 图。可以看出，该电极在不同盐度的氯化钠溶液中表现出相似的电化学阻抗行为，即均是在高频和中频区存在一个直径较大的、与电荷转移电阻 R_t 和双电层电容 C_{dl} 有关的容抗弧，在低频区存在一个直径较小的、与覆盖在电极表面的氢氧化镁膜有关的容抗弧。但在不同盐度的氯化钠溶液中电极具有不同的容抗弧直径，根据图 6 -6 可知随氯化钠溶液盐度的升高电极在高频和中频区的容抗弧直径减小，表明电极的电荷转移电阻随氯化钠溶液盐度的升高而减小，因此在开路电位下电极的活性增强。此外，电极在低频区的容抗弧直径也是随氯化钠溶液盐度的升高而减小，表明盐度的升高能促进电极表面氢氧化镁膜的溶解，使电极的活性反应面积增大，同样有利于增强电极在开路电位下的活性。

采用 Z-view 软件并结合图 4 -30(b)所示的等效电路拟合热挤压态 AP65M0 镁合金电极在不同盐度氯化钠溶液中的电化学阻抗谱，拟合所得的各电化学元件参数值列于表 6 -4。可以看出电荷转移电阻 R_t 和氢氧化镁膜电阻 R_f 均随氯化钠溶液盐度的升高而减小，表明盐度的升高能促进电极在开路电位下的活化溶解。这一结果与表 6 -1 所列的腐蚀电流密度大小关系不一致。因此，在反映电极腐蚀速度方面，电化学阻抗谱比极化曲线更可靠[101]。根据式 4 -6 将热挤压态 AP65M0 镁合金电极在不同盐度氯化钠溶液中的 Y_{dl} 和 Y_f 值分别换算成纯电容 C_{dl} 和 C_f 值，然后根据式 4 -4 计算电极双电层电容的时间常数 τ_{dl} 以及氢氧化镁膜电容的时间常数 τ_f，结果列于表 6 -4 中。可以看出，随氯化钠溶液盐度的升高电极的 τ_{dl} 减小，表明盐度的升高有利于电极表面双电层的建立和充电过程更快进入稳态，有可能缩短电极在放电过程中的激活时间。此外，电极在同一盐度氯化钠溶液中的 τ_f 均比 τ_{dl} 大，说明电极表面氢氧化镁膜的形成和溶解是整个电极反应过程的速度控制步骤。根据表 6 -4 还可以看出，电极的 τ_f 也随氯化钠溶液盐度的升高而减小，表明电极表面氢氧化镁膜的形成和溶解过程在高盐度的氯化钠溶液中将更快达到平衡。因此，氯化钠溶液盐度的升高有利于缩短整个电极反应过程进入稳态的弛豫时间。

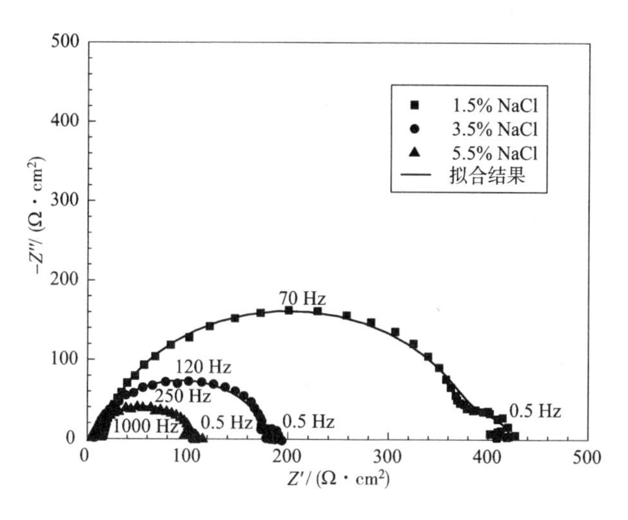

图6-6 热挤压态AP65M0镁合金电极在25℃的不同盐度氯化钠溶液中电化学阻抗谱的Nyquist图

Fig. 6-6 Electrochemical impedance spectra (Nyquist plots) of hot extruded AP65M0 magnesium alloy electrode in solutions with different salinities of NaCl at 25℃

表6-4 拟合电化学阻抗谱所得的热挤压态AP65M0镁合金电极在不同盐度氯化钠溶液中的电化学参数

Table 6-4 Electrochemical parameters of hot extruded AP65M0 magnesium alloy electrode in solutions with different salinities of NaCl obtained by fitting the electrochemical impedance spectra

NaCl 盐度	R_s /(Ω·cm²)	R_t /(Ω·cm²)	Y_{dl} /(Ω⁻¹·cm⁻²·sⁿ)	n_{dl}	R_f /(Ω·cm²)	Y_f /(Ω⁻¹·cm⁻²·sⁿ)	n_f	τ_{dl} /s	τ_f /s
1.5%	15	369	1.1×10^{-5}	0.91	40	5×10^{-3}	0.9	2.35×10^{-3}	1.7×10^{-1}
3.5%	7	173	1.3×10^{-5}	0.90	13	6×10^{-3}	1	1.16×10^{-3}	7.8×10^{-2}
5.5%	4.7	102	1.9×10^{-5}	0.86	5	9×10^{-3}	1	6.9×10^{-4}	4.5×10^{-2}

6.4 AP65镁合金在不同温度模拟海水中的电化学行为

6.4.1 温度对动电位极化行为的影响

图6-7所示为热挤压态AP65M0镁合金电极在不同温度模拟海水中的动电位极化曲线。可以看出，温度对电极的阴极极化行为有重要影响。当温度由0℃升高到35℃时，阴极电流密度急剧增大，表明温度升高能促进阴极极化过程中的析氢反应。Jonsson等[89]认为在镁合金中的Al_8Mn_5相由于具有比镁基体正300 mV

的电位而能作为强阴极相加速阴极极化过程中氢气的析出，此处的结果则表明升高电解液温度使 Al_8Mn_5 相的这一作用更明显。此外，温度升高同样可以增加阳极极化过程中的电流密度，在35℃模拟海水中镁合金电极具有比其他温度电解液中更大的阳极电流密度。然而，电解液温度对阳极极化的作用没有对阴极极化的作用明显。

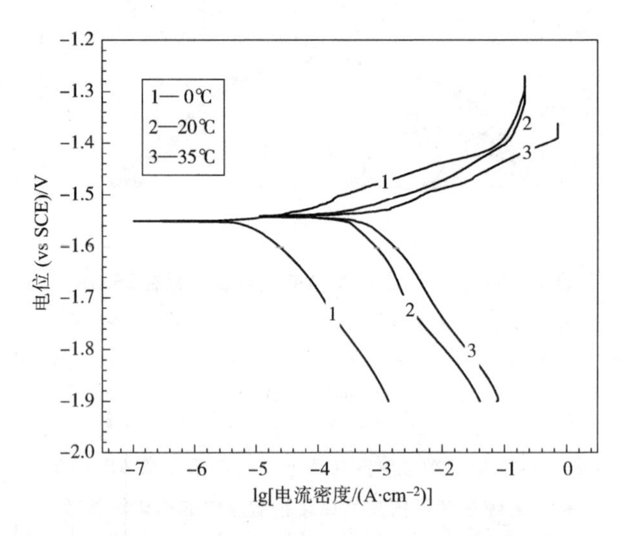

图 6-7 热挤压态 AP65M0 镁合金电极在不同温度模拟海水中的动电位极化曲线

Fig. 6-7 Potentiodynamic polarization curves of hot extruded AP65M0 magnesium alloy electrode in simulated seawater with different temperatures

表 6-5 热挤压态 AP65M0 镁合金电极在不同温度模拟海水中的腐蚀电位(E_{corr})和腐蚀电流密度(J_{corr})

Table 6-5 Corrosion potentials (E_{corr}) and corrosion current densities (J_{corr}) of hot extruded AP65M0 magnesium alloy electrode in simulated seawater with different temperatures

温度/℃	腐蚀电位 (vs SCE)/V	腐蚀电流密度/(μA · cm⁻²)
0	-1.551	17.3 ±0.9
20	-1.540	326.5 ±31.4
35	-1.543	842.6 ±60.3

根据极化曲线采用 Tafel 外推法得到热挤压态 AP65M0 镁合金电极在不同温度模拟海水中的腐蚀电流密度，其外推过程同2.4.1，腐蚀电流密度列于表6-5。表中数据为三组平行实验的平均值，误差为平行实验的标准偏差。由于该电极在

氯化钠溶液中的电化学行为主要受活化控制，因此温度对其腐蚀电流密度有重要影响。根据表 6－5 可知，在 0℃ 模拟海水中电极的腐蚀电流密度较小[(17.3 ± 0.9) μA/cm^2]，当温度升高到 35℃ 时电极的腐蚀电流密度则明显增大[(842.6 ± 60.3) μA/cm^2]，表明温度的升高能加速电极在腐蚀电位下的活化溶解。根据图 5－10(b)所示的金相照片可知，热挤压态 AP65M0 镁合金存在大量晶界，如第 5 章所述，当无钝化现象产生时这些晶界能加速电极在腐蚀电位下的活化溶解[125]，结合表 6－5 的数据可知晶界的这一作用随电解液温度的升高而得到加强。此外，在不同温度模拟海水中腐蚀电流密度之间的差异比该电极在不同盐度电解液中更明显(表 6－1)，这一现象与 Merino 等[119]报道的 Mg－Al 合金在不同温度和盐度的盐雾腐蚀过程一致。

6.4.2　温度对恒电流放电行为的影响

热挤压态 AP65M0 镁合金电极在不同温度模拟海水中于 10 mA/cm^2、180 mA/cm^2 和 300 mA/cm^2 电流密度下放电时的电位－时间曲线分别如图 6－8(a)、(c)和(e)所示。可以看出，每条曲线在放电初期都存在一个激活过程，即电位随放电时间的延长而负移。这主要是由于在激活阶段镁合金的活化溶解占主导地位，而放电产物氢氧化镁在电极表面的形成则是次要的。图 6－8(b)、(d)和(f)分别揭示出热挤压态 AP65M0 镁合金电极在 10 mA/cm^2、180 mA/cm^2 和 300 mA/cm^2 电流密度下放电初期的电位－时间曲线。随着放电时间的延长，电位逐渐正移而进入稳态，这一现象在 10 mA/cm^2 电流密度下更明显，表明放电产物的形成与剥落已达到动态平衡[8,9]。放电时间的进一步延长则导致电位明显正移，尤其是在 300 mA/cm^2 电流密度下。这一结果表明沉积在电极表面的放电产物氢氧化镁难以剥落，致使电极的活性反应面积减小[8,9]。

在每一电流密度下，电解液温度的升高均导致电极的放电电位负移、放电活性增强，这一现象在大电流密度下(180 mA/cm^2 和 300 mA/cm^2)更明显。热挤压态 AP65M0 镁合金电极在不同温度、不同电流密度下的平均放电电位列于表 6－6，可以看出当电流密度为 300 mA/cm^2 时，在 0℃ 模拟海水中放电 1 h 的平均放电电位为 －1.288 V (vs SCE)，该平均放电电位在 35℃ 模拟海水中可达 －1.550 V (vs SCE)。这一结果与 Balasubramanian 等[62]报道的 Mg/AgCl 电池使用温度较高的氯化钠溶液作为电解液能提供较高的电压一致。相比之下，当电流密度较小时(10 mA/cm^2)电解液温度对平均放电电位的影响不是很明显。与 3.5% 氯化钠溶液相比(表 5－9)，同一电流密度下热挤压态 AP65M0 镁合金电极在模拟海水中的电位较正，原因在于放电时间较长以及模拟海水中存在 Mg^{2+} 和 Ca^{2+} 离子，从而加速放电产物的形成并阻碍放电过程。此外，温度对热挤压态 AP65M0 镁合金电极的激活时间也有重要影响。电解液温度的升高导致激活时间缩短，例如，当电流密度为10 mA/cm^{2}时，在0℃和20℃电解液中电极的激活时间分别为60 s和45 s，在35℃电解液中该激活时间仅为9 s[图6－8(b)]。这一结果与表6－5所示腐蚀电流密度大小的关系一致。在0℃模拟海水中热挤压态AP65M0镁合金电极表现出较弱的去极化效果，尤其是当电流密度为180 mA/cm^{2}和300 mA/cm^{2}时[图6－8(c)和(e)]这一现象更明显。根据图6－8(e)可知，在0℃模拟海水中放电电位随时间的延长明显正移，但当氯化钠溶液的温度升高到20℃和35℃时电位的正移减缓。因此，电解液温度的升高能加速放电产物的剥落，导致热挤压态AP65M0镁合金电极放电活性增强。

表6－6　热挤压态AP65M0镁合金电极在

不同温度模拟海水中于不同电流密度下恒电流放电的平均放电电位

Table 6－6　Average discharge potentials of hot extruded AP65M0 magnesium alloy electrode during galvanostatic discharge at different current densities in simulated seawater with different temperatures

温度/℃	平均放电电位（vs SCE)/V		
	10 mA/cm^2, 10 h	180 mA/cm^2, 1 h	300 mA/cm^2, 1 h
0	－1.644	－1.389	－1.288
20	－1.678	－1.558	－1.456
35	－1.688	－1.623	－1.550

镁合金阳极材料的放电过程属于电化学反应，在这一过程中合金电极失去电子，以金属离子的形式溶于电解液中[80]。因此，镁合金电极的放电过程主要受活化控制[54]，电解液本身的性质(尤其是温度)对其放电行为具有重要影响。Rashid等[80]认为电解液温度的升高有利于加快几乎所有的化学反应速度，包括金属阳极在放电过程中的溶解速度。此外，对于大多数金属而言，温度的升高通常会导致腐蚀速率增大[80, 119]，主要原因在于温度显著影响化学反应动力学[80]。第4章和第5章提到，细小的晶粒有利于放电电位的负移，且镁合金中的Al－Mn相(Al_8Mn_5和$Al_{11}Mn_4$)能作为强阴极相促进电极的放电过程。这里的结果则表明晶界和第二相的效果随电解液温度的升高而变得更明显。因此，升高模拟海水的温度能使镁合金阳极材料快速溶解，从而增强其放电活性。

6.4.3　温度对电化学阻抗谱的影响

图6－9所示为热挤压态AP65M0镁合金电极在不同温度模拟海水中浸泡不同时间的电化学阻抗谱Nyqiust图，图中所有曲线均在开路电位下经过不同时间浸泡后测得。根据图6－9(a)可知，AP65M0镁合金电极在0℃的模拟海水中浸

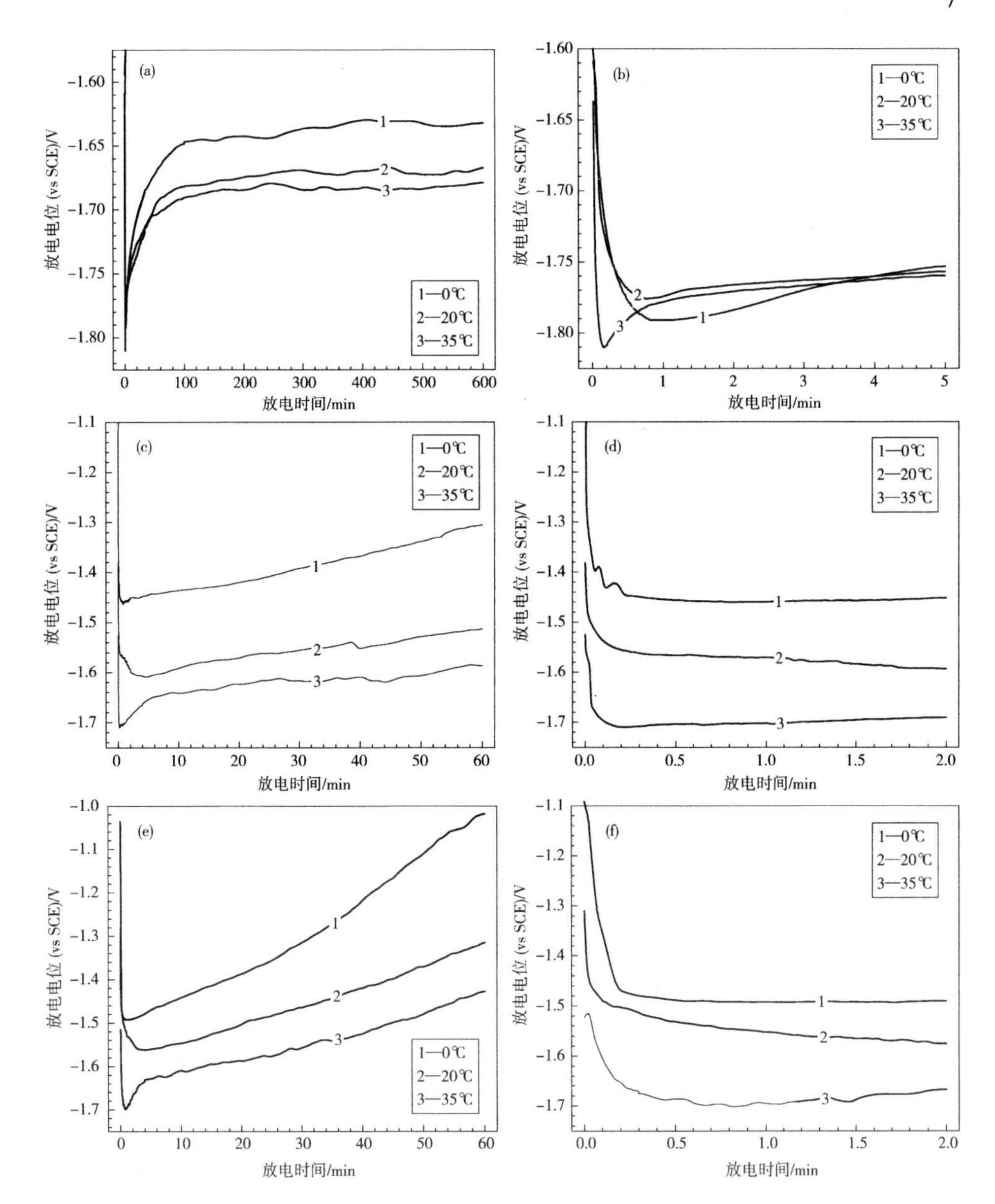

图6-8 热挤压态AP65M0镁合金电极在不同温度模拟海水中于不同电流密度下恒电流放电时的电位-时间曲线

(a) 10 mA/cm^2; (b) 放电初期的(a); (c) 180 mA/cm^2;

(d) 放电初期的(c); (e) 300 mA/cm^2; (f) 放电初期的(e)

Fig. 6-8 Galvanostatic potential - time curves of hot extruded AP65M0 magnesium alloy electrode at different current densities in simulated seawater with different temperatures: (a) 10 mA/cm^2, (b) the initial discharge in (a), (c) 180 mA/cm^2, (d) the initial discharge in (c), (e) 300 mA/cm^2, and (f) the initial discharge in (e)

泡 5 min 后其 Nyquist 图仅包含一个容抗弧，该容抗弧与形成于电极/电解液界面的双电层有关，其直径等于电荷转移电阻。浸泡 15 min 后，在低频区出现另一个与氢氧化镁膜相关的容抗弧[125]，该氢氧化镁膜的电阻与容抗弧直径相对应。此外，与浸泡 5 min 的镁合金电极相比，浸泡 15 min 的电极其高频区容抗弧直径增大，表明放电活性随浸泡时间的延长而减弱。经过 25 min 浸泡后，热挤压态 AP65M0 镁合金电极表现出与浸泡 15 min 时相似的电化学阻抗行为，只是高频和低频区的容抗弧直径都进一步增大。因此，在 0℃ 的模拟海水中 AP65M0 镁合金电极的放电活性随浸泡时间的延长而减弱，导致其激活困难，与图 6 - 8 所示的电位 - 时间曲线一致。

图 6 - 9(b) 和 (c) 所示分别为热挤压态 AP65M0 镁合金电极在 20℃ 和 35℃ 的模拟海水中浸泡不同时间的电化学阻抗谱 Nyquist 图。与 0℃ 模拟海水不同，在 20℃ 和 35℃ 的模拟海水中浸泡 5 min 后低频区的电化学阻抗谱均出现一个感抗弧，该感抗弧与局部腐蚀(如点蚀)的萌生有关[101]。这一结果不同于镁合金电极在 3.5% 氯化钠溶液中的电化学阻抗行为，主要原因是模拟海水中的其他盐类有利于促进电极的局部腐蚀。随着浸泡时间的延长，20℃ 和 35℃ 模拟海水中的 Nyquist 图均发生收缩，且低频区的感抗弧被与氢氧化镁膜相关的容抗弧取代，表明热挤压态 AP65M0 镁合金电极的放电活性随浸泡时间的延长而增强，且腐蚀得到进一步发展。这一结果与 0℃ 模拟海水中的电化学行为明显不同。因此，在 20℃ 和 35℃ 的模拟海水中延长浸泡时间有利于增强合金电极的放电活性，使其迅速激活。

采用图 6 - 10(a) 所示的等效电路拟合热挤压态 AP65M0 镁合金电极在 0℃ 模拟海水中浸泡 5 min 后的电化学阻抗谱；采用图 6 - 10(b) 所示的等效电路拟合该镁合金电极在 20℃ 和 35℃ 模拟海水中浸泡 5 min 的电化学阻抗谱；采用图 6 - 10 (c) 所示的等效电路拟合该镁合金电极在各种温度模拟海水中浸泡 15 min 和 25 min 的电化学阻抗谱。等效电路中各元件的含义与前述一致，由于弥散效应的存在采用常相位角元件代替纯电容，拟合结果列于表 6 - 7 中。可以看出随着模拟海水温度的升高在每一浸泡时间下电荷转移电阻 R_t 均减小，尤其是当浸泡时间达到 25 min 时这一现象更明显。此外，当浸泡时间达到 15 min 和 25 min 后氢氧化镁膜电阻(R_f)同样随模拟海水温度的升高而减小。这些结果进一步证实电解液温度的升高能增强热挤压态 AP65M0 镁合金电极的放电活性，与 6.4.2 中恒电流放电的结果一致。

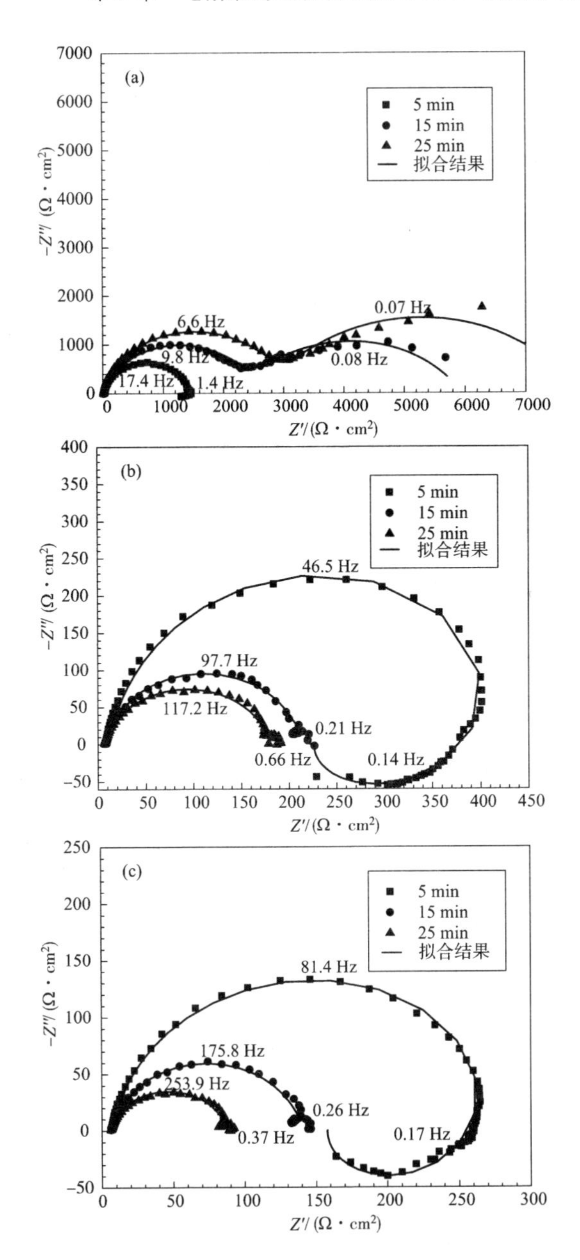

图6-9　热挤压态AP65M0镁合金电极在不同温度模拟海水中浸泡不同时间的电化学阻抗谱Nyquist图

(a) 0℃；(b) 20℃；(c) 35℃

Fig. 6-9　Electrochemical impedance spectra (Nyquist plots) of hot extruded AP65M0 magnesium alloy electrode immersed in simulated seawater with different temperatures for different time: (a) 0℃, (b) 20℃ and (c) 35℃

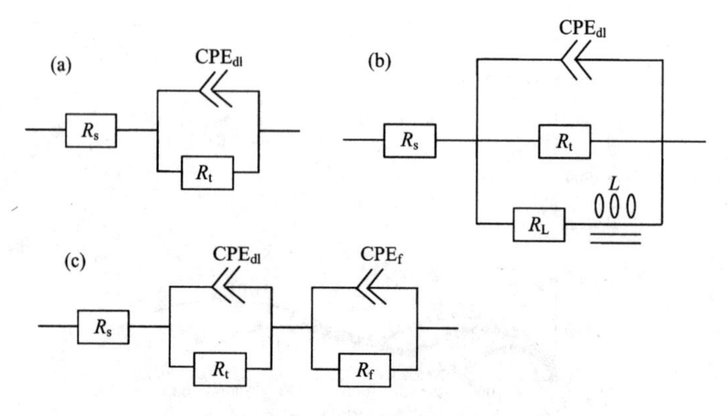

图 6-10 根据电化学阻抗谱得到的热挤压态 AP65M0 镁合金电极在不同温度模拟海水中浸泡不同时间的等效电路图

(a) 0℃模拟海水中浸泡 5 min；(b) 20℃和 35℃模拟海水中浸泡 5 min；(c) 0℃、20℃和 35℃模拟海水中浸泡 15 min 和 25 min

Fig. 6-10 Equivalent circuits of hot extruded AP65M0 magnesium alloy electrode immersed in simulated seawater with different temperatures for different time corresponding to the EIS results: (a) 0℃ simulated seawater for 5 min, (b) 20 and 35℃ simulated seawater for 5 min, and (c) 0, 20, and 35℃ simulated seawater for 15 and 25 min

表 6-7 拟合电化学阻抗谱所得的热挤压态 AP65M0 镁合金电极在不同温度模拟海水中浸泡不同时间的电化学参数

Table 6-7 Electrochemical parameters of hot extruded AP65M0 magnesium alloy electrode immersed in simulated seawater with different temperatures for different time obtained by fitting the electrochemical impedance spectra

浸泡时间 /min	$R_s/(\Omega\cdot cm^2)$			$R_t/(\Omega\cdot cm^2)$			$Y_{dl}/(\Omega^{-1}\cdot cm^{-2}\cdot s^n)$		
	0℃	20℃	35℃	0℃	20℃	35℃	0℃	20℃	35℃
5	12	12	8	1403	610	300	9.0×10^{-6}	9.0×10^{-6}	8.0×10^{-6}
15	12	12	8	2330	195	130	1.3×10^{-5}	7.0×10^{-6}	9.0×10^{-6}
25	12	8	6	2800	170	80	1.3×10^{-5}	1.2×10^{-5}	1.2×10^{-5}

浸泡时间 /min	n_{dl}			$R_L/(\Omega\cdot cm^2)$			$L/(\Omega\cdot cm^2\cdot s)$		
	0℃	20℃	35℃	0℃	20℃	35℃	0℃	20℃	35℃
5	0.93	0.93	0.94	—	330	300	—	2.2	3
15	0.86	0.98	0.94	—	—	—	—	—	—
25	0.90	0.91	0.91	—	—	—	—	—	—

续表 6-7

浸泡时间/min	$R_f/(\Omega\cdot cm^2)$			$Y_f/(\Omega^{-1}\cdot cm^{-2}\cdot s^n)$			n_f		
	0℃	20℃	35℃	0℃	20℃	35℃	0℃	20℃	35℃
5	—	—	—	—	—	—	—	—	—
15	3600	15	10	1.0×10^{-3}	1.5×10^{-3}	3.0×10^{-3}	0.67	1	1
25	5000	15	7	1.0×10^{-3}	5.0×10^{-3}	3.0×10^{-3}	0.7	1	1

6.4.4 温度对恒电流放电过程中电极腐蚀形貌的影响

通过观察镁合金电极放电后清除腐蚀产物的表面形貌能清楚揭示出放电过程中该电极的腐蚀行为。图6-11所示为热挤压态AP65M0镁合金电极在不同温度模拟海水中于10 mA/cm²电流密度下放电10 h后清除腐蚀产物的表面形貌二次电子像。根据图6-11(a)可知，当模拟海水的温度为0℃时电极在放电后表面存在较深的凹坑，该凹坑的底部较为光滑。在实验结束后也观察到这些凹坑均匀分布在整个电极表面，且不同凹坑的深度彼此接近，同时在电解槽底部脱落的黑色金属颗粒较少，表明凹坑的形成并非金属颗粒的脱落所致，而是镁合金的溶解造成的。当温度升高到20℃和35℃时[分别如图6-11(b)和(c)所示]，电极经放电后的表面形貌如同崎岖的山脉，表明放电过程中电极的局部溶解较为严重，导致大块金属颗粒从电极表面脱落。因此，模拟海水温度的升高能促进热挤压态AP65M0镁合金电极在10 mA/cm²电流密度下放电时局部腐蚀的发生。

图6-12所示为热挤压态AP65M0镁合金电极在不同温度的模拟海水中于180 mA/cm²电流密度下放电1 h后清除腐蚀产物的表面形貌二次电子像。可以看出在该电流密度下模拟海水温度的升高同样导致镁合金电极局部腐蚀的加剧。在0℃模拟海水中电极的腐蚀表面最为平坦[图6-12(a)]，其次是20℃模拟海水中电极的腐蚀表面[图6-12(b)]，35℃模拟海水则导致放电后电极的表面凹凸不平[图6-12(c)]。因此，当外加电流密度为180 mA/cm²时，热挤压态AP65M0镁合金电极在0℃模拟海水中溶解较为均匀，在35℃模拟海水中则发生较为严重的局部腐蚀，导致金属颗粒的脱落。相比之下，电流密度的增大有利于镁合金电极的均匀溶解，在同一电解液温度下热挤压态AP65M0镁合金电极经180 mA/cm²电流密度放电后其表面形貌明显平坦于在10 mA/cm²电流密度下放电时的表面形貌（图6-11）。

图6-13所示为热挤压态AP65M0镁合金电极在不同温度的模拟海水中于300 mA/cm²电流密度下放电1 h后清除腐蚀产物的表面形貌二次电子像。从低倍下的照片[图6-13(a)、(c)和(e)]可以看出每一温度下合金电极的溶解都很均

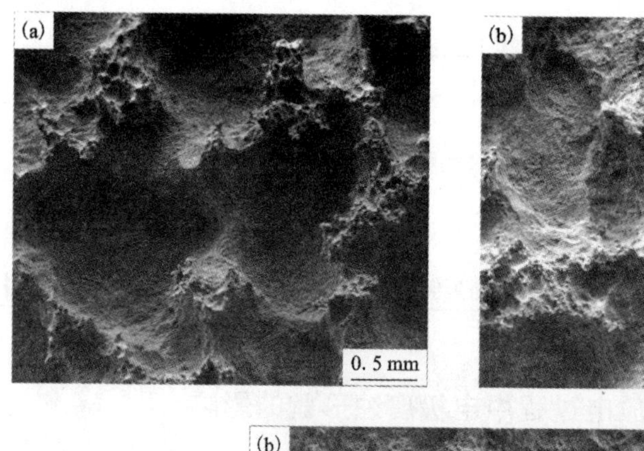

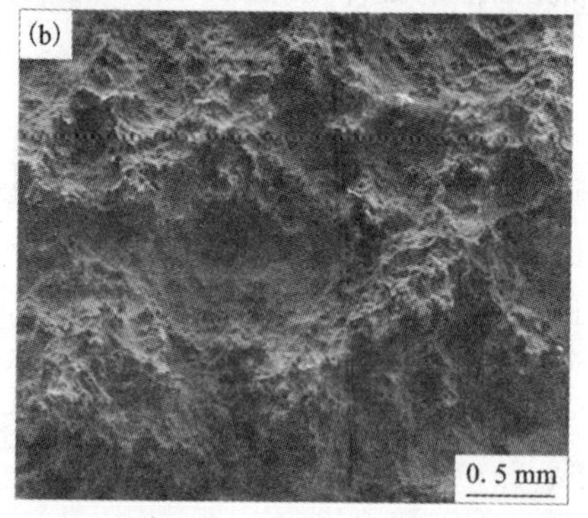

图 6-11 热挤压态 AP65M0 镁合金电极在不同温度的模拟海水中于 10 mA/cm² 电流密度下放电 10 h 后清除腐蚀产物的电极表面形貌二次电子像

(a) 0℃; (b) 20℃; (c) 35℃

Fig. 6-11 Secondary electron (SE) images of surface morphologies of hot extruded AP65M0 magnesium alloy electrode discharged at the current density of 10 mA/cm² for 10 h in simulated seawater with different temperatures after removing the discharge products: (a) 0℃, (b) 20℃, and (c) 35℃

匀，表明进一步增大电流密度从宏观上能促进合金电极更均匀的溶解。根据图 6-13(b)所示放大的照片可知，在 0℃模拟海水中 AP65M0 镁合金电极表面仅有细小的金属颗粒脱落，这一现象与 180 mA/cm² 电流密度放电后电极的腐蚀表面形貌一致[图 6-12(a)]。当模拟海水的温度升高到 20℃时[图 6-13(d)]，放电过程中镁合金电极发生比较明显的丝状腐蚀，许多腐蚀沟分布于电极表面。此外，这种丝状腐蚀不同于经过化学浸泡后的 Mg-Zn-Y-Zr 合金，在 Mg-Zn-Y-Zr 合金腐蚀表面上存在更多的腐蚀沟[88]。图 6-13(f)则表明当模拟海水的温度达到 35℃时经放电后热挤压态 AP65M0 镁合金电极发生较为明显的点蚀，根据低倍下的照片[图 6-13(e)]可知大量的点蚀孔在电极表面均匀分布。结合图 6-11 和图 6-12 可以发现，模拟海水温度的升高能促进热挤压态

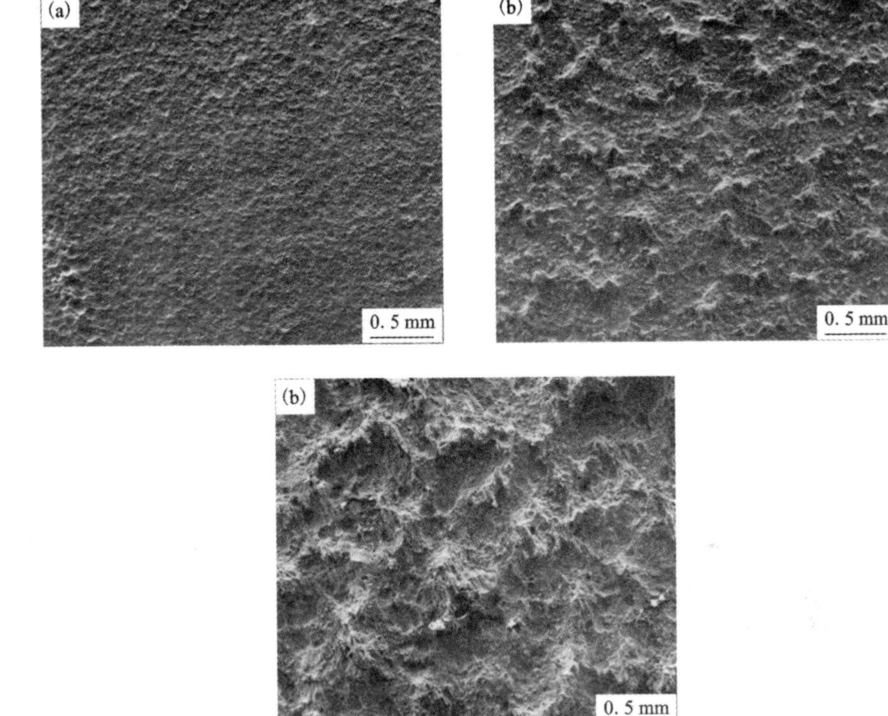

图 6－12　热挤压态 AP65M0 镁合金电极在不同温度的模拟海水中于 180 mA/cm² 电流密度下放电 1 h 后清除腐蚀产物的电极表面形貌二次电子像

(a) 0℃；(b) 20℃；(c) 35℃

Fig. 6－12　Secondary electron (SE) images of surface morphologies of hot extruded AP65M0 magnesium alloy electrode discharged at the current density of 180 mA/cm^2 for 1 h in simulated seawater with different temperatures after removing the discharge products: (a) 0℃, (b) 20℃, and (c) 35℃

AP65M0 镁合金电极在放电过程中的局部腐蚀，图 6－9(b) 和 (c) 中电化学阻抗谱低频区的感抗弧则间接证实该局部腐蚀的发生。

Song 等[88]认为镁合金的腐蚀表面形貌与其自身的显微组织有密切的关系。第二相和镁基体中不均匀分布的合金元素导致镁合金中局部电极电位的大小不一致，因而显著影响镁合金的腐蚀过程。根据图 5－10(b) 的金相照片和图 5－12(c)、(d) 的扫描电镜背散射像可知，热挤压能促进 AP65M0 镁合金晶粒的细化和基体成分的均匀化，但破碎的 Al_8Mn_5 相仍存在于镁基体中。该相可作为局部阴极相而加速周围镁基体的优先溶解，促进镁合金电极在放电过程中局部腐蚀的发生。图 6－11 至图 6－13 的腐蚀电极表面形貌则说明 Al_8Mn_5 相的这一效应随模拟海水温度的升高而增强，随外加电流密度的增大而减弱。

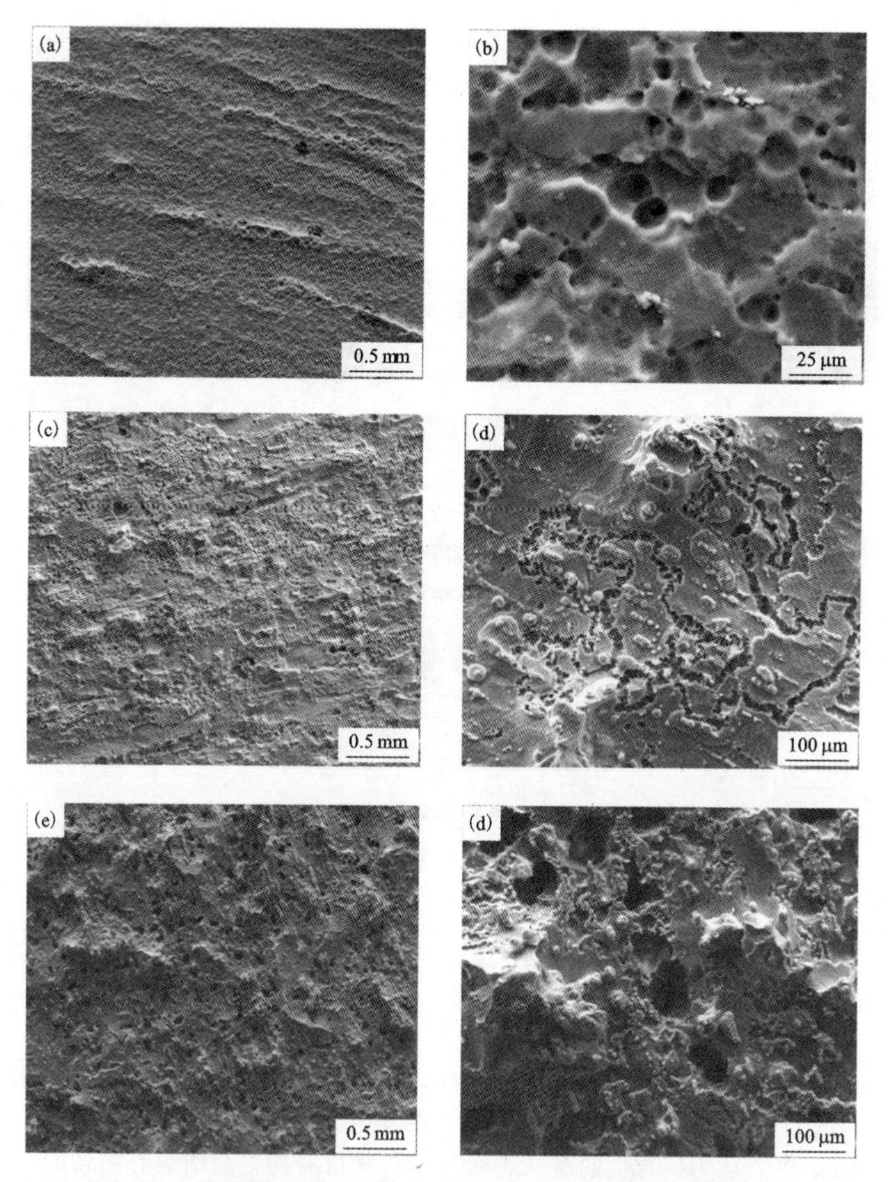

图 6－13　热挤压态 AP65M0 镁合金电极在不同温度的模拟海水中于 300 mA/cm² 电流密度下放电 1 h 后清除腐蚀产物的电极表面形貌二次电子像

(a) 0℃；(b) 放大的(a)；(c) 20℃；(d) 放大的(c)；(e) 35℃；(f) 放大的(e)

Fig. 6－13 Secondary electron (SE) images of surface morphologies of hot extruded AP65M0 magnesium alloy electrode discharged at the current density of 300 mA/cm^2 for 1 h in simulated seawater at different temperatures after removing the discharge products: (a) 0℃, (b) closed－up view of (a), (c) 20℃, (d) closed－up view of (c), (e) 35℃, and (f) closed－up view of (e)

6.4.5　温度对阳极利用率的影响

表 6 - 8 所列为热挤压态 AP65M0 镁合金电极在不同温度下模拟海水中于不同电流密度恒电流放电时的阳极利用率。表中数据为三组平行实验的平均值，误差为平行实验的标准偏差。可以看出，在 10 mA/cm^2 电流密度下镁合金电极的阳极利用率随模拟海水温度的升高而降低，且每一电流密度下该电极在 35℃模拟海水中都表现出最低的利用率。此外，大电流密度下(180 mA/cm^2 和 300 mA/cm^2)电极在 20℃模拟海水中的阳极利用率略高于 0℃模拟海水，而每一温度下当电流密度为 10 mA/cm^2 时电极的利用率均最低。因此，模拟海水的温度和外加电流密度均影响热挤压态 AP65M0 镁合金电极的阳极利用率。

表 6 - 8　热挤压态 AP65M0 镁合金电极在不同温度的模拟海水中于不同电流密度下恒电流放电时的阳极利用率

Table 6 - 8　Utilization efficiencies of hot extruded AP65M0 magnesium alloy electrode during galvanostatic discharge at different current densities in simulated seawater with different temperatures

温度/℃	阳极利用率 η/%		
	10 mA/cm^2, 10 h	180 mA/cm^2, 1 h	300 mA/cm^2, 1 h
0	56.4 ± 1.5	81.9 ± 1.0	80.9 ± 0.4
25	43.4 ± 0.7	84.3 ± 0.8	82.7 ± 0.8
35	33.4 ± 0.1	68.7 ± 0.8	76.2 ± 1.1

根据式 3 - 1 和 3 - 2 可知，镁合金电极的阳极利用率等于放电过程中理论失重在实际失重中占的百分比。对于化学成分一定的镁合金电极而言，理论失重仅取决于该电极对外输出的电量，即外加电流密度与放电时间的乘积。因此，当放电时间和外加电流密度一定时，阳极利用率只与镁合金电极的实际失重有关。

模拟海水的温度是影响热挤压态 AP65M0 镁合金电极实际失重的一个重要因素，Balasubramanian 等[51]认为电解液温度的升高能促进放电过程中镁电极表面氢气的析出，这一副反应导致部分镁电极无功损耗，阳极利用率降低。如前所述，镁合金阳极材料的晶界能作为腐蚀屏障抑制析氢副反应，但这一效果随电解液温度的升高而减弱。此外，根据 6.4.4 节可知热挤压态 AP65M0 镁合金电极的局部腐蚀随模拟海水温度的升高而加剧，导致金属颗粒从电极表面脱落。这些脱落的金属颗粒使电极的实际失重增大，从而造成阳极利用率的损失加大。因此，在 10 mA/cm^2 电流密度下热挤压态 AP65M0 镁合金电极的阳极利用率随模拟海水温度的升高而降低，且当温度达到 35℃时该镁合金电极在每一电流密度下均具有最低的利用率。

外加电流密度是影响阳极利用率的另一个重要因素，这是因为电极的理论失重和实际失重都与外加电流密度密切相关。由第 3 章可知，同一镁合金电极在不同电流密度下放电时其阳极利用率之所以存在差异，主要是由于金属颗粒脱落的程度不同所致，而外加电流密度是影响金属颗粒脱落的重要因素。结合图 6 - 11 至图 6 - 13，外加电流密度的增大能促进热挤压态 AP65M0 镁合金电极的均匀溶解，尤其是当电流密度由 10 mA/cm^2 增大到 180 mA/cm^2 时这一现象更为明显。因此，金属颗粒的脱落随外加电流密度的增大而得到抑制，导致每一温度的模拟海水中电极在 180 mA/cm^2 和 300 mA/cm^2 电流密度下的阳极利用率均明显大于在 10 mA/cm^2 电流密度下的利用率。

由于热挤压态 AP65M0 镁合金电极在 0℃ 模拟海水中于大电流密度下的析氢副反应和金属颗粒的脱落均得到抑制，因此，该电极在 180 mA/cm^2 和 300 mA/cm^2 电流密度下于 0℃ 模拟海水中的阳极利用率比 20℃ 模拟海水中的低，主要是由于形成 Mg^{2+} 离子所致。根据图 6 - 8 所示的电位 - 时间曲线和图 6 - 9 所示的电化学阻抗谱可知，热挤压态 AP65M0 镁合金电极在 0℃ 模拟海水中难以激活且放电活性较弱，势必导致电极难以充分溶解而形成 Mg^{2+} 离子，从而降低其利用率。

6.5 本章小结

本章研究了电解液的盐度和温度对热挤压态 AP65M0 镁合金电极电化学行为的影响。采用动电位极化扫描、不同电流密度下的恒电流放电以及电化学阻抗谱研究热挤压态 AP65M0 镁合金电极在 25℃ 的 1.5%、3.5% 和 5.5% 氯化钠溶液中以及 0℃、20℃ 和 35℃ 模拟海水中的电化学行为，结果表明：

（1）氯化钠溶液盐度的升高导致电极在不同电流密度下放电电位负移且激活时间缩短。此外，在放电过程中当电解液温度维持相对稳定时电极的利用率随盐度的升高而降低。在大电流密度下（180 mA/cm^2 和 300 mA/cm^2）氯化钠溶液盐度的升高能促进电极的均匀溶解，且在 300 mA/cm^2 电流密度下，当盐度为 1.5% 时电极的溶解不均匀，导致电极表面凹凸不平；当盐度升高到 3.5% 时电极则发生均匀溶解，同时存在丝状腐蚀；当盐度达到 5.5% 时电极的溶解则更为均匀且丝状腐蚀消失，仅有细小的金属颗粒从电极表面脱落。

（2）模拟海水温度的升高导致电极在不同电流密度下放电电位负移、激活时间缩短。此外，温度的升高促进电极局部腐蚀，加速放电过程中金属颗粒的脱落并导致电极利用率降低。相比之下，模拟海水温度降低则有利于电极均匀溶解，这一现象在 180 mA/cm^2 电流密度下更明显。当外加电流密度达到 300 mA/cm^2 时，电极在不同温度模拟海水中的溶解都相对均匀，在 0℃ 模拟海水中电极表面仅有细小的金属颗粒脱落，当温度升高到 20℃ 时电极发生丝状腐蚀，在 35℃ 模拟海水中电极则发生明显的点蚀，该点蚀孔较深且在电极表面均匀分布。

参考文献

[1] 徐河，刘静安，谢水生. 镁合金制备与加工技术[M]. 北京：冶金工业出版社，2007：1
[2] 余琨，黎文献，王日初，等. 变形镁合金的研究，开发及应用[J]. 中国有色金属学报，2003，13（2）：277－288.
[3] 曾荣昌，柯伟，徐永波，等. Mg 合金的最新发展及应用前景[J]. 金属学报，2001，37（7）：673－685.
[4] 陈振华. 变形镁合金[M]. 北京：化学工业出版社，2005：1－6
[5] 黎文献. 镁及镁合金[M]. 长沙：中南大学出版社，2005：1－10
[6] 冯艳，王日初，彭超群. 海水电池用镁阳极的研究与应用[J]. 中国有色金属学报，2011，21（2）：259－268.
[7] 邓姝皓，易丹青，赵丽红，等. 一种新型海水电池用镁负极材料的研究[J]. 电源技术，2007，31（5）：402－405.
[8] Cao D, Wu L, Wang G, et al. Electrochemical oxidation behavior of Mg－Li－Al－Ce－Zn and Mg－Li－Al－Ce－Zn－Mn in sodium chloride solution[J]. Journal of Power Sources, 2008, 183（2）：799－804.
[9] Cao D, Wu L, Sun Y, et al. Electrochemical behavior of Mg－Li, Mg－Li－Al and Mg－Li－Al－Ce in sodium chloride solution[J]. Journal of Power Sources, 2008, 177（2）：624－630.
[10] 周丽萍，曾小勤，常建卫，等. AZ31 与 NZ30K 合金作为镁电池负极材料的电化学性能[J]. 中国有色金属学报，2011，21（6）：1308－1313.
[11] 慕伟意，李争显，杜继红，等. 镁电池的发展及应用[J]. 材料导报，2011，25（13）：35－39.
[12] 孙丽美，曹殿学，王贵领，等. 作为水下电源的金属半燃料电池[J]. 电源技术，2008，32(5)：339－342.
[13] Ma Y, Li N, Li D, et al. Performance of Mg－14Li－1Al－0.1 Ce as anode for Mg－air battery[J]. Journal of Power Sources, 2011, 196（4）：2346－2350.
[14] 林登，雷迪. 汪继强等译. 电池手册[M]. 北京：化学工业出版社，2007：149－156
[15] 马正青，曹军纪. 海水介质中高活性镁合金负极的电化学性能[J]. 材料保护，2002，35（012）：16－18.
[16] Koontz RF, Lucero RD. Magnesium water－activated batteries[M]. Handbook of Batteries, 2002.
[17] 刘勇，陈洪钧. 鱼雷电池进展[J]. 电源技术，2012，36（3）：444－445.
[18] 马正青，庞旭，左列，等. 镁海水电池阳极活化机理研究[J]. 表面技术，2008，37（1）：5－7.
[19] 姜忆初. 电动鱼雷用动力电源及其发展方向[J]. 船电技术，2005(5)：46－48.

[20] 宋玉苏，王树宗. 海水电池研究及应用[J]. 鱼雷技术，2004，12 (2)：4 - 8.

[21] Wilcock WS, Kauffman PC. Development of a seawater battery for deep - water applications [J]. Journal of Power Sources, 1997, 66 (1): 71 - 75.

[22] Hasvold Ø, Lian T, Haakaas E, et al. CLIPPER: a long - range, autonomous underwater vehicle using magnesium fuel and oxygen from the sea[J]. Journal of Power Sources, 2004, 136 (2): 232 - 239.

[23] Hasvold Ø, Henriksen H, Citi G, et al. Sea - water battery for subsea control systems[J]. Journal of Power Sources, 1997, 65 (1): 253 - 261.

[24] Hasvold Ø, Størkersen N. Electrochemical power sources for unmanned underwater vehicles used in deep sea survey operations[J]. Journal of Power Sources, 2001, 96 (1): 252 - 258.

[25] 李华伦. 镁燃料电池[J]. 中国金属通报，2012，(35)：19 - 21.

[26] 吴瞳，鞠克江，刘长瑞. 空气电池阳极材料及制备工艺对性能的影响研究[J]. 华南师范大学学报：自然科学版，2009(A01)：60 - 63.

[27] 唐有根，彭胜峰，曹泽华. 镁电极材料的应用研究[J]. 2004 年中国材料研讨会论文摘要集，2004，157 - 162

[28] Khoo T, Howlett PC, Tsagouria M, et al. The potential for ionic liquid electrolytes to stabilise the magnesium interface for magnesium/air batteries [J]. Electrochimica Acta, 2011, 58, 583 - 588.

[29] 杨守春. 镁空气燃料电池[J]. 现代材料动态，2003(11)：10 - 11.

[30] 李学海，王宇轩，黄雯. 金属过氧化氢电池的发展及现状[J]. 电源技术，2011，35 (8)：1009 - 1012.

[31] 吴林. 镁锂基合金在 NaCl 溶液中电化学行为的研究[D]. 哈尔滨：哈尔滨工程大学，2010.

[32] 杨维谦，杨少华，孙公权，等. 镁燃料电池的发展及应用[J]. 电源技术，2005，29 (3)：182 - 186.

[33] Lv Y, Xu Y, Cao D. The electrochemical behaviors of Mg, Mg - Li - Al - Ce and Mg - Li - Al - Ce - Y in sodium chloride solution[J]. Journal of Power Sources, 2011, 196 (20): 8809 - 8814.

[34] Medeiros MG, Bessette RR, Deschenes CM, et al. Optimization of the magnesium - solution phase catholyte semi - fuel cell for long duration testing[J]. Journal of Power Sources, 2001, 96 (1): 236 - 239.

[35] Medeiros MG, Dow EG. Magnesium - solution phase catholyte seawater electrochemical system [J]. Journal of Power Sources, 1999, 80 (1): 78 - 82.

[36] Lv Y, Liu M, Xu Y, et al. The electrochemical behaviors of Mg - 8Li - 3Al - 0.5Zn and Mg - 8Li - 3Al - 1.0Zn in sodium chloride solution[J]. Journal of Power Sources, 2012, 225, 124 - 128

[37] 尧玉芬，陈昌国，刘渝萍，等. 镁电池的研究进展[J]. 材料导报，2009，23 (10)：119 - 121.

[38] 熊碧云. 国外镁电池最新发展[J]. 电源技术，2012，36 (8)：1250 - 1251.

[39] 杨雷雷，李法强，贾国凤，等. 可逆镁电池正极材料的研究进展[J]. 无机盐工业，2012，

44 (2): 6 - 8.

[40] 张海朗，王文继. 镁二次电池研究评述[J]. 现代化工，2002, 22 (11): 13 - 16.

[41] 沈健，彭博，陶占良，等. 镁二次电池正极材料和电解液研究[J]. 化学进展，2010, 22 (2/3): 515 - 521.

[42] Kakibe T, Hishii J, Yoshimoto N, et al. Binary ionic liquid electrolytes containing organo - magnesium complex for rechargeable magnesium batteries[J]. Journal of Power Sources, 2012, 203, 195 - 200.

[43] Zheng Y, NuLi Y, Chen Q, et al. Magnesium cobalt silicate materials for reversible magnesium ion storage[J]. Electrochimica Acta, 2012, 66, 75 - 81.

[44] Quach NC, Uggowitzer PJ, Schmutz P. Corrosion behaviour of an Mg - Y - RE alloy used in biomedical applications studied by electrochemical techniques[J]. Comptes Rendus Chimie, 2008, 11 (9): 1043 - 1054.

[45] Liu M, Schmutz P, Zanna S, et al. Electrochemical reactivity, surface composition and corrosion mechanisms of the complex metallic alloy Al_3Mg_2[J]. Corrosion Science, 2010, 52 (2): 562 - 578.

[46] Liu L, Schlesinger M. Corrosion of magnesium and its alloys[J]. Corrosion Science, 2009, 51 (8): 1733 - 1737.

[47] 余刚，刘跃龙. Mg 合金的腐蚀与防护[J]. 中国有色金属学报，2002, 12 (6): 1087 - 1098.

[48] 刘新宽，向阳辉，王渠东，等. Mg 合金的防蚀处理[J]. 腐蚀科学与防护技术，2001, 13 (4): 211 - 213.

[49] Zhao MC, Schmutz P, Brunner S, et al. An exploratory study of the corrosion of Mg alloys during interrupted salt spray testing[J]. Corrosion Science, 2009, 51 (6): 1277 - 1292.

[50] Song G, Atrens A, Stjohn D, et al. The electrochemical corrosion of pure magnesium in 1 N NaCl[J]. Corrosion Science, 1997, 39 (5): 855 - 875.

[51] Balasubramanian R, Veluchamy A, Venkatakrishnan N. Gasometric corrosion - rate studies of magnesium alloy in magnesium batteries[J]. Journal of Power Sources, 1994, 52 (2): 305 - 308.

[52] 曹楚南. 腐蚀电化学原理[M](第三版). 北京：化学工业出版社，2008.

[53] Yu K, Tan X, Hu Y, et al. Microstructure effects on the electrochemical corrosion properties of Mg - 4.1% Ga - 2.2% Hg alloy as the anode for seawater - activated batteries[J]. Corrosion Science, 2011, 53 (5): 2035 - 2040.

[54] Zhao J, Yu K, Hu Y, et al. Discharge behavior of Mg - 4wt% Ga - 2wt% Hg alloy as anode for seawater activated battery[J]. Electrochimica Acta, 2011, 56 (24): 8224 - 8231.

[55] Udhayan R, Bhatt DP. On the corrosion behaviour of magnesium and its alloys using electrochemical techniques[J]. Journal of Power Sources, 1996, 63 (1): 103 - 107.

[56] Feng Y, Wang R - C, Peng C - Q, et al. Influence of $Mg_{21}Ga_5Hg_3$ compound on electrochemical properties of Mg - 5% Hg - 5% Ga alloy[J]. Transactions of Nonferrous Metals Society of China, 2009, 19 (1): 154 - 159.

[57] 王乃光，王日初，余琨，等. 合金化及热处理对镁合金阳极材料组织及性能的影响[J].

中国有色金属学报, 2009, 19 (1): 38 -43.

[58] Yan F, Ri - chu W, Chao - qun P, et al. Aging behaviour and electrochemical properties in Mg -4.8 Hg -8Ga (wt.%) alloy[J]. Corrosion Science, 2010, 52 (10): 3474 -3480.

[59] Feng Y, Wang R, Peng C. Influence of aging treatments on microstructure and electrochemical properties in Mg -8.8 Hg -8Ga (wt%) alloy[J]. Intermetallics, 2012, 33, 120 -125.

[60] Zhao H, Bian P, Ju D. Electrochemical performance of magnesium alloy and its application on the sea water battery[J]. Journal of Environmental Sciences, 2009, 21, S88 - S91.

[61] 殷立勇, 黄锐妮, 周威, 等. 镁系列海水电池中影响析氢因素分析[J]. 电源技术, 2011, 35 (5): 534 -536.

[62] Balasubramanian R, Veluchamy A, Venkatakrishnan N, et al. Electrochemical characterization of magnesium/silver chloride battery[J]. Journal of Power Sources, 1995, 56 (2): 197 - 199.

[63] Song G, Atrens A, John DS, et al. The anodic dissolution of magnesium in chloride and sulphate solutions[J]. Corrosion Science, 1997, 39 (10): 1981 -2004.

[64] Renuka R. AgCl and Ag_2S as additives to CuI in Mg - CuI seawater activated batteries[J]. Journal of Applied Electrochemistry, 1997, 27 (12): 1394 - 1397.

[65] 汪继强. 化学与物理电源: 信息化武器装备的动力之源[M]. 北京: 国防工业出版社, 2008: 140

[66] Song G, Atrens A, Dargusch M. Influence of microstructure on the corrosion of diecast AZ91D [J]. Corrosion Science, 1999, 41 (2): 249 -273.

[67] Pardo A, Merino M, Coy A, et al. Influence of microstructure and composition on the corrosion behaviour of Mg/Al alloys in chloride media[J]. Electrochimica Acta, 2008, 53 (27): 7890 - 7902.

[68] Hiroi M. Pressure effects on the performance and the emf of the Mg - AgCl seawater battery[J]. Journal of Applied Electrochemistry, 1980, 10 (2): 203 -211.

[69] 冯艳. Mg - Hg - Ga 阳极材料合金设计及性能优化[D]. 长沙: 中南大学, 2009.

[70] 石凯, 王日初, 解立川, 等. 固溶处理对 Mg6Al5Pb1Zn0.3Mn 阳极组织和性能的影响[J]. 中南大学学报 (自然科学版), 2012, 43 (10): 3785 -3792.

[71] 石凯, 王日初, 彭超群, 等. 退火温度对镁合金阳极板材组织和性能的影响[J]. 中国有色金属学报, 2012, 22 (6): 1642 - 1649.

[72] Andrei M, di Gabriele F, Bonora P, et al. Corrosion behaviour of magnesium sacrificial anodes in tap water[J]. Materials and Corrosion, 2003, 54 (1): 5 - 11.

[73] 马正青, 李晓翔. 退火温度对镁合金阳极组织和性能的影响[J]. 电源技术, 2012, 35 (12): 1580 - 1582.

[74] Zhao J, Yu K, Hu Y, et al. Discharge behavior of Mg -4wt% Ga -2wt% Hg alloy as anode for seawater activated battery[J]. Electrochimica Acta, 2011, 56 (24): 8224 - 8231.

[75] 查全性. 电极过程动力学导论[M]. 北京: 科学出版社, 2002: 333.

[76] Candan S, Unal M, Turkmen M, et al. Improvement of mechanical and corrosion properties of magnesium alloy by lead addition[J]. Materials Science and Engineering: A, 2009, 501 (1): 115 - 118.

[77] McCafferty E. Validation of corrosion rates measured by the Tafel extrapolation method[J].

Corrosion Science, 2005, 47 (12): 3202 - 3215.

[78] Shi Z, Liu M, Atrens A. Measurement of the corrosion rate of magnesium alloys using Tafel extrapolation[J]. Corrosion Science, 2010, 52 (2): 579 - 588.

[79] Kim JG, Koo SJ. Effect of alloying elements on electrochemical properties of magnesium - based sacrificial anodes[J]. Corrosion, 2000, 56 (4): 380 - 388.

[80] Rashid K. Effectof mixing speed and solution temperature on cathodic protection current density of carbon steel using magnesium as sacrificial anode[J]. Eng &Tech Journal, 2009, 27 1640 - 1653.

[81] Kim J - G, Joo J - H, Koo S - J. Development of high - driving potential and high - efficiency Mg - based sacrificial anodes for cathodic protection[J]. Journal of Materials Science Letters, 2000, 19 (6): 477 - 479.

[82] Zhao MC, Liu M, Song GL, et al. Influence of pH and chloride ion concentration on the corrosion of Mg alloy ZE41[J]. Corrosion Science, 2008, 50 (11): 3168 - 3178.

[83] 余琨, 胡亚男, 谭欣, 等. 海水激活电池用 Mg - Hg - Ga 合金阳极材料的腐蚀行为[J]. 中南大学学报（自然科学版）, 2012, 43 (2): 466 - 471.

[84] 王萍, 李建平, 郭永春, 等. Sn 对 Mg - Al - Sn - Zn 系海水电池用镁阳极材料组织及电化学性能的影响[J]. 北京科技大学学报, 2011, 33 (9): 1116 - 1121.

[85] Lin M, Tsai C, Uan J. Electrochemical behaviour and corrosion performance of Mg - Li - Al - Zn anodes with high Al composition[J]. Corrosion Science, 2009, 51 (10): 2463 - 2472.

[86] Suresh Kannan A, Muralidharan S, Sarangapani K, et al. Corrosion and anodic behaviour of zinc and its ternary alloys in alkaline battery electrolytes[J]. Journal of Power Sources, 1995, 57 (1): 93 - 98.

[87] Srinivasan A, Pillai U, Pai B. Effect of Pb addition on ageing behavior of AZ91 magnesium alloy [J]. Materials Science and Engineering: A, 2007, 452, 87 - 92.

[88] Song Y, Shan D, Chen R, et al. Effect of second phases on the corrosion behaviour of wrought Mg - Zn - Y - Zr alloy[J]. Corrosion Science, 2010, 52 (5): 1830 - 1837.

[89] Jönsson M, Thierry D, LeBozec N. The influence of microstructure on the corrosion behaviour of AZ91D studied by scanning Kelvin probe force microscopy and scanning Kelvin probe[J]. Corrosion Science, 2006, 48 (5): 1193 - 1208.

[90] 王萍, 李建平, 郭永春, 等. Zn 对 Mg - Al - Pb - Zn 系镁阳极材料组织结构及电化学性能的影响[J]. 硅酸盐学报, 2011, 39 (012): 1988 - 1992.

[91] 金和喜, 王日初, 彭超群, 等. Sn 对 AP65 镁阳极显微组织和电化学性能的影响[J]. 矿冶工程, 2011, 31 (5): 97 - 101.

[92] Jin H, Wang R, Peng C, et al. Effect of indium addition on corrosion of AP65 magnesium alloy [J]. Journal of Central South University of Technology, 2012, 19 (8): 2086 - 2093.

[93] Wang N, Wang R, Peng C, et al. Influence of zinc on electrochemical discharge activity of Mg - 6% Al - 5% Pb anode[J]. Journal of Central South University of Technology, 2012, 19 (1): 9 - 16.

[94] Pardo A, Merino M, Coy A, et al. Corrosion behaviour of magnesium/aluminium alloys in 3.5 wt. % NaCl[J]. Corrosion Science, 2008, 50 (3): 823 - 834.

[95] Ben - Haroush M, Ben - Hamu G, Eliezer D, et al. The relation between microstructure and corrosion behavior of AZ80 Mg alloy following different extrusion temperatures[J]. Corrosion Science, 2008, 50 (6): 1766 - 1778.

[96] Aung NN, Zhou W. Effect of grain size and twins on corrosion behaviour of AZ31B magnesium alloy[J]. Corrosion Science, 2010, 52 (2): 589 - 594.

[97] Hamu GB, Eliezer D, Wagner L. The relation between severe plastic deformation microstructure and corrosion behavior of AZ31 magnesium alloy[J]. Journal of Alloys and Compounds, 2009, 468 (1): 222 - 229.

[98] Alvarez - Lopez M, Pereda MD, Del Valle J, et al. Corrosion behaviour of AZ31 magnesium alloy with different grain sizes in simulated biological fluids[J]. Acta Biomaterialia, 2010, 6 (5): 1763 - 1771.

[99] Nestoridi M, Pletcher D, Wood RJK, et al. The study of aluminium anodes for high power density Al/air batteries with brine electrolytes[J]. Journal of Power Sources, 2008, 178 (1): 445 - 455.

[100] 曹楚南, 张鉴清. 电化学阻抗谱导论[M]. 北京: 科学出版社, 2002: 2 - 83.

[101] Song GL. Effect of tin modification on corrosion of AM70 magnesium alloy[J]. Corrosion Science, 2009, 51 (9): 2063 - 2070.

[102] Xiang Q, Wu R, Zhang M. Influence of Sn on microstructure and mechanical properties of Mg - 5Li - 3Al - 2Zn alloys[J]. Journal of Alloys and Compounds, 2009, 477 (1): 832 - 835.

[103] Liu L, Qi X, Wu Z. Microstructural characteristics of lap joint between magnesium alloy and mild steel with and without the addition of Sn element[J]. Materials Letters, 2010, 64 (1): 89 - 92.

[104] Jiang B, Yin H, Yang Q, et al. Effect of stannum addition on microstructure of as - cast and as - extruded Mg - 5Li alloys[J]. Transactions of Nonferrous Metals Society of China, 2011, 21 (11): 2378 - 2383.

[105] Liang J, Srinivasan PB, Blawert C, et al. Influence of chloride ion concentration on the electrochemical corrosion behaviour of plasma electrolytic oxidation coated AM50 magnesium alloy[J]. Electrochimica Acta, 2010, 55 (22): 6802 - 6811.

[106] Hsu C, Mansfeld F. Technical note: concerning the conversion of the constant phase element parameter Y_0 into a capacitance[J]. Corrosion, 2001, 57 (9): 747 - 748.

[107] Harrington SP, Devine TM. Analysis of electrodes displaying frequency dispersion in Mott - Schottky tests[J]. Journal of the Electrochemical Society, 2008, 155 (8): C381 - C386.

[108] Munoz A, Saidman S, Bessone J. Corrosion of an Al - Zn - In alloy in chloride media[J]. Corrosion Science, 2002, 44 (10): 2171 - 2182.

[109] Zazoua A, Azzouz N. An investigation on the use of indium to increase dissolution of AlZn anodes in sea water[J]. Materials & Design, 2008, 29 (4): 806 - 810.

[110] Altun H, Sen S. Studies on the influence of chloride ion concentration and pH on the corrosion and electrochemical behaviour of AZ63 magnesium alloy[J]. Materials & Design, 2004, 25 (7): 637 - 643.

[111] Fidel G, Juan M, Ruben D, et al. Electrochemical study on magnesium anodes in NaCl and $CaSO_4$ - Mg ($OH)_2$ aqueous solutions[J]. Electrochimic Acta, 2006, 51, 1820 - 1830.

[112] Ambat R, Aung NN, Zhou W. Studies on the influence of chloride ion and pH on the corrosion and electrochemical behaviour of AZ91D magnesium alloy [J]. Journal of Applied Electrochemistry, 2000, 30 (7): 865 - 874.

[113] 李伟, 费锡明, 汪继红, 等. 高氢过电位 Zn - In 合金电沉积规律和性能的研究[J]. 材料保护, 2004, 37 (5): 11 - 13.

[114] 宋光铃. 镁合金腐蚀与防护[M]. 北京: 化学工业出版社, 2006: 163 - 166.

[115] Qin GW, Ren Y, Huang W, et al. Grain refining mechanism of Al - containing Mg alloys with the addition of Mn - Al alloys[J]. Journal of Alloys and Compounds, 2010, 507 (2): 410 - 413.

[116] Ye HZ, Liu XY. In situ formation behaviors of Al_8Mn_5 particles in Mg - Al alloys[J]. Journal of Alloys and Compounds, 2006, 419 (1): 54 - 60.

[117] Cao P, Qian M, StJohn DH. Effect of manganese on grain refinement of Mg - Al based alloys [J]. Scripta Materialia, 2006, 54 (11): 1853 - 1858.

[118] Wang R, Eliezer A, Gutman E. An investigation on the microstructure of an AM50 magnesium alloy[J]. Materials Science and Engineering: A, 2003, 355 (1): 201 - 207.

[119] Merino M, Pardo A, Arrabal R, et al. Influence of chloride ion concentration and temperature on the corrosion of Mg - Al alloys in salt fog[J]. Corrosion Science, 2010, 52 (5): 1696 - 1704.

[120] Südholz A, Kirkland N, Buchheit R, et al. Electrochemical properties of intermetallic phases and common impurity elements in magnesium alloys[J]. Electrochemical and Solid - State Letters, 2011, 14 (2): C5 - C7.

[121] Chang TC, Wang JY, Lee S. Grain refining of magnesium alloy AZ31 by rolling[J]. Journal of Materials Processing Technology, 2003, 140 (1): 588 - 591.

[122] Song GL, Mishra R, Xu ZQ. Crystallographic orientation and electrochemical activity of AZ31 Mg alloy[J]. Electrochemistry Communications, 2010, 12 (8): 1009 - 1012.

[123] Song D, Ma AB, Jiang J, et al. Corrosion behavior of equal - channel - angular - pressed pure magnesium in NaCl aqueous solution[J]. Corrosion Science, 2010, 52 (2): 481 - 490.

[124] Liu M, Qiu D, Zhao MC, et al. The effect of crystallographic orientation on the active corrosion of pure magnesium[J]. Scripta Materialia, 2008, 58 (5): 421 - 424.

[125] Zhang T, Shao Y, Meng G, et al. Corrosion of hot extrusion AZ91 magnesium alloy: I - relation between the microstructure and corrosion behavior[J]. Corrosion Science, 2011, 53 (5): 1960 - 1968.

[126] Yuan S J, Pehkonen S O. Surface characterization and corrosion behavior of 70/30 Cu - Ni alloy in pristine and sulfide - containing simulated seawater[J]. Corrosion Science, 2007, 49: 1276 - 1304

图书在版编目(CIP)数据

AP65 镁合金的电化学行为/王乃光，王日初著.
—长沙：中南大学出版社，2015.3
ISBN 978-7-5487-1409-5

Ⅰ.A... Ⅱ.①王...②王... Ⅲ.镁合金-电化学-研究
Ⅳ.TG146.2

中国版本图书馆 CIP 数据核字(2015)第 057893 号

AP65 镁合金的电化学行为

王乃光 王日初 著

□责任编辑 史海燕
□责任印制 易建国
□出版发行 中南大学出版社
社址：长沙市麓山南路 邮编：410083
发行科电话：0731-88876770 传真：0731-88710482
□印 装 长沙超峰印刷有限公司

□开 本 720×1000 1/16 □印张 12 □字数 230 千字
□版 次 2015 年 7 月第 1 版 □印次 2015 年 7 月第 1 次印刷
□书 号 ISBN 978-7-5487-1409-5
□定 价 48.00 元

图书出现印装问题，请与经销商调换